高等院校信息技术规划教材

Java语言基础教程

李东明　张丽娟　主编

清华大学出版社
北京

内容简介

本书涵盖 Java SE 6 的基础知识和核心内容，从 Java 语言的基本概念入手，注重 Java 语言的面向对象特性，强调面向对象的程序设计思想，在实例上注重实用性和启发性；根据"Java 语言程序设计"课程的教学大纲，采用由浅入深、理论与实践相结合的基本技巧，同时确保一定的广度和深度。

全书共分 11 章，主要内容包括 Java 语言概述，Java 语言基础，运算符、表达式与语句，Java 面向对象基础，常用类，Java 的异常处理，集合，输入流与输出流，多线程，Java 的网络应用以及图形用户界面与事件处理。

本书适合作为高等院校计算机、软件工程等相关专业的本科生、研究生的教材，同时可供 Java 程序开发人员、广大科技工作者和研究人员参考。

图书在版编目(CIP)数据

Java 语言基础教程/李东明，张丽娟主编. —北京：清华大学出版社，2016(2024.2 重印)
高等院校信息技术规划教材
ISBN 978-7-302-43626-3

Ⅰ. ①J… Ⅱ. ①李… ②张… Ⅲ. ①JAVA 语言－程序设计－高等学校－教材 Ⅳ. ①TP312

中国版本图书馆 CIP 数据核字(2016)第 083521 号

责任编辑：白立军
封面设计：傅瑞学
责任校对：白 蕾
责任印制：丛怀宇

出版发行：清华大学出版社
网 址：https://www.tup.com.cn，https://www.wqxuetang.com
地 址：北京清华大学学研大厦 A 座 **邮 编**：100084
社 总 机：010-83470000 **邮 购**：010-62786544
投稿与读者服务：010-62776969，c-service@tup.tsinghua.edu.cn
质量反馈：010-62772015，zhiliang@tup.tsinghua.edu.cn
课件下载：https://www.tup.com.cn，010-83470236
印 装 者：涿州市般润文化传播有限公司
经 销：全国新华书店
开 本：185mm×260mm **印 张**：19.25 **字 数**：444 千字
版 次：2016 年 7 月第 1 版 **印 次**：2024 年 2 月第 5 次印刷
定 价：59.00 元

产品编号：068637-02

前言 Foreword

Java语言是一种面向对象、分布式的、解释型的程序设计语言，是目前被广泛使用的编程语言之一，在IT业的应用一直保持强劲的增长势头。很多新的计算机技术领域都涉及Java语言。

本书完全按照Java SE 6进行编写，反映Java语言的新特性。本书从Java语言的基础内容开始，注重Java语言的面向对象特性，强调面向对象的程序设计思想，在实例上注重实用性和启发性。全书根据“Java语言程序设计”课程的教学大纲，分为11章，内容由浅入深、理论与实践相结合，涵盖了Java语言的基础知识和核心内容。力求尽可能地减轻学生学习负担，同时确保一定的广度和深度。为学生学习Java语言的后续课程打下良好的基础。

各章的主要内容如下。

第1章　Java语言概述。本章主要介绍Java技术的发展历程、Java语言的特点、Java开发环境的安装与使用、Java的运行机制、Java应用程序以及Java小应用程序，并通过两个实例演示Java应用程序和Java小应用程序的开发过程。

第2章　Java语言基础。本章主要介绍Java的数据类型、Java的标识符、Java的关键字、常量和变量、Java的基本数据类型、Java数据类型间的转换、基本的输入与输出。它们都是Java程序设计的基础。

第3章　运算符、表达式与语句。本章详细介绍运算符与表达式的使用方法、运算符的优先级、选择语句、循环语句、跳转语句、一维数组和多维数组的使用，为后续章节学习打下良好基础。

第4章　Java面向对象基础。本章介绍面向对象的核心内容，包括Java语言的面向对象技术、类与对象、包、Java的继承、Java的多态性、接口。本章是学习Java语言的重点。

第5章　常用类。本章主要介绍字符串操作常用类、包装类、日期类Date和格式化类SimpleDateFormat、类Calendar、类Math、类Random。使用类库中的这些类和接口可以方便地实现程序中的各种功能。

第6章　Java的异常处理。本章主要介绍异常的概念、异常的分类、Java的异常处理机制及其使用、自定义异常、异常丢失、异常的限制。Java程序通过异常处理机制可以加强程序处理各种错误情况的能力。

第7章　集合。本章主要介绍Java集合类、接口Collection、接口List、Set集合、Map集合、属性类、集合工具、向量类Vector和枚举类Enumeration。重点学习Java在数据结构方面的编程功能。

第8章　输入流与输出流。本章主要介绍流的概念、字节流和字符流、类InputStream和类OutputStream、类Reader和类Writer、类FilterInputStream和类FilterOutputStream、标准输入与输出的重定向、类File、类RandomAccessFile。程序通过输入流与输出流与外部信息进行交互。

第9章　多线程。本章主要介绍多线程的基本概念、线程的创建、线程的生命周期、线程的优先级、线程的常用方法、线程的同步。Java语言的一大特性就是支持多线程。

第10章　Java的网络应用。本章主要介绍URL的使用、Socket通信、UDP数据报通信。Java的网络应用以流为基础的通信方式,使应用程序通过数据流查看网络。

第11章　图形用户界面与事件处理。本章主要介绍Java标准组件与事件处理、常用的容器组件、布局设计、Java组件与事件、多媒体。良好的图形用户界面可以提高软件的使用效率和交互性。

本书所有例题均在JDK 6的运行环境下调试运行通过。

本书由吉林农业大学李东明和长春工业大学张丽娟任主编,吉林农业大学郭宏亮、石磊,廊坊师范学院张建辉任副主编,参加本书编写工作的还有王珺楠、李超然等。

由于作者水平所限,书中难免存在疏漏和不足,热忱欢迎各位同行和广大读者对本书提出建议和修改意见,使本书得以改进和完善。

作者的电子邮箱:ldm0214@163.com。

作　者

2016年3月

目录 Contents

第1章 chapter 1

Java语言概述

教学重点	Java语言的特点;Java开发环境的安装与使用;Java程序的开发过程				
教学难点	Java的运行机制				
	知识点	教学要求			
		了解	理解	掌握	熟练掌握
教学内容和教学目标	Java技术的发展历程	√			
	Java语言的特点		√		
	JDK开发环境的安装与使用				√
	Java程序的开发过程				√
	Java的运行机制			√	
	Java应用程序				√
	Java小应用程序				√

Java语言是Sun Microsystem公司研制的优秀的程序设计语言,由James Gosling和Henry McGilton等人编写的Sun公司Java白皮书中指出,Java是一种“简单(simple)、面向对象(object oriented)、分布式(distributed)、解释型(interpreted)、健壮(robust)、可移植(portable)、安全(secure)、体系结构中立(architecture neutral)、高性能(high performance)、多线程(multithreaded)和动态(dynamic)”的编程语言,具备强大的网络功能。具有“一次写成,处处运行”的优点,目前已成为Web开发中最重要的编程语言之一。本章将对Java语言做简单介绍,初步了解Java应用程序和小应用程序,学会编写简单的Java程序。

1.1 Java技术的发展历程

Java语言诞生于20世纪90年代的初期,一些勇于创新的软件工程师试图开发可移植的家用电器控制软件,如烤箱、面包炉、电视顶置盒、电灯和PDA等设备的控制软件。

1991年4月,Sun公司的Green项目,其最初的目的是为家用消费电子产品开发一个分布式代码系统，以便将E-mail发给电冰箱、TV等家用电器，用于信息交流和控制。项目开始时准备扩展C++，但C++太复杂，安全性较差，需要花费很多精力，而且还不会得到很好的效果。最后Green项目就着手开发一种面向家用电器市场的软件产品，由于对平台独立性和安全性的要求，产生了一种基于C++的语言，称为Oak。

1994年末，随着Internet和WWW的迅猛发展，Green项目小组发现需要一种简练、小巧、与平台无关的语言，Oak正好适合这个要求，Sun公司决定把Oak改成基于Web应用的Internet编程语言。

1995年1月，Oak被更名为Java。这个名字的产生，来自于印度尼西亚有一个盛产咖啡的岛屿，中文名叫爪哇岛，许多程序设计师从所钟爱的热腾腾的香浓咖啡中得到灵感，因而这种新的语言起名为Java，热腾腾的香浓咖啡也就成为Java语言的标志。

1995年5月，Sun公司发布了第一版的Java开发工具包(Java Development Kit，JDK)，允许全世界的开发者通过Internet下载和使用Java。一个称为HotJava的Web浏览器支持JDK，可以通过嵌入在网页中的Applets(小应用程序)的形式运行Java程序，这一特性也相继被Microsoft公司和NetScape公司所支持。同时，一些著名的公司，如IBM、Microsoft、NetScape、Novell、Apple、DEC、SGI等纷纷购买语言使用权。

1996年，Java应用软件纷纷问世，赢得软件工业界的广泛支持。

1997年，Java技术应用于网络计算，从业界的事实标准走向法律标准。

1998年底，Java 2平台随着Sun Java 2 SDK标准版(J2SDK)一起发布。Sun公司增强了Java基本的J2SDK，增加了许多扩展环境的新特性，从而进一步发展了Java。这些特性的重点是用新方法构建程序，包括使用应用程序接口(Application Programmer Interface，API)，或者使用类库(Class Libraries)。

2010年，甲骨文公司在当地时间4月20日(周一)宣布将斥资74亿美元收购Sun公司，但是Java的地位并未因为易主而被降低。如果甲骨文公司的方法得当，那么Java不仅会成长成为一个收入来源，而且还将成为未来几年保持用户忠诚度的关键因素。在周一的分析师电话会议上，甲骨文公司首席执行官拉里·埃里森(Larry Ellison)将Java称为是"我收购过的最重要的软件资产"。

Java创始人Gosling公布了一份最新的Java报告，比如JRE(Java Runtime Environment)的每周下载量为1500万；共有100亿个Java-enabled的应用；10亿个Java-enabled的桌面；一亿个Java-enabled的TV设备；26亿个Java-enabled的移动设备；55亿个Java智能卡以及超过650万名Java开发者。

1.2 Java语言的特点

Java语言是目前广泛使用的网络语言之一，它几乎所有的特点都是围绕着这一中心展开并为之服务的，Java语言还配有丰富的类库，为用户编程提供了极大的方便。Java语言具有鲜明的特点，使它在分布式网络应用、跨平台应用、多线程开发、图形用户界面等软件的开发中成为方便高效的工具。

1. 面向对象

Java是一种面向对象的语言，与C++不同，Java面向对象的要求非常严格，不允许定义独立于类的成员变量和方法。面向对象技术的核心是以更接近于人类思维的方式建立计算机逻辑模型，它利用类和对象的机制将数据与其上的操作封装在一起，并通过统一的接口与外界交互，使反映现实世界实体的各个类在程序中能够独立、自治、继承；这种方法非常有利于提高程序的可维护性和可重用性，使得面向过程语言难于操纵的大规模软件可以很方便地创建、使用和维护。

Java语言中，以类和对象为基础，所有程序和数据都存在于对象中，对象是由类构建的，类在Java中的使用是非常基本的。这一特性较好地适应了当今软件开发过程中，新出现的种种传统面向过程语言所不能处理的问题。

通过继承机制，Java支持代码重用，一个类可以由另外的类派生。

2. 平台无关性

Java应用软件便于移植的良好基础是同体系结构无关性，这使得Java应用程序可以在配备了Java解释器和运行环境的任何计算机系统上运行。但仅仅如此还不够，如果基本数据类型设计依赖于具体实现，也将为程序的移植带来很大不便。例如，在Windows 3.1中整数(Integer)为16b，在Windows 95中整数为32b，在DECAlpha中整数为64b，在Intel 486中为32b。通过定义独立于平台的基本数据类型及其运算，Java数据得以在任何硬件平台上保持一致。

其他语言编写的程序面临的一个主要问题是操作系统的变化，处理器升级以及核心系统资源的变化，都可能导致程序出现错误或无法运行。Java的虚拟机成功地解决了这个问题，Java编写的程序可以在任何安装了Java虚拟机(JVM)的计算机上正确运行，Sun公司实现了自己的目标——"一次写成，处处运行"。

3. 简单性

Java的设计人员精简了语言构件，在内存管理方面提供了垃圾收集机制，Java虚拟机提供了丰富的类库，这都提供了开发的简单性。

如果读者学习过C++语言，你会感觉Java很眼熟，因为Java中许多基本语句的语法和C++一样，如常用的循环语句、控制语句等和C++几乎一样，但Java中删改了C++中的指针、操作符重载、类的多继承等一些易混淆的地方，降低了学习的难度。Java和C++是两种完全不同的语言，它们各有各的优势，将会长期并存下去。

4. 分布性和网络应用

Java是一门非常适合进行分布计算的语言，网络应用是其重要用途，Java网络软件包及Java体系结构使得Java成为一个动态可扩展体系结构，Java的网络类库支持多种Internet协议，如Telnet、FTP和HTTP，这使Java程序可以轻易地建立网络连接，并通过URL(统一资源定位器)访问远程文件。

5. 多线程

多线程程序是指一个程序中包含有多个执行流，它是一种实现并发机制的有效手段。目前，多线程已成功应用在操作系统、应用开发等多个领域。Java 对创建多线程程序提供广泛的支持，即定义了一些用于建立、管理多线程的类和方法，使得开发具有多线程功能的程序变得简单、容易和有效。

为了控制各线程的动作，Java 还提供了线程同步机制。该机制使不同线程在访问共享资源是能够相互配合，保证数据的一致性，避免出错。

6. 解释型语言

Java 程序经过编译形成字节码，然后在 Java 虚拟机上解释执行，Java 程序就可在任意的处理器上运行。Java 被设计成为解释执行的程序，即翻译一句，执行一句，不产生整个的机器代码程序。如果翻译过程不出现错误，就一直进行到完毕，否则将在错误处停止执行。

Sun 公司在 Java 2 发行版中提供了一个字节码编译器——JIT(Just In Time)，它是 Java 虚拟机的一部分。Java 运行系统在提供 JIT 的同时仍具有平台独立性，因而"高效且跨平台"对 Java 来说不再矛盾。

7. 安全性

Java 是一种安全的网络编程语言，特有的"沙箱"机制，去除了指针，增加了自动内存管理等措施，一切对内存的访问都必须通过对象的实例来实现，保证 Java 程序运行的可靠性。

当使用支持 Java 的浏览器时，可以放心地运行 Java 的小应用程序。Java 小应用程序被限制在 Java 运行环境中，不允许它访问计算机的其他部分。

8. 动态性

Java 的动态性是其面向对象设计方法的扩展，使其适应不断变化的环境。Java 程序的基本组成单元就是类，有些类是自己编写的，有一些是从类库中引入的，而类又是运行时动态装载的，这就使得 Java 可以在分布环境中动态地维护程序及类库，每当其类库升级之后，不会影响用户程序的执行。Java 通过接口(Interface)机制支持多继承，使之更具有灵活性和扩展性。

1.3 Java开发环境的安装与使用

JDK 是甲骨文公司免费在网上发布的，学习 Java 开发的第一步就是构建开发环境，下面介绍 JDK 6 在 Windows 7 上的安装、配置和使用的过程。

1.3.1 JDK的下载

要安装JDK，必须先下载JDK。从甲骨文公司的Java网站下载JDK 1.6或以上版本，本书中以jdk-6u45-windows-i586版为例。

JDK 6官方下载地址：http://www.oracle.com/technetwork/java/javase/downloads/java-archive-downloads-javase6-419409.html，文件名是jdk-6u45-windows-i586.exe。如果读者使用其他操作系统，可以下载相应的JDK。

1.3.2 JDK的安装

JDK的安装方法很简单，双击下载的jdk-6u45-windows-i586.exe文件图标，将出现安装向导界面，接受软件安装协议，出现选择安装路径界面。为了便于今后环境变量设置，建议修改默认的安装路径。默认的安装路径为C:\Program Files\Java，修改为D:\Program Files\Java。将JDK安装到D:\Program Files\Java\jdk1.6.0_45，将JRE安装到D:\Program Files\Java\jre6，可以按照提示过程逐步完成安装。

安装后的JDK 6工作目录结构如图1-1所示。

该目录树的主要内容及其功能介绍如下。

(1) bin目录：Java开发工具，包括虚拟机、编译器、调试器、反编译工具、文档化工具等。

(2) include目录：用于调试本地方法的C++头文件。

(3) jre目录：Java运行时环境，包括Java虚拟机(JVM)、类库和其他资源文件。此jre仅供JDK使用。

(4) lib目录：library的简写，类库和JDK所需要的一些资源文件和资源包。

(5) src.zip文件：JDK类库的源代码。

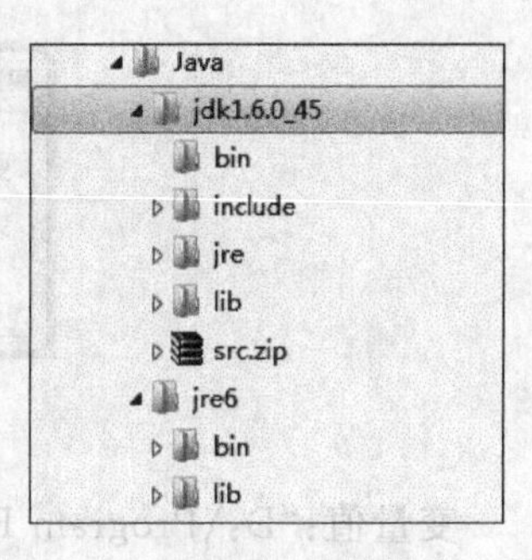

图1-1 JDK目录结构

1.3.3 配置环境变量

JDK环境安装完成后，还要进行Java环境变量的配置，才能正常使用。JDK中主要有两个相关的环境变量，即Path和Classpath。

1. 系统环境变量Path的设置

设置Path的作用是使DOS操作系统可以找到JDK命令。步骤如下：

在Windows桌面上右击“计算机”，在弹出的快捷菜单中，选择“属性”命令，然后在弹出的对话框中选择“系统高级设置”，弹出“系统属性”对话框中选择“高级”选项卡，单击“环境变量”按钮，如图1-2所示。

如果曾经设置过系统变量Path，可单击该变量进行编辑操作，将需要的值加入即可，如图1-3所示。最后单击编辑系统变量界面的“确定”按钮，完成Path变量的修改。

变量名：Path。

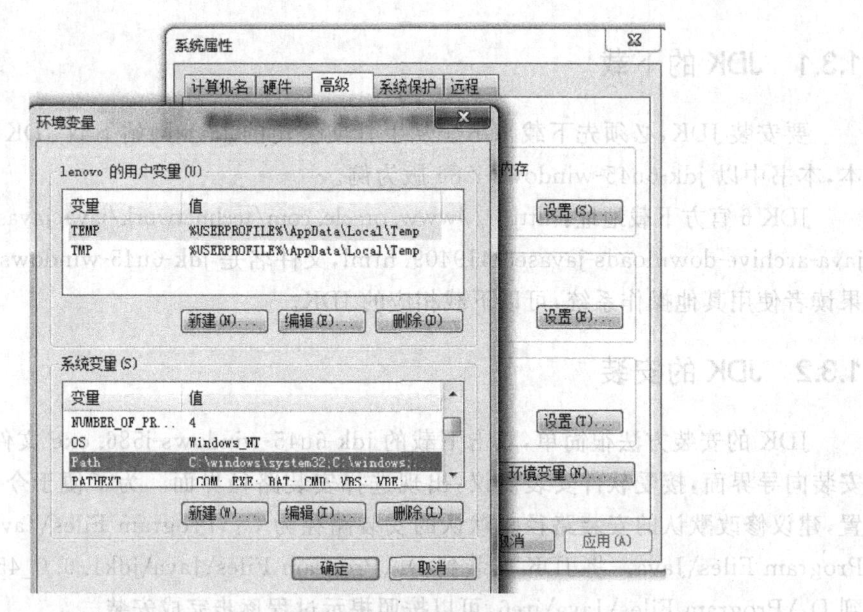

图 1-2 “系统属性”与“环境变量”对话框

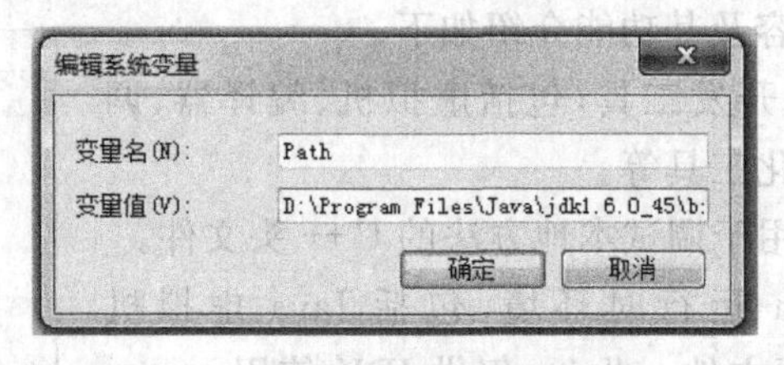

图 1-3 编辑系统环境变量 Path

变量值:“D:\Program Files\Java\jdk1.6.0_45\bin;”。

注意:在系统变量里面找到 Path 这一项,然后双击它,在弹出的界面上,在变量值开头处添加语句:“D:\Program Files\Java\jdk1.6.0_45\bin;”,注意不要忘了后面的分号,并且分号是英文状态下的。另外,环境变量名和值不区分大小写。

2. 系统环境变量 Classpath 值的设置

设置 Classpath 的作用是告诉 Java 运行系统的类装载器到哪里去寻找第三方提供的类和用户定义的类。步骤如下:

使用同样的方法新建系统环境变量 Classpath,如图 1-4 所示。

图 1-4 设置系统环境变量 Classpath

变量名：Classpath。

变量值：.;D:\Program Files\Java\jdk1.6.0_45\lib\tools.jar。

注意：在 Windows 操作系统上，最好在 Classpath 的配置里面，始终在前面保持“.;”的配置，在 Windows 里面“.”表示当前路径。

3. 检测安装配置是否成功

进行完上面的步骤，基本的安装和配置就好了，怎么知道安装是否成功呢？

单击“开始”菜单，选择“运行”菜单项，在弹出的对话框中输入 cmd，然后单击“确定”按钮，进入 DOS 窗口，在弹出的 DOS 窗口里面，输入 javac，然后回车，如果出现图 1-5 的界面则表示安装配置成功。

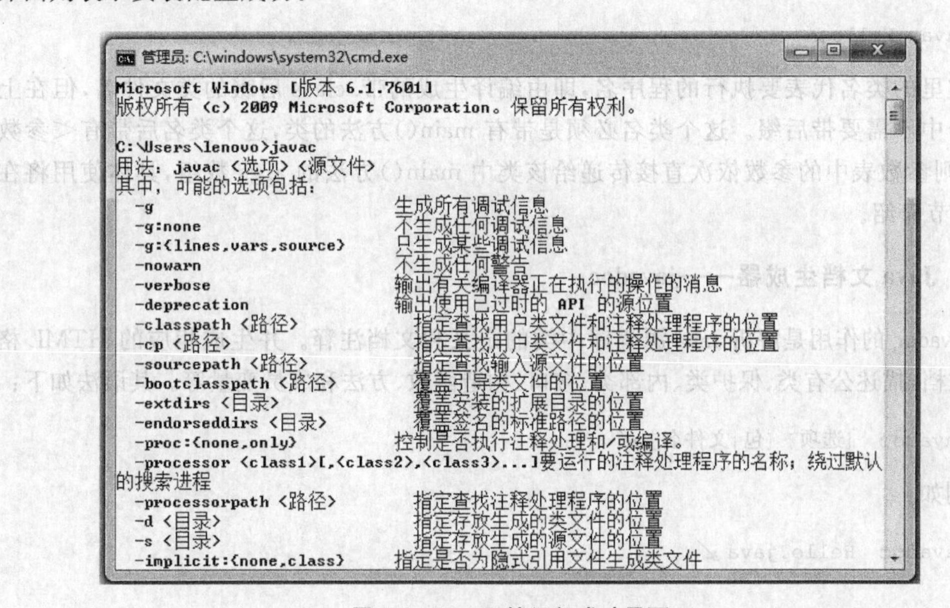

图 1-5 Java 环境运行成功界面

每次修改完环境变量后，必须关闭原有的 DOS 窗口，重新打开 DOS 窗口，环境变量才能生效。

1.3.4 JDK 中的关键程序

本节简单介绍 JDK 环境工具，包括 Java 编译器、Java 虚拟机、Java 语言的解释器、Java 文档生成器、Java Applet 浏览器、Java 调试器和 C 文件生成器等。

1. Java 编译器——javac

javac 的作用是将源程序(.java 文件)编译成字节码(.class 文件)。Java 源程序的扩展名必须是 java。javac 一次可以编译一个或多个源程序，对于源程序中定义的每个类，都会生成一个独立的字节码文件(.class 文件)。因此，Java 源文件与生成的 class 文件之间并不存在一一对应的关系。其语法如下：

```
javac [选项] 源文件名↙
```

例如：

```
javac  Hello.java↙
```

2. Java 语言解释器——java

java 语言解释器的作用是对 Java 应用程序的字节码解释执行。其语法如下：

```
java [选项] 类名 <参数表>↙
```

例如：

```
java  Hello↙
```

这里的类名代表要执行的程序名，即由编译生成的带.class 后缀的类文件名，但在上述命令中不需要带后缀。这个类名必须是带有 main()方法的类，这个类名后带有<参数表>，则参数表中的参数依次直接传递给该类中 main()方法的 args 数组，具体使用将在 1.3.5 节介绍。

3. Java 文档生成器——javadoc

javadoc 的作用是解析 Java 源程序中类的定义和文档注释。并生成相应的 HTML 格式的文档，描述公有类、保护类、内部类、接口、构造函数、方法和成员变量等。其语法如下：

```
javadoc  [选项] [包|文件名]↙
```

例如：

```
javadoc  Hello.java↙
```

4. Java Applet 浏览器——appletviewer

appletviewer 命令的作用是解释运行 Java 小应用程序，可使 Applet 脱离 Web 浏览器环境进行运行、调试。其语法如下：

```
appletviewer [-debug]  HTML 文件↙
```

例如：

```
appletviewer hello.htm↙
```

appletviewer 下载并运行 HTML 文件中包含的 Applet，上述的-debug 选项使 appletviewer 将从 jdb 内部启动，这样可以调试 HTML 文件所引用的 Applet。

5. Java 调试器——jdb

jdb 用来调试 Java 程序。jdb 装载指定的类，启动内嵌的 Java 虚拟机，然后等待用户发出相应的调试命令，通过使用 Java debugger API 能够对本地或远程的 Java 虚拟机进行调试。其语法如下：

```
jdb [选项] 类名↙
```

例如：

```
jdb  Hello.java↙
```

或

```
jdb  [-host  主机名]  -password  口令↙
```

6. C文件生成器——javah

javah命令的作用是从一个Java类中生成实现native()方法所需的C头文件和存根文件(.h文件和.c文件)，利用这些文件可以把C语言的源程序装到Java应用程序中，使C语言可以访问一个Java对象的属性。其语法如下：

```
javah  [-o|-stub] 类名↙
```

例如：

```
javah  Hello.java↙
```

其中，-o选项把所有类的结果存于一个文件中；-stub选项则生成源文件。默认情况下，javah为每一个类生成一个文件。

1.3.5 Java源程序编辑软件

对于Java语言的初学者，最好选择JDK为主要工具。JDK不是集成的开发环境，采用命令行方式进行程序的编译与运行。所以需要有程序编辑软件与JDK配合使用，可以用下面两种方式：记事本和JCreator编辑环境。

1. 记事本

使用普通的文本编辑器作为Java源程序的编辑软件，如图1-6所示。

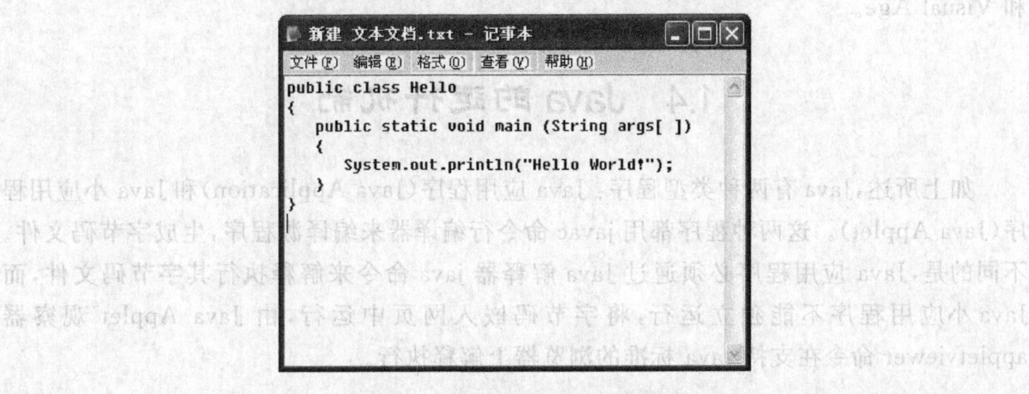

图1-6 记事本编辑Java应用程序

在保存文件时,系统总是给文件名末尾加上.txt,那么在保存文件时可以将文件名字用双引号括起来,如图1-7所示。

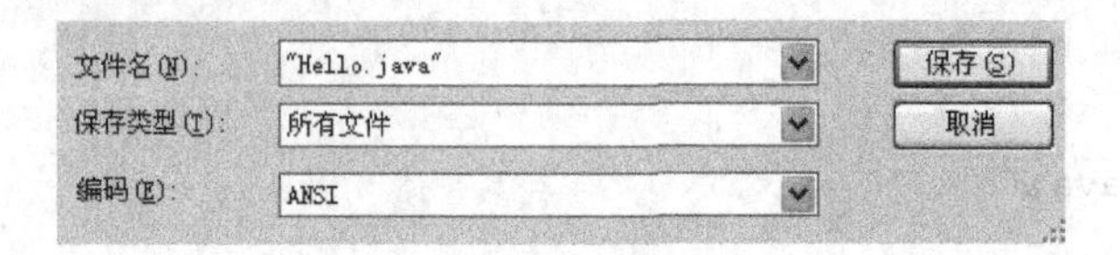

图1-7　Java源程序保存

2. JCreator编辑环境

JCreator是能够与JDK配合使用的具有简单开发与调试的环境,不但提供了图形化的Java程序的编辑功能,还可以在该工具中直接进行程序的编译,编译的结果将在工具最下面的窗口中显示,如图1-8所示。

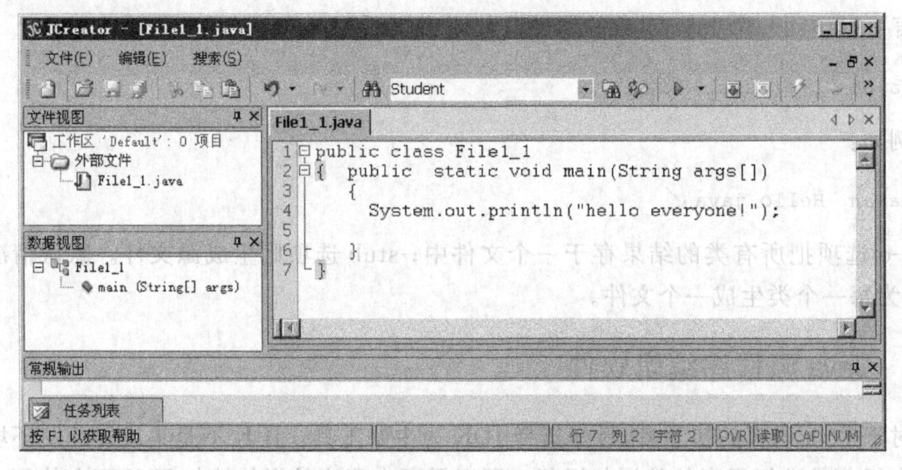

图1-8　JCreator 4.0开发环境

上述基于JDK的程序开发不如集成环境功能强大、完善,但也有它的优点,即简化开发过程,适合于初学者,能够使初学者专心于Java语言的学习与使用。

如要进行实用Java应用系统的开发,还可以使用MyEclipse 7.0、Borland JBuilder和Visual Age。

1.4 Java的运行机制

如上所述,Java有两种类型程序:Java应用程序(Java Application)和Java小应用程序(Java Applet)。这两种程序都用javac命令行编译器来编译源程序,生成字节码文件。不同的是,Java应用程序必须通过Java解释器java命令来解释执行其字节码文件,而Java小应用程序不能独立运行,将字节码嵌入网页中运行,由Java Applet观察器appletviewer命令在支持Java标准的浏览器上解释执行。

1.4.1 Java运行系统

Java运行系统是各平台厂商对JVM的具体实现，一般包括几部分：类装配器、字节码验证器、解释器、代码生成器和运行支持库，如图1-9所示。

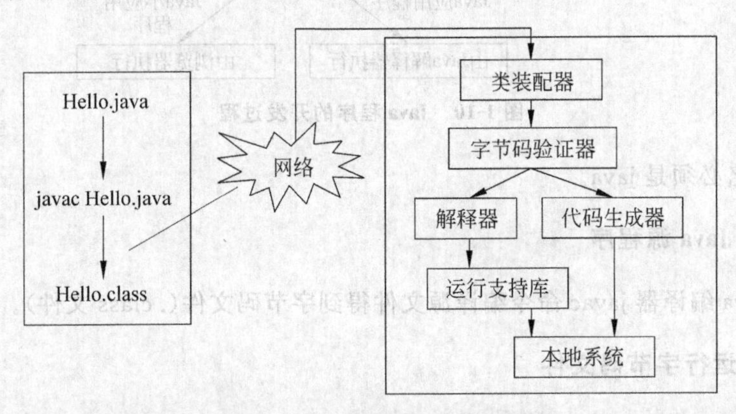

图1-9 Java运行系统的构成

Java运行系统运行的是字节码，即.class文件。执行字节码的过程分为三步。

1. 装入代码

由类装配器装入程序运行时需要的所有代码，包括程序中调用的所有类，此时，运行系统便可以确定整个可执行程序的内存布局。

2. 验证代码

由字节码验证器进行安全检查，以确保代码不违反Java安全性规则，同时字节码验证器还可发现数据类型不匹配、操作数栈溢出等多种异常。

3. 执行代码

Java字节码的执行有两种方式：即时编译方式，是由代码生成器先将字节码编译成本机代码，然后在全速执行本机代码，这种运行方式效率高；解释执行方式，是解释器每次把一小段代码转换成本机代码并执行，如此往复完成Java字节码的所有操作。

1.4.2 一个Java程序的开发过程

Java程序的开发过程如图1-10所示。其中，字节码文件是与平台无关的二进制码，执行时由解释器解释成本地机器码。

一般情况下，编写Java程序的步骤如下。

1. 编写源文件

使用一个文本编辑器，如Edit或记事本来编写源文件，将编好的源文件保存起来，源

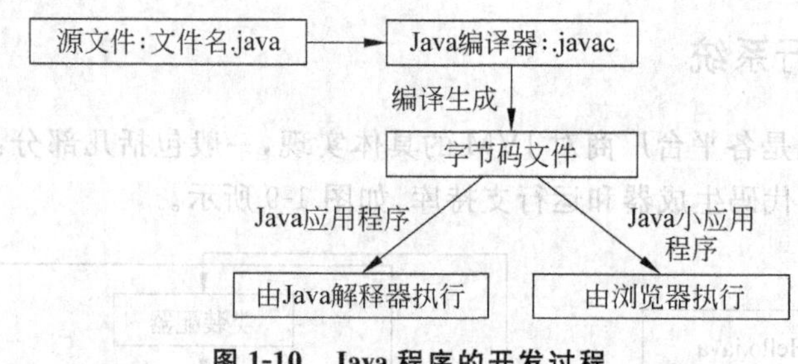

图 1-10 Java 程序的开发过程

文件的扩展名必须是 java。

2. 编译 Java 源程序

使用 Java 编译器 javac 命令编译源文件得到字节码文件(. class 文件)。

3. 解释运行字节码文件

由于不同类型的 Java 程序解释运行的解释器不同,采用不同的方式,下面举例说明。

1.5 Java 应用程序

本节介绍如何建立和解释运行 Java 应用程序,Java Applet 将在 1. 6 节介绍。

1.5.1 从编辑程序到执行程序的完整过程

1. 建立 Java 源程序

要建立一个 Java 程序,首先创建 Java 的源代码,使用文本编辑工具,如 Windows 的写字板、记事本或使用 JCreator 程序。

【例 1-1】 编写一个简单的 Java 应用程序,文件名为 Hello. java。程序代码如下:

```
import java.io.*;
public class Hello
{
  public static void main (String args[ ])
  {
      System.out.println("Hello World!");
  }
}
```

说明:

(1) public 是访问修饰符,公共的;class 是 Java 的关键字,用来定义类。类名是关键字 class 之后的名字,本程序的类名是 Hello。

(2) public static void main (String args[ ]){…}是类体中的一个方法,{…}是方法

体,main 方法作为 Java 应用程序的入口点。一个 Java 应用程序必须有一个类含有 main 方法,这个类称为应用程序的主类。

(3) 一个源文件只能有一个 public class 的定义,且源文件的名字与 public class 的类名相同,扩展名必须是 java。

(4) Java 语言是区分字母大小写的。

2. 编译源程序

将 Hello. java 源文件存放在 D:/lx 下,在命令行输入如下编译命令:

```
D:\>javac  Hello.java↙
```

在编译通过后,将在当前目录下生成字节码文件 Hello. class。

3. 解释运行字节码

Java 应用程序必须通过 Java 解释器 java 命令来解释运行 Java 字节码文件。Java 应用程序总是从主类的 main 方法开始执行。如执行命令:

```
D:\>java  Hello↙
```

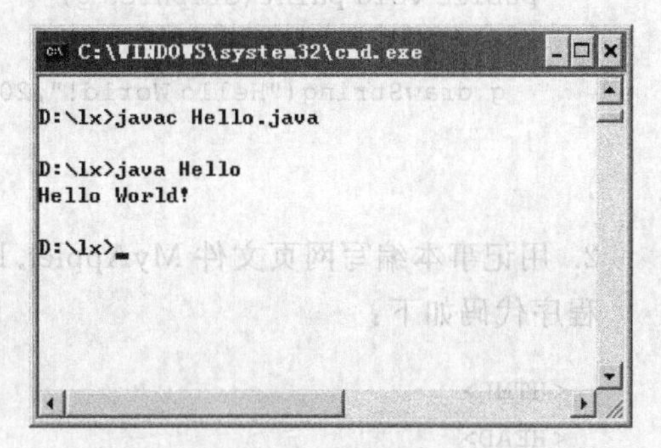

图 1-11 在命令行编译和执行 Hello 程序

运行结果如图 1-11 所示。

1.5.2 Java 应用程序基本结构

Java 应用程序的基本结构如图 1-12 所示。

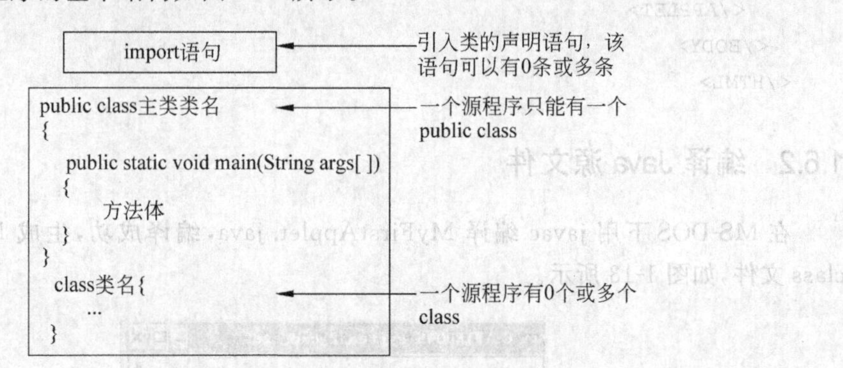

图 1-12 Java 应用程序的基本结构

1.6 Java 小应用程序

Java Applet 程序是嵌入在浏览器中执行的 Java 程序,它必须继承 Applet 类。

1.6.1 编写源程序

【例 1-2】 编写 Java 小应用程序。

1. 编写 Java 小应用程序 MyFirstApplet. java

程序代码如下：

```
import java.applet.*;
import java.awt.*;
public class MyFirstApplet extends Applet
{
    public void paint(Graphics g)
    {
      g.drawString("Hello World!",20,20);
    }
}
```

2. 用记事本编写网页文件 MyApplet. htm

程序代码如下：

```
<HTML>
<HEAD>
<TITLE>MyFirstJavaApplet</TITLE>
</HEAD>
<BODY>
  <APPLET CODE=MyFirstApplet.class
      WIDTH=200
      HEIGHT=200>
  </APPLET>
</BODY>
</HTML>
```

1.6.2 编译 Java 源文件

在 MS-DOS 下用 javac 编译 MyFirstApplet. java，编译成功，生成 MyFirstApplet. class 文件，如图 1-13 所示。

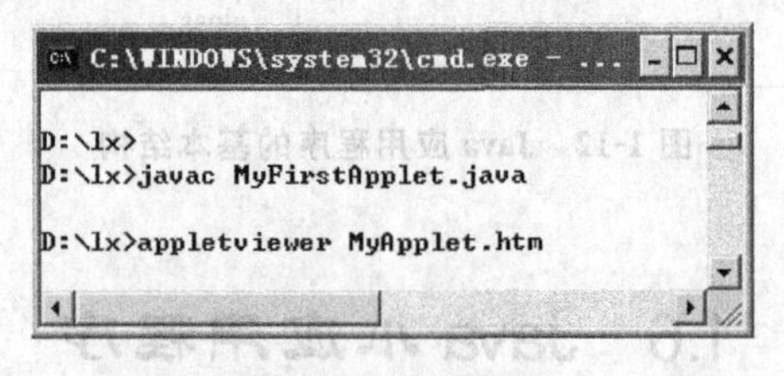

图 1-13 编译 MyFirstApplet. java

1.6.3 解释运行

使用一个 appletviewer 命令来解释执行字节码文件 MyFirstApplet.class，将该文件嵌入网页中运行。在 MS-DOS 窗口下进入 MyApplet.htm 所在的目录，命令如下：

```
D:\lx>appletviewer MyApplet.htm↙
```

运行结果如图 1-14 所示，打开 IE 浏览器运行 MyApplet.htm 的结果如图 1-15 所示。

图 1-14　Java Applet 程序运行结果

图 1-15　使用 IE 浏览器运行 Java Applet 程序

1.7 本章小结

本章学习了如下内容。

(1) Java 技术的发展历程。

(2) Java 语言的特点。

(3) 搭建 Java 开发环境，其中包括 JDK 的安装，环境变量的配置，JDK 环境的测试方法。

(4) Java 程序的运行机制。

(5) Java 应用程序和 Java 小应用程序的编写、编译、解释运行。

习　题

1. 简述 Java 语言的特点。
2. Java 程序分为哪两类？各有什么特点？
3. 下载并安装 JDK 6，设置环境变量 Path 和 Classpath，编译并运行本章例题。
4. 编写一个 Java 程序，在屏幕上输出“我们正在学习 Java 语言！”的字符串。

第 2 章 chapter 2

Java 语言基础

教学重点	Java 的基本数据类型；Java 的标识符和关键字；基本的输入与输出				
教学难点	Java 的数据类型及相互转换				
教学内容和教学目标	知识点	教学要求			
		了解	理解	掌握	熟练掌握
	Java 的数据类型		√		
	Java 的标识符			√	
	Java 的关键字			√	
	常量和变量				√
	Java 的基本数据类型				√
	Java 数据类型间的转换			√	
	基本的输入与输出				√

2.1 Java 的数据类型

数据必须以某种特定的形式存在，具有名称、类型和作用域等特性，而且不同的数据还存在某种联系(如由若干整数构成的整型数组)。数据由标识符命名；所谓数据类型是按被说明量的性质、表示形式、占据存储空间的多少及构造特点来划分的；数据的作用域表示数据在程序中可以使用的范围。

Java 语言的数据类型可分为基本数据类型和复合数据类型两大类，由这些数据类型可以构造出不同的数据结构。

1. 基本数据类型

基本数据类型是由系统定义的、其值不可以再分解为其他类型。也就是说，基本数据类型是自我说明的，包括逻辑类型、整数类型、字符类型和浮点类型。

2. 引用数据类型

一般地，将用户定义的新类型称为引用数据类型，用它去定义其相应的数据。Java是一种面向对象的语言，基于面向对象概念，以类和接口的形式定义新类型。在Java语言中，引用数据类型有以下几种。

(1) 数组类型。

(2) 类。

(3) 接口。

Java语言的数据类型还可以通过如下的形式具体描述，如图2-1所示。

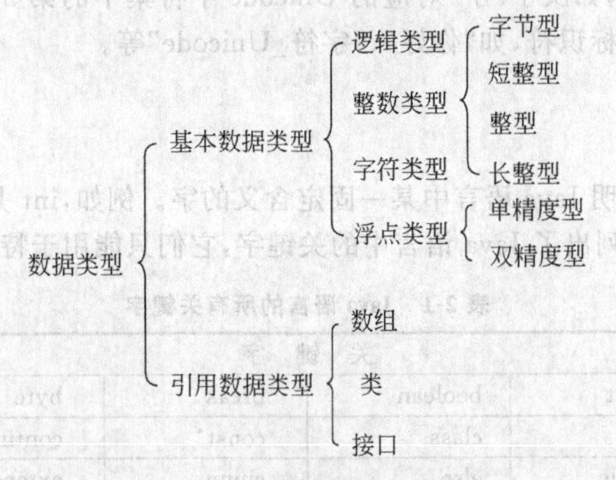

图2-1 Java语言的数据类型

Java语言中的数据有常量与变量之分，它们分别属于这些类型。由以上这些数据类型还可以构成更复杂的数据结构。程序中用到的所有数据必须说明其数据类型。本章只介绍基本数据类型，其余类型在以后各章中陆续介绍。

2.2 标识符和关键字

2.2.1 标识符

在第1章的程序中，出现了main、Hello等符号，这些符号统称为Java语言的标识符。标识符是指标识类名、变量名、方法名、常量名及用户自定义的数据类型名或数组名等的字符序列。简单地说，标识符就是一个名字。

Java语言规定标识符由字母、下划线、美元符号和数字组成，且第一个字符不能是数字字符。在Java语言中构成自定义的标识符必须符合下列语法规则。

(1) 标识符的开头字符可以是字母(a～z或A～Z)、美元符号($)或下划线(_)开头，长度不受限制。

(2) 在第一个字符之后，可以是字母、数字(0～9)、美元符号($)和下划线组成的字符序列，这个序列可以是空串。

(3) Java语言中大小写字母是具有不同含义的,即代表不同的标识符。

(4) 标识符不能使用系统的关键字。

例如,判断下面的标识符是否正确:

Small　6small　_abstract　if　key. broad

? exam　$float　a+b　PI　#data

Java语言采用Unicode标准字符集,共包括65 535个字符。Unicode是一种在计算机上使用的字符编码,它为每种语言中的每个字符设定了统一并且唯一的二进制编码,以满足跨语言、跨平台进行文本转换、处理的要求。Unicode字符集的前128个字符是ASCII码表,并且覆盖全部历史上的文字,大部分国家的"字母表"的字母都是Unicode字符集中的一个字符,如汉字"字"对应的Unicode字符集中的第23 383个字符。因此,也可以使用汉字作为标识符,如"你好"、"字符_Unicode"等。

2.2.2 关键字

关键字是用来说明Java语言中某一固定含义的字。例如,int是关键字,它用以说明变量是整型。表2-1列出了Java语言中的关键字,它们只能用于特定的位置。

表2-1 Java语言的所有关键字

关键字					
abstract	assert	boolean	break	byte	case
catch	char	class	const*	continue	default
do	double	else	enum	extends	final
finally	float	for	goto*	if	implements
import	instanceof	int	interface	long	native
new	package	private	protected	public	return
short	static	strictfp**	super	switch	synchronized
this	throw	throws	transient	try	void
volatile	while				

注意:表2-1中,带*的表示当前不使用的关键字,带**的表示在Java 2中增加的关键字。

这些关键字为Java语言专用符号,不得赋予其他含义,Java语言中的习惯是用小写字母,所有这些关键字也都是由小写字母构成的。系统保留的关键字有特定的含义,具体含义将在后面介绍。

2.3 常量和变量

2.3.1 常量

1. 常量的概念

在程序运行过程中,其值不能被改变的量称为常量。它是Java语言中使用的基本数据对象之一。Java语言提供的常量如图 2-2 所示。

如 10、0、－6 为整型常量，2.6、－5.6 为实型常量，'a'、'c'为字符常量，"china"是字符串常量。上述的常量从其字面形式即可判别，这种常量称为字面常量或直接常量。

常量
- 数值常量
  - 整型常量
  - 实型常量
- 字符常量
  - 字符常量
  - 字符串常量
- 逻辑常量

图 2-2 常量的类型

2. 常量的声明

如果要声明一个常量，就必须用关键字 final 修饰。定义的格式如下。

1）先声明，后赋值

```
final  常量类型  常量标识符;
```

例如：

```
final  int  AGE;
AGE=25;
```

2）声明并初始化

```
final  常量类型  常量标识符=常量值;
```

例如：

```
final  float PI=3.14f;
```

其中，PI 是定义的常量，程序编译时，用 3.14 代替所有的 PI。

3）声明多个同一类型的常量

```
final 常量类型  常量标识符 1,常量标识符 2,常量标识符 3;
final 常量类型  常量标识符 1=常量值 1,常量标识符 2=常量值 2,常量标识符 3=常量值 3;
```

例如：

```
final int SCORE1,SCORE2,SCORE3;
final int MATH=90,ENGLISH=78,JAVA=92;
```

【例 2-1】 已知圆半径 radius，求圆的面积 area。

```
/*File2_1.java */
import java.io.*;
public class File2_1
{
  public static void main (String args[ ])
  {
     final  float PI=3.14f;
     int radius;
     float area;
     radius=10;
```

```
        area=PI*radius*radius;
        System.out.println("area="+area);
    }
}
```

程序运行结果：

```
area=314.0
```

源程序说明：

(1) 程序中用 final 关键字定义 PI 代表常量 3.14，此后凡在本文件中出现的 PI 都代表 3.14，可以和常量一样进行运算。注意在为 float 型常量赋值时，需要在数值的后面加上一个字母 F(或 f)，说明数值为 float 型。

(2) 看清楚哪里用分号、哪里用逗号、哪里有空格、哪里不能用标点符号。

(3) 程序中不能再用赋值语句给 PI 赋值，如以下给 PI 赋值语句是错误的：

```
PI=3.1415926;
```

注意：

(1) 习惯上，常量标识符的命名用大写，变量用小写，以示区别。

(2) 常量与变量不同，它的值在其作用域内不能改变，也不能再被赋值。

(3) 通常在方法体的开头先定义所有的常量，方法体中凡是使用这些常量的地方都可以写成对应的标识符。

使用常量标识符的好处如下。

(1) 含义清楚。如上面的程序中，看程序时从 PI 就可知道它代表圆周率。因此定义常量标识符时应考虑“见名知意”。

(2) 减少程序代码的输入错误和输入量。在需要改变一个常量时能做到“一改全改”，特别是当这个常量在程序中多次重复出现，且数字又很长时，使用常量标识符的好处就显得更为突出。

2.3.2 变量

在程序执行过程中，其值可以改变的量称为变量。一个变量用一个名字表示，在内存中占据一定的存储单元，用于存放变量的值。在编写程序时有很多需要变化的量，这时就需要使用变量。

1. 变量名

在定义变量标识符时，按照 Java 的命名规则，第一个单词的首字母小写，其他单词的首字母大写，其他字母一律小写。例如：

```
area, i, j, math_Score
```

都是合法的变量名，而

```
?exam, #define, 2math, x+y
```

都是非法的变量名。

2. 变量的定义

在Java语言中,要求对所有用到的变量进行强制定义,也就是变量必须“先定义后使用”。变量定义的一般形式为

```
数据类型  变量名1,变量名2,变量名3,… 变量名n;
```

例如:

```
int number;                  //定义了一个整型变量number
char  a;                     //定义了一个字符型变量a
float  math,english;         //定义了实型(单精度)变量math和english
double  weight,width;        //定义了实型(双精度)变量weight和width
```

3. 变量的初始化

变量的初始化就是对变量预先设置初值。在程序中常常需要对一些变量预先设置初值。变量赋初值的形式如下。

(1) 先定义变量,再给变量赋初值。例如:

```
int a,b,c;
a=3; b=4; c=5;
```

在Java语言中,“=”为赋值运算符,先计算赋值运算符右侧表达式的值,然后将其赋给左侧的变量。

(2) Java语言允许在定义变量的同时进行初始化。例如:

```
int  number=100;             //定义整型变量number,初值为100
char  a='s';                 //定义字符型变量a,初值为's'
float  math=80.5f;           //定义实型变量math,初值为80.5
```

(3) 也可以将被定义的变量的部分变量初始化。例如:

```
int  num,stu=20,wid;
```

表示定义整型变量num、stu、wid,只对stu初始化,其初值为20。

(4) 如果对几个变量赋予的初值相同,都为5,应写成:

```
int  a=5,b=5,c=5;
```

表示a、b、c的初值都是5。不能写成“int a=b=c=5;”。

(5) 变量与常量的区别是,变量的值允许改变,例如:

```
String name="zhang";         //指定name为字符串型变量,并初始化
name="zhangsan"              //修改已初始化的变量
```

注意：

(1) 变量必须“先定义后使用”。如果没有定义或说明而使用变量，编译时系统会给出错误信息。

(2) 变量是用来保存程序中的输入数据、计算获得的结果或最终结果，它用来存放变量的值。在程序运行的过程中，变量的值是可以改变的，新值将覆盖原值。

(3) 每一个变量被指定为确定数据类型，在编译时就能为其分配相应的存储单元。因为不同类型的数据在内存中所占用的存储单元是不同的。例如，在微机中，一个字符型(char)占用 2B(字节)。

(4) 指定每一变量属于一个数据类型，这就便于在编译时，据此检查该变量所进行的运算是否合法。例如，整型变量 a 和 b，可以进行求余运算：a%b。

【例 2-2】 变量的定义。

```
//File2_2.java
import java.io.*;
public class File2_2
{
  public static void main (String args[ ])
  {
    int number=100;
    float weight=100.0f,height;
    height=1.80f;
  System.out.println ("number="+number+",weight="+weight+",height="+
height);
  }
}
```

程序的运行结果：

```
number=100,weight=100.0,height=1.8
```

源程序说明：

(1) 本程序练习定义变量，然后输出变量的值。也就是说，变量必须先定义后使用，变量必须有指定的数据类型，并且一个变量必须有一个变量名。

(2) 程序中的最后一条语句：

```
System.out.println("number="+number+",weight="+weight+",height="+height);
```

功能是输出变量 number、weight、height 的值，System.out.println()方法的用法将在本章后面介绍。

2.4 Java 的基本数据类型

为了让 Java 程序能够方便地运行在不同的操作系统上，Java 为每一种基本类型分配了确切不变的空间大小。这样，增强了 Java 程序的可移植性。下面分别介绍逻辑类型、整数类型、浮点类型和字符类型。

2.4.1 逻辑类型

逻辑值只有 true 和 false,分别用来代表逻辑判断中的“真”和“假”。逻辑变量的定义使用关键字 boolean,格式如下:

```
boolean 变量名;
```

例如:

```
boolean flag=true;
```

【例 2-3】 boolean 型变量的定义和使用。

```
//File2_3.java
import java.io.*;
public class File2_3
{
    public static void main (String args[ ])
    {
      boolean flag=true;
      boolean compare=8>9;
      System.out.println("flag="+flag+",compare="+compare);
    }
}
```

程序的运行结果:在控制台上将输出图 2-3 所示的内容。

```
C:\WINDOWS\system32\cmd.exe

D:\lx>javac File2_3.java
D:\lx>java File2_3
flag=true,compare=false
```

图 2-3 逻辑型变量的使用

源程序说明:

(1) 语句“boolean flag = true;”是将逻辑值赋给 boolean 型变量。

(2) 语句“boolean compare=8>9;”是将表达式 8>9 的结果赋给变量 compare。在第 3 章将介绍各种表达式的使用。

注意:与其他高级语言不同,Java 中的逻辑值和数字之间不能来回转换,即 false 和 true 不对应于任何零或非零的整数值。

2.4.2 整数类型

整型数据包括字节型(byte)、短整型(short)、整型(int)、长整型(long)4 个基本数据类型,它们均可用十进制、八进制和十六进制 3 种方式表示,在内存中占用不同的存储长度,表示的数值范围不同,如表 2-2 所示,使用时注意各类型的取值范围。

表 2-2 Java整数类型占用的内存的位数和取值范围

类型名称	类 型	位 数	取 值 范 围
字节型	byte	8	$-128\sim127$,即$-2^7\sim2^7-1$
短整型	short	16	$-32\ 768\sim32\ 767$,即$-2^{15}\sim2^{15}-1$
整型	int	32	$-2\ 147\ 483\ 648\sim2\ 147\ 483\ 647$,即$-2^{31}\sim2^{31}-1$
长整型	long	64	$-9\ 223\ 372\ 036\ 854\ 775\ 808\sim9\ 223\ 372\ 036\ 854\ 775\ 807$,即$-2^{63}\sim2^{63}-1$

注意：Java中所有的整数类型都是有符号的整数类型,Java没有无符号整数类型。

1. byte型

常量：Java中不存在byte型常量的表示法,但可以在byte型的取值范围内的int型常量赋值为byte型变量。

例如,要强调一个整数是byte型数据,可强制类型转换：

```
(byte) 25, (byte) -15;
```

变量：使用关键字byte来定义byte型变量。例如：

```
byte speed=85;
```

2. short型

常量：和byte型类似,Java中不存在short型常量的表示法,但可以在short型的取值范围内的int型常量赋值为short型变量。例如,要强调一个整数是short型数据,可进行强制类型转换：

```
(short)25, (short)-15;
```

变量：使用关键字short来定义short型变量。例如：

```
short  value=-12;
```

在内存存储状态如下：

```
11111111 11110100
```

注意：在存放整型数据的存储单元中,最左面的一位(最高位)是表示符号的,该位为0,表示数值为正数;该位为1,表示数值为负数。也就是说,正数用原码表示,负数用补码表示。

3. int型

1) 常量

int型常量即整常数,由一个或多个数字组成,可以带正负号。Java语言中,有八进制、十六进制和十进制3种。

(1) 八进制整数。以 0 (零)开头的数表示八进制数。数码取值为 0～7。

如 0134 表示八进制数 134,即 $(134)_8$,其值为 $1\times8^2+3\times8^1+4\times8^0$,等于十进制数 92。－021 表示八进制数－21,即十进制数－17。

(2) 十六进制整数。以 0x 或 0X 开头的数是十六进制数。其数码取值为 0～9、A～F 或 a～f。如 0x134,代表十六进制数 134,即 $(134)_{16}=1\times16^2+3\times16^1+4\times16^0=308$。－0x21 等于十进制数－33。0xADE,即 $(ADE)_{16}=10\times16^2+13\times16^1+14\times16^0=2782$。

(3) 十进制整数。没有前缀,其数码取值为 0～9。如 123、－500、0。

【例 2-4】 以十进制形式输出八进制整数和十六进制整数。

```
//File2_4.java
import java.io.*;
public class File2_4
{
  public static void main (String args[ ])
  {
    int eight_jz=-021;
    int sixteen_jz=0xADE;
    int ten_jz=100;
    System.out.println ("eight_jz="+eight_jz+",sixteen_jz="+sixteen_jz+",
ten_jz="+ten_jz);
  }
}
```

程序的运行结果如图 2-4 所示。

```
D:\lx>java File2_4
eight_jz=-17,sixteen_jz=2782,ten_jz=100
```

图 2-4 例 2-4 的运行结果

2) 变量

2.3.2 节已提到,Java 规定在程序中所有用到的变量都必须在程序中定义,即“强制类型定义”。例如:

```
int num, score;          /*定义变量 num、score 为整型*/
short x, y;              /*定义变量 x、y 为短整型*/
long i, j;               /*定义变量 i、j 为长整型*/
```

【例 2-5】 交换两个变量的值。

```
//File2_5.java
import java.io.*;
public class File2_5
{
  public static void main (String args[ ])
  {
    int num1,num2,t; /*定义整型变量*/
    num1=15; /*给变量赋值*/
    num2=20;
```

```
    System.out.println("num1="+num1+",num2="+num2); /*输出交换前的值*/
    t=num1;                              /*交换过程*/
    num1=num2;
    num2=t;
    System.out.println("num1="+num1+",num2="+num2); /*输出交换后的值*/
  }
}
```

程序运行结果：

```
num1=15,num2=20
num1=20,num2=15
```

源程序说明：

(1) 交换两个变量时，通常要借助于第三个变量，在程序中经常需要用到"交换"操作，一定要理解和熟记。

(2) 在程序中，每个语句必须以分号结束。

(3) 请读者思考下面三条语句，实现两个变量的交换，节省一个变量。

```
num1=num1+num2; num2=num1-num2; num1=num1-num2;
```

4. long 型

常量：long 整型常量要在数值后加 L(或 l)，如 23L、025L、0x16L。

变量：使用关键字 long 来定义 long 型变量。

例如：

```
long weight=250L, length;
```

2.4.3 浮点类型

浮点类型分为单精度(float)和双精度(double)两种。这两种数据类型的区别是它们在内存中占用的字节数不同，所以浮点数的取值范围也不同，如表 2-3 所示。

表 2-3 Java 浮点整数类型占用的内存的位数和取值范围

类型名称	类 型	位 数	有效数字位数	取值范围
单精度型	float	32	7	1.4E－45～3.4028235E38
双精度型	double	64	15	4.9E－324～1.7976931348623157E308

浮点型常量可以用两种形式来表示。

(1) 十进制小数形式。

十进制小数形式即数学中常用的实数形式，由数字 0～9 和小数点组成，而且必须有小数点，整数部分和小数部分可以省略。例如，0.125f、127.、－256.0d、.135f、123.0、0.0 等都是合法的十进制小数形式。

(2) 指数形式。

指数形式类似于数学中的表达形式，由十进制数，加阶码标志 e 或 E 以及阶码组成，而且阶码只能为整数，可以带符号。其一般形式为

```
aEn
```

其中，a 为十进制小数形式，E 为阶码标志（也可用 e），n 是阶码，必须为整数，可以带符号。

例如，123e3f 或 1.23e5f 都代表单精度数 1.23×10^5。

注意：

(1) 字母 e(或 E)之前必须有数字，且后面的阶码必须为整数。如 e3、2.1e3.5、.e3、e 等都不是合法的指数形式。

(2) 规范化的指数形式。在字母 e(或 E)之前的小数部分，小数点左边应当有且只能有一位非零的数字。在 Java 程序中，一个实数在用指数形式输出时，是按规范化的指数形式输出的。例如，4.5673e4、5.267e－5、2.6782E12 都属于规范化的指数形式，而 12.908e10、0.4578e3、756e0 则不属于规范化的指数形式。

1. float 型

1) 常量

单精度型常量后面必须有后缀 f 或 F。例如，153.01F、3E21F(指数形式)、123.456f。

2) 变量

使用关键字 float 来声明单精度型变量，例如：

```
float weight=52.03F;
```

2. double 型

1) 常量

双精度型常量后面必须有后缀 d 或 D，但允许省略该后缀。例如，153.01D、3E21(指数形式)、123.456。

2) 变量

使用关键字 double 来声明双精度型变量，例如：

```
double height=1.802, length=2E21;
```

同整型变量的定义一样，对每一个浮点型变量都应先定义后使用。例如：

```
float n, m;          /*指定 n、m 为单精度实数*/
double  p;           /*指定 p 为双精度实数*/
```

3. 浮点型数据的舍入误差

在计算机内存中可以精确地存放一个整数，不会出现误差。但是对于浮点型变量，

由于计算机的存储单元有限，因此能提供的有效数字也是有限的，在有效位以外的数字都要舍去，由此可能会产生一些误差。请分析下面的程序。

【例 2-6】 浮点型数据的舍入误差。

```
//File2_6.java
import java.io.*;
public class File2_6
{
  public static void main (String args[])
  {
    float m,n;
    double p=12345.4567E23;
    m=334567.2341E10f;
    n=m+5f;
  System.out.println("m="+m+",n="+n+",p="+p);
  }
}
```

程序运行结果如图 2-5 所示。

```
D:\lx>java File2_6
m=3.34567242E15,n=3.34567242E15,p=1.23454567E27
```

图 2-5 例 2-6 的运行结果

源程序说明：

(1) 程序运行时，输出 n 的值与 m 相等。原因是：m 的值比 5 大很多，m+5 的理论值应是 3345672341000005，而一个单精度型变量只能保证的有效数字是 7 位有效数字，后面的数字是无意义的，并不准确地表示该数。

(2) 双精度数的输出结果表明，精度没有丢失。因为双精度变量有效数字是 15 位有效数字。

(3) 应当避免将一个很大的数和一个很小的数直接相加或相减，否则就会“丢失”小的数。

2.4.4 字符类型

1. 常量

在 Java 语言中，采用 Unicode 字符编码，一个字符在内存中占 2B，Java 中的字符几乎可以处理所有国家的语言文字。用一对单引号(即撇号)括起来的一个字符称为字符常量，Unicode 表中的字符就是一个字符常量。如'a'、'你'、'#'、'\t' 等都是字符常量。注意，'a' 和 'A'是不同的字符常量。

Java 中的字符常量有以下特点。

(1) 字符常量只能用单引号括起来,不能用双引号或其他符号。单引号只是起定界作用并不表示字符本身。单引号中的字符不能是单引号(')和反斜杠(\)。

(2) 每个字符常量都有一个整数值,就是该数在 Unicode 表中的排序位置。并且 Unicode 字符集中的前 128 个字符与 ASCII 字符集兼容。如字符'a'的 ASCII 编码的二进制是数据形式为 01100001,Unicode 编码的二进制是数据形式为 00000000 01100001,它们都表示十进制数 97。因此,Java 与 C、C++ 一样,把字符作为整数对待。

(3) 字符常量只能是单个字符,字符可以是 Unicode 字符集中的任意字符。

(4) 字符常量是区分大小写的。例如,字符's' 和'S'的 Unicode 码分别是 115、83,因此,'s' 和'S'是两个不同的字符常量。

2. 转义字符

除了以上形式的字符常量外,Java 语言还允许用一种特殊形式的字符常量,就是以一个"\"开头的字符序列,称为转义字符。转义字符用来表示一些难以用一般形式表示的字符,常用的转义字符如表 2-4 所示。

表 2-4 转义字符及含义

字符形式	含 义	字符形式	含 义
\n	换行,将当前位置移到下一行开头	\\	反斜杠字符\
\t	水平制表(跳到下一个 Tab 位置)	\'	单撇号字符
\b	退格,将当前位置移到前一列	\"	双撇号字符
\r	回车,将当前位置移到本行开头	\ddd	1 到 3 位八进制所代表的字符
\f	换页,将当前位置移到下页开头	\xhh	1 到 2 位十六进制所代表的字符

注意:

(1) 转义字符开头的"\"并不代表一个反斜杠字符,其含义是将反斜杠后面的字符或数字转换成另外的意义。

(2) 转义字符仍然是一个字符,对应一个 ASCII 码值。例如,\n 代表换行,不代表字母 n。

(3) 反斜杠后的八进制数可以不用 0 开头,如'\110' 就表示字符常量'H'。

(4) 对于十六进制,只可用字母 x 开头,不能用 0x,如'\x48'就表示字符常量'H'。

(5) '\0' 或者 '\000'代表 ASCII 码为 0 的控制字符,即空操作字符。

3. 变量

字符型变量的类型标识符为 char,内存中分配 2B(字节)。

在对字符变量赋值时,可以把字符常量(包括转义字符)赋给字符变量。例如:

```
char  ch1,ch2;      /*定义字符型变量 ch1 和 ch2*/
ch1='好';           /*给字符型变量 ch1 赋值*/
ch2='\101';         /*定义字符型变量 ch2 值为转义字符,'\101' 表示八进制,即字符 'A' */
```

注意:一个字符变量只能放一个字符,不要认为在一个字符变量中可以放一个字符串(包括若干字符)。

【例 2-7】 给字符型数据赋值。

```
//File2_7.java
import java.io.*;
public class File2_7
{
  public static void main (String args[ ])
  {
    char ch1,ch2,ch3;
    ch1='你';
    ch2='\101';
    ch3=3215;
    System.out.println("采用字符形式输出:ch1 到 ch3");
    System.out.println("ch1="+ch1+",ch2="+ch2+",ch3="+ch3);
    System.out.print("采用整数形式输出:ch1 到 ch3\n");
    System.out.println("ch1 在 Unicode 表中的位置:"+(int)ch1);
    System.out.println("ch2 在 Unicode 表中的位置:"+(int)ch2);
    System.out.println("ch3 在 Unicode 表中的位置:"+(int)ch3);
  }
}
```

程序运行结果如图 2-6 所示。

```
D:\lx>java File2_7
采用字符形式输出:ch1到ch3
ch1=你,ch2=A,ch3=?
采用整数形式输出:ch1到ch3
ch1在Unicode表中的位置: 20320
ch2在Unicode表中的位置: 65
ch3在Unicode表中的位置: 3215
```

图 2-6 例 2-7 的运行结果

源程序分析:

(1) ch3 被指定为字符变量。但程序中,将整数 3215 赋给 ch3,它的作用相当于以下赋值语句:

```
ch3='?';
```

因为'?'的 Unicode 码为 3215。

(2) ch2 是转义字符,对应八进制所代表的字符,即字符'A'。

(3) 程序内的表达式(int)ch1 是将字符型变量转化为整型,即该字符对应的 Unicode 码值。

可以看到:字符型数据和整型数据是通用的。它们既可以用字符形式输出,也可以用整数形式输出。

【例 2-8】 英文字母的大小写转换。

```
//File2_8.java
import java.io.*;
public class File2_8
{
  public static void main (String args[ ])
  {
    char m,n,p;
    int m1,n1;
```

```
      m='f';
      n='O';
      p=121;
    System.out.println("m="+m+",n="+n);   /*输出字符变量 m、n 对应的字符 */
                                          /*输出字符变量 m、n 对应的 Unicode 码 */
    System.out.println("m="+(int)m+",n="+(int)n);
      m1=(int)(m-32);                     /*将小写字母转换为大写字母 */
      n1=(int)(n+32);                     /*将大写字母转换为小写字母 */
      System.out.println("转换后的结果是:");
      System.out.println("m="+(char)m1+",n="+(char)n1);
      System.out.println("m 的 Unicode 码是:"+(int)m1+",n 的 Unicode 码是:"+(int)n1);
      System.out.println("p="+p+",p 的 Unicode 码是:"+(int)p);
  }
}
```

程序运行结果如图 2-7 所示。

```
D:\lx>java File2_8
m=f,n=O
m=102,n=79
转换后的结果是:
m=F,n=o
m的Unicode码是: 70,n的Unicode码是: 111
p=y,p的Unicode码是: 121
```

图 2-7 例 2-8 的运行结果

源程序分析：

(1) 程序的作用是将小写字母 f 转换成大写字母 F;将大写字母 O 转换成小写字母 o。

(2) 对于英文字母来说,在 Unicode 码表中,一个小写字母比它对应的大写字母的 Unicode 码大 32,如'a'、'A'的 Unicode 码分别是 97 和 65,从 Unicode 码中也可以得到验证。从本程序的输出结果中也可验证这一点。

(3) 从上例中可以看出,字符型数据和整型数据是通用的。所以,可对字符数据进行算术运算。要注意,Java 对数据的转换要求严格,所以要加上强制类型的转换。

2.5 简单数据类型之间的相互转换

在 Java 中数据类型之间的相互转换可以分为 3 种情况。

(1) 基本数据类型之间的相互转换。

(2) 引用类型之间的相互转换。

(3) 字符串与其他数据类型之间的相互转换。

本节只介绍基本数据类型之间的相互转换,其他的转换将在后续的章节中介绍。

整数类型(包括 byte、int、short、long)数据和浮点类型(包括 float、double)数据都是数值型数据,字符型数据可以与整型通用,因此,整型、浮点型、字符型数据间可以进行混合运算。要实现混合运算,就必须进行类型转换,转换的目的如下。

(1) 将短的数扩展成机器处理的长度。

(2) 使得运算符两侧的数据类型相同。

例如,下面的表达式在 Java 语言中是能够通过类型转换进行计算的。

```
87.78+'t'+790.045*8-17.83
```

基本数据类型之间的相互转换分为自动类型转换和强制类型转换。这些数据类型按精度从低到高排列，如图 2-8 所示。

byte short char int long float double

低 ————————→ 高

图 2-8 数据类型按精度从低到高排列

1. 自动类型转换

当把级别低的变量的值赋给级别高的变量时，Java 会自动完成数据类型的转换。例如，假设已指定 n 为整型变量，f1 为 float 变量，d1 为 double 型变量，t 为 long 型，有下面式子：

```
10+'A'+n*f1-d1/t
```

在计算机执行时从左至右扫描，运算次序如下。

(1) 进行 10+'A'的运算，先将'A'转换成整数 65，运算结果为 75。

(2) 由于 * 比 + 优先，先进行 n * f1 的运算。先将 n 与 f1 都转成 double 型，运算结果为 double 型。

(3) 整数 75 与 n * f1 的积相加。先将整数 75 转换成双精度数(小数点后加若干个 0，即 75.000…00)，结果为 double 型。

(4) 将变量 t 化成 double 型，d1/t 结果为 double 型。

(5) 将 10+'A'+n * f1 的结果与 d1/t 的商相减，结果为 double 型。

注意： 上述介绍的是一般算术转换，这种类型转换由系统自动进行。同样属于自动转换(隐式转换)的还有赋值转换和输出转换等，将在第 3 章介绍。

2. 强制类型转换

如果需要把级别高的变量的值赋值给级别低的变量，必须使用显式类型转换。格式如下：

```
(类型名) 要转换的值;
```

例如：

```
int i=(int)12.35;
```

上式将 double 类型的数据 12.35 赋值给 int 型变量，进行强制类型转换，这可能导致精度的损失。

另外，一个常见的错误，例如：

```
float k=12.345;
```

将导致语法错误，编译器将提示："可能丢失精度"。改正后：

```
float k=12.345F; 或 float k=(float)12.345;
```

2.6 基本型数据的输入与输出

2.6.1 输入基本型数据

1. main()方法

main()方法是 Java 应用程序中的主方法，是程序执行的入口，main()方法的格式：

```
public static void main(String[] args)
{
    //方法体
    ⋮
}
```

主方法的参数必须是字符串数组，为提高程序的灵活性，允许在解释执行 Java 应用程序时，可以输入若干参数，如果有多个参数，参数之间用空格分开。执行程序后，这些命令行参数存放在字符串数组 args[]中，并提供给主方法使用。

【例 2-9】 main()方法接收并处理数据。

```
//File2_9.java
import java.io.*;
public class File2_9
{
  public static void main (String args[ ])
  {
    int m=args.length;
    if(m==0){
      System.out.println("no input parameter!");
      }
    else
    {
    System.out.println("number of parameters are:");
    for(int i=0;i<m;i++)
      System.out.println("args["+i+"]="+args[i]);
    }
  }
}
```

```
D:\lx>javac File2_9.java
D:\lx>java File2_9 高数 英语 Java语言
number of parameters are:
args[0]=高数
args[1]=英语
args[2]=Java语言
```

图 2-9 例 2-9 的运行结果

程序运行结果如图 2-9 所示。

程序分析：

(1) 程序的解释运行时，输入：

```
java  File2_9  高数  英语  Java 语言
```

注意：程序名与参数之间、参数与参数之间以空格分开。

(2) 还可以将输入的参数进行类型转换，如将字符串转换为整型：

```
int  shuju=Integer.parseInt(args[0]);
```

(3) 修改上述程序，从键盘输入5个数，并求这5个数之和。

2. Scanner类的使用

JDK 1.5以上版本，新增Scanner类，用来读取用户在命令行输入的各种基本类型数据，使用方法如下：

```
Scanner reader=new Scanner(System.in);
int  length=reader.nextInt();
```

如果输入的数据是整型，使用nextInt()方法，常用的方法有nextBoolean()、nextByte()、nextShort()、nextLong()、nextFloat()和nextDouble()。

【例2-10】 Scanner类接收并处理数据。

```
//File2_10.java
import java.io.*;
import java.util.Scanner;
public class File2_10
{
  public static void main (String args[ ])
  {
    int width,height,area;
    Scanner reader=new Scanner(System.in);
    System.out.println("输入矩形的宽,并回车确认");
    width=reader.nextInt();
    System.out.println("输入矩形的高,并回车确认");
    height=reader.nextInt();
    area=width *height;
    System.out.println("矩形的面积为:"+area);
  }
}
```

程序运行结果如图2-10所示。

```
D:\lx>javac File2_10.java

D:\lx>java File2_10
输入矩形的宽，并回车确认
20
输入矩形的高，并回车确认
10
矩形的面积为:200
```

图2-10　例2-10的运行结果

2.6.2 输出基本型数据

System.out.print()或System.out.println()可输出基本类型的数据、字符串、表达式的值，两者的区别是前者输出数据不换行，后者换行。允许使用并置符号：+将变量、表达式或常量值与字符串并置一起输出，例如：

```
System.out.println("args["+i+"]="+args[i]);
```

要特别注意，使用 System. out. print()或 System. out. println()输出字符串常量时，不能出现回车换行，例如，下面的写法无法通过编译：

```
System.out.print("学习 Java 语言,
                  非常高兴");
```

正确的写法如下：

```
System.out.print("学习 Java 语言, "+
                  "非常高兴");
```

2.7 本章小结

本章学习了如下内容。

(1) Java 的数据类型。

(2) Java 的标识符和关键字。

(3) 常量和变量。

(4) Java 的基本数据类型。

(5) 各数据类型之间的转换。

(6) 基本类型数据的输入与输出。

习　　题

1. 编写一个应用程序，输出你自己的姓名在 Unicode 表中的位置。
2. 通过命令行输入 3 个整数，计算这 3 个数的和。
3. 将英文字母的大写字母转换为小写字母。
4. 常量和变量有何区别？
5. float 型常量与 double 型常量在使用时有何区别？

第3章 chapter 3

运算符、表达式与语句

教学重点	Java 的运算符与表达式;Java 的控制语句;数组的使用				
教学难点	循环的使用;数组的应用				
教学内容和教学目标	知识点	教学要求			
		了解	理解	掌握	熟练掌握
	算术运算、关系运算、逻辑运算和位运算的使用方法			√	
	运算符的优先级		√		
	选择语句				√
	循环语句				√
	跳转语句				√
	一维数组和多维数组的使用			√	

3.1 运算符与表达式

运算符（也称为操作符）是用来实现对变量或其他数据（统称为操作数）进行加、减等各种运算的符号。Java 语言定义了丰富的操作符环境。Java 有四大类运算符：算术运算符、关系运算符、逻辑运算符和位运算符。本节将介绍这些运算符和相应的表达式。

3.1.1 算术运算符与算术表达式

算术运算符用在数学表达式中，其用法和功能与代数学（或其他计算机语言）中一样，Java 定义了下列算术运算符，如表 3-1 所示。

算术表达式是指用算术符号和括号连接起来的符合 Java 语法规则的式子，如 (x+y) * a+9。算术运算符的操作数必须是数字类型。算术运算符不能用在布尔类型上，但是可以用在字符类型(char)上。

表 3-1 算术运算符及其含义

运算符	含 义	类 型
＋	加	基本算术运算符、二目运算符
－	减	
*	乘	
/	除	
%	求余,取模	
＋＋	自增	单目运算符
－－	自减	
＋＝	加法赋值	赋值运算符
－＝	减法赋值	
*＝	乘法赋值	
/=	除法赋值	
%=	模运算赋值	

注意：

(1) 基本算术运算符的优先级：乘、除、求余运算符的优先级（3 级）高于加、减运算符(4 级)。

(2) 两个整型的数据做除法时，结果是运算后所得商的整数部分。如 5/2 的结果为 2。

(3) 当对负数进行求余运算时，其结果与求余运算符左边的操作数的正负号相同。例如，－9％2＝－1，9％－2＝1，－9％－2＝－1。

(4) 自增、自减运算符的操作数必须是变量，有前置和后置两种形式，其功能是对变量增 1（减 1）。前置是指运算符在操作数的前面(＋＋a)，后置是指运算符在操作数的后面(a＋＋)。

从赋值的角度看，＋＋a 和 a＋＋都是 a 的值增 1，但从参与表达式运算的角度看，结果是不同的。＋＋a 先对 a 增 1，然后用增 1 后的值进行计算；a＋＋先用 a 的值参与计算，然后对 a 增 1。

例如：

```
int  a1=2, a2=2;
int  b=(++a1)*2;  //a1=3, b=6
int  c=(a2++)*2;  //c=4, a2=3
```

【例 3-1】 算术运算应用举例。

```
/*Example3_1.java */
public class  Example3_1{
  public static void main(String args[]) {
```

```
        int x,y,z,a,b,c=3;
        a=9;
        b=2;
        c+=a/b;
        x=a%b;
        y=2+ ++a;
        z=7+b--;
        System.out.print("a="+a);
        System.out.print("\tb="+b);
        System.out.print("\tc="+c);
        System.out.print("\tx="+x);
        System.out.print("\ty="+y);
        System.out.print("\tz="+z);
    }
}
```

程序运行结果：

```
a=10  b=1  c=7  x=1  y=12  z=9
```

在书写表达式时，应该注意以下几点。

(1) 写表达式时，若运算符的优先级记不清，可使用括号改变优先级的次序。

(2) 过长的表达式可分为几个表达式来写。

(3) 在一个表达式中最好不要连续使用两个运算符，例如，a+ ++b。这种写法往往使读者弄不清到底是 a+(++b)，还是(a++)+b。如果一定要表达这种含义，则最好用括号进行分组或者用空格符分隔。例如，a+ ++b。

3.1.2 关系运算符与关系表达式

关系运算符用来比较两个值的关系。与 C 语言不同，Java 中关系运算符的运算结果是 boolean 型，即 true 和 false。关系运算符常用在 if 控制语句和各种循环语句的表达式中。关系运算符如表 3-2 所示。

表 3-2 关系运算符

运算符	含义	优先级	结合方向
==	等于	7	从左到右
!=	不等于	7	
>	大于	6	
<	小于	6	
>=	大于等于	6	
<=	小于等于	6	

利用关系运算符连接的式子称为关系表达式，关系运算是我们常说的比较运算。关

系运算容易理解,但需注意区分:等于运算符(==)和赋值运算符(=)。

【例 3-2】 关系运算应用举例。

```
/*Example3_2.java */
public class Example3_2{
  public static void main(String args[ ]){
      boolean b1,b2;
      double d1,d2;
      d1=12.34;
      d2=56.78;
      b1=(d1! =d2);
      b2=(d1==d2);
      System.out.println("(d1>d2)="+(d1>d2));
      System.out.println("b1="+b1);
      System.out.println("b2="+b2);
  }
}
```

程序运行结果:

```
(d1>d2)=false
b1=true
b2=false
```

源程序说明:

(1) Java 中的任何类型,包括整数、浮点数、字符以及布尔型,都可用==来比较是否相等,用"!="来测试是否不等。

(2) Java 比较是否相等的运算符是 2 个等号(注意:单等号是赋值运算符)。只有数字类型可以使用排序运算符进行比较。也就是,只有整数、浮点数和字符运算数可以用来比较哪个大哪个小。

3.1.3 逻辑运算符与逻辑表达式

逻辑运算符分为逻辑与(&)、逻辑或(|)、逻辑非(!)、异或(^)、条件与(&&)、条件或(‖),共 6 种,如表 3-3 所示。逻辑运算符的操作数必须是布尔型数据,逻辑运算的结果为布尔型,当逻辑表达式系成立时,运算结果为 true,否则为 false。逻辑运算符可以用来连接关系表达式。

表 3-3 逻辑运算符

运算符	含 义	优先级	结合方向	运算符	含 义	优先级	结合方向
&	逻辑与	11	从左到右	!	逻辑非	2	从右到左
|	逻辑或	12	从左到右	&&	条件与	11	从左到右
^	异或	13	从左到右	‖	条件或	12	从左到右

逻辑运算符 &、|、^,对布尔值的运算和它们对整数位的运算一样。逻辑运算符“!”的结果表示布尔值的相反状态：! true == false 和 ! false == true。各个逻辑运算符的运算结果如表 3-4 所示。

表 3-4 逻辑运算符的运算

A	B	A‖B	A&&B	!A	A^B	A|B	A&B
false	false	false	false	true	false	false	false
true	false	true	false	false	true	true	false
false	true	true	false	true	true	true	false
true	true	true	true	false	false	true	true

注意：

(1) Java 语言还提供了另外两个逻辑运算符：& 和|,意义与 && 和 ‖ 基本相同。不过,在使用运算符 & 和|时,先计算运算符左、右两边的表达式,再对两表达式的结果进行与、或运算;而运算符 && 和 ‖ 执行操作时,先计算左边表达式结果,如果该结果能够确定运算结果,就不再对右边表达式进行计算,该计算方式称为“短路”运算(或条件运算)。采用“短路”运算的目的是为了加快运算速度。

(2) 逻辑异或是指运算符^前后数值同为 true 或 false 时,表达式的值为 false,当运算符^前后值不同时,表达式的值为 true。

【例 3-3】 逻辑运算应用举例。

```
//Example3_3.java
public class  Example3_3{
  public static void main(String args[ ]){
      boolean x,y,z,a,b;
      a=' b'>'N';
      b='A'! ='A';
      x=(! a);
      y=(a&&b);
      z=(a&b);
      System.out.print ("\ta="+a);
      System.out.print ("\tb="+b);
      System.out.print ("\tx="+x);
      System.out.print ("\ty="+y);
      System.out.println ("\tz="+z);
  }
}
```

程序运行结果：

```
a=true  b=false  x=false  y=false  z=false
```

3.1.4 位运算符

位运算的操作数和运算结果都是整数类型，运算对象是操作数的二进制位，分为按位运算符和移位运算符，如表 3-5 所示。

表 3-5 位运算符及其结果

运算符	含义	运算符	含义
~	按位非运算	>>	右移运算
&	按位与运算	>>>	右移，左边空出的位以 0 填充
|	按位或运算	<<	左移运算
^	按位异或运算		

1. 按位非运算

按位非也叫做补，一元运算符~ 是对其运算数的每一位取反。例如：

$(52)_{10}$=00110110, ~52=11001001

2. 按位与运算

按位与运算符 &，如果两个运算数都是 1，则结果为 1。其他情况下，结果均为 0。例如：

```
 00110110     52
&00001111     15
--------------
 00000110     6
```

3. 按位或

按位或运算符|，任何一个运算数为 1，则结果为 1。例如：

```
 00110110     52
|00001111     15
--------------
 00111111     63
```

4. 按位异或

按位异或运算符^，只有在两个比较的位不同时其结果是 1。否则，结果是 0。例如：

```
 00110110     52
^00001111     15
-------------
 00111001     57
```

【例 3-4】 位运算应用举例。

```
//Example3_4.java
public class Example3_4 {
    public static void main(String args[]) {
        int a=6;
        int b=8;
        int c=a | b;
        int d=a & b;
        int e=a ^ b;
        int f=(~a & b) | (a & ~b);
        int g=~a & 0xab;
        System.out.print("a="+a);
        System.out.print("\tb="+b);
        System.out.print("\ta|b="+c);
        System.out.print("\ta&b="+d);
        System.out.print("\ta^b="+e);
        System.out.print("\t~a&b|a&~b="+f);
        System.out.print("\t~a="+g);
        }
}
```

程序运行结果：

```
a=6  b=8  a|b=14  a&b=0  a^b=14  ~a&b|a&~b=14  ~a=169
```

3.1.5 条件运算符

条件运算符(?)：是Java语言中唯一一个三目运算符，其一般格式如下：

<表达式 1>?<表达式 2>:<表达式 3>

其中，<表达式 1> 必须是boolean类型，系统将计算<表达式 1>的值，该值为true，则将<表达式 2>的值作为整个表达式的最终结果，否则将<表达式 3>的值作为整个表达式的最终结果。

【例 3-5】 条件表达式的使用。

```
//Example3_5.java
public class Example3_5 {
    public static void main(String args[]) {
      int x,y,z,a,b;
        a=1;
        b=2;
        x=(a>b)?a : b;
        y=(a! =b)?a : b;
        z=(a<b)?a : b;
```

```
        System.out.print("x="+x);
        System.out.print("\ty="+y);
        System.out.println("\tz="+z);}
}
```

程序运行结果：

```
x=2  y=1  z=1
```

在实际应用中，常常将条件运算符与赋值运算符结合起来，构成赋值表达式。

3.1.6 运算符的优先级

运算符的优先级决定了表达式中不同运算执行的先后次序，优先级高的先运算，优先级低的后运算。在优先级相同的情况下，由结合性决定运算的顺序。表 3-6 中列出了 Java 运算符的优先级与结合性。

最基本的规律是：域和分组运算优先级最高，接下来依次是单目运算、双目运算、三目运算，赋值运算的优先级最低。

表 3-6 Java 运算符的优先级与结合性

运 算 符	描 述	优先级		结合性
. [ ] ( )	域运算，数组下标，分组括号	1	最高	自左至右
++ -- - ! ~	单目运算	2	单目	自右至左
new (type)	分配空间，强制类型转换	3		自右至左
* / %	算术乘、除、求余运算	4	双目	自左至右(左结合性)
+ -	算术加、减运算	5		
<< >> >>>	位运算	6		
< <= > >=	小于，小于等于，大于，大于等于	7		
== !=	相等，不等	8		
&	按位与	9		
^	按位异或	10		
|	按位或	11		
&&	逻辑与	12		
||	逻辑或	13		
?:	条件运算符	14	三目	自右至左(右结合性)
= *= /= %= += -= <<= >>= >>>= &= ^= |=	赋值运算	15	赋值 最低	

在所有的运算符中，圆括号的优先级最高，所以适当地使用圆括号可以改变表达式的含义。例如，考虑下列表达式：

```
x>>y+5;
```

该表达式首先把 5 加到变量 y，得到一个中间结果，然后将变量 x 右移该中间结果位。该表达式可用添加圆括号的办法重写如下：

```
x>>(y+3);
```

然而，如果你想先将 x 右移 y 位，得到一个中间结果，然后对该中间结果加 5，需要对表达式加如下的圆括号：

```
(x>>y)+3;
```

在程序设计过程中如果遇到判断不清楚表达式中各运算符号的优先级别时，可以使用圆括号（不管是不是多余的），它不会降低程序的运行速度。

3.2 控制结构语句

程序有 3 种基本结构：顺序结构、选择结构和循环结构。顺序结构就是程序从上到下一行一行地执行，中间没有任何判断和跳转；选择结构也称为分支结构，就是根据条件从两个分支或多个分支中选择其一执行；循环结构就是满足某一条件时重复执行，直到条件不满足。

Java 语言提供了用于实现选择结构、循环结构和跳转的语句。

(1) 选择语句（if 和 switch）。

(2) 循环语句（while、do-while、for 和 for-each）。

(3) 跳转语句（break、continue、return）。

3.2.1 选择语句

Java 语言提供了两种选择语句：if 语句和 switch 语句。

1. if 语句

if 语句是单条件分支语句。if 语句的语法格式如下：

```
if (<表达式>){
    语句块
}
```

含义：当表达式的值为 true 时，则继续执行下面的语句块，否则跳过这个语句块，执行后面的语句。if 语句的流程图如 3-1 所示。

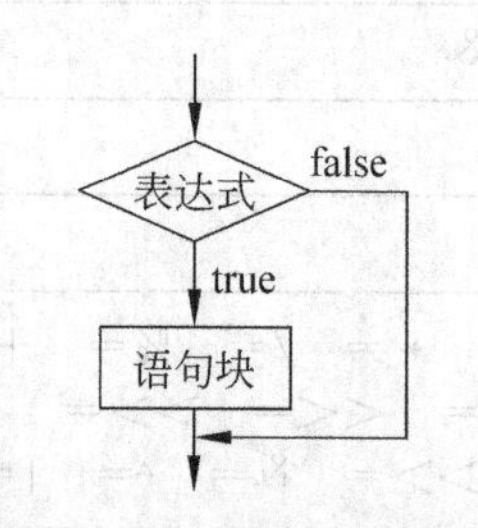

图 3-1 if 语句的流程图

【例 3-6】 if 语句的使用。

```
//Example3_6.java
public class Example3_6 {
  public static void main(String args[]) {
    int StudentScore;
    StudentScore=80;  //具体数值可自己修改进行测试
    if(StudentScore>=60){
       System.out.println("恭喜及格");
    }
  }
}
```

程序运行结果：

```
恭喜及格
```

说明：

(1) 这段代码表示，当 StudentScore 中的值大于等于 60 时，系统将显示提示信息"恭喜及格"，否则顺序执行后面的语句。

(2) 当要执行的代码只是一条语句而不是语句块的时候，花括号"{"和"}"可省略，但为了保持程序代码的一致风格和避免漏写有可能产生的错误，最好将其写上。

2. if-else 语句

if-else 语句是单条件分支语句，即根据一个条件来控制程序执行流程，如图 3-2 所示。if-else 语句的语法格式如下：

```
if (<表达式>){
    语句块 1;
}
else{
    语句块 2;
}
```

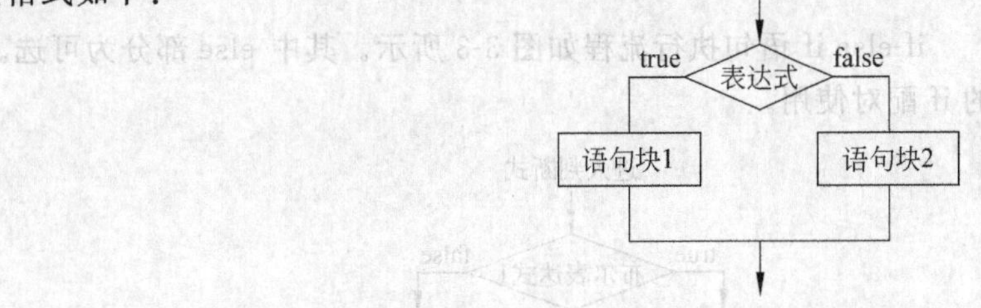

图 3-2 if-else 语句流程图

含义：如果表达式的值为 true，则执行 if 分支语句块；如果表达式的值为 false，则执行 else 分支语句。

【例 3-7】 判断某次考试的成绩，及格为 60 分。

```
//Example3_7.java
public class Example3_7 {
public static void main(String args[]) {
    int StudentScore;
    StudentScore=80;     //具体数值可自己修改进行测试
    if(StudentScore>=60){
       System.out.println("恭喜取得好成绩");
    }
    else{
       System.out.println("请准备补考");
```

```
        }
    }
}
```

程序运行结果：

```
恭喜取得好成绩
```

说明：if 或 else 语句后的语句只能有一句。如果想包含多条语句，需建一个程序块。在上面这个例子中，将花括号{ }去掉，不会影响程序的输出结果。

3. if-else if 语句

if-else if 语句用于处理多个分支的情况，又称为多分支结构语句。其语法格式如下：

```
if (<表达式 1>){
    语句块 1
}
else if (<表达式 2>){
    语句块 2
}
⋮
else if (<表达式 n>){
    语句块 n
}
[else {
    语句块 n+1
}]
```

if-else if 语句执行流程如图 3-3 所示。其中 else 部分为可选。else 总是与离它最近的 if 配对使用。

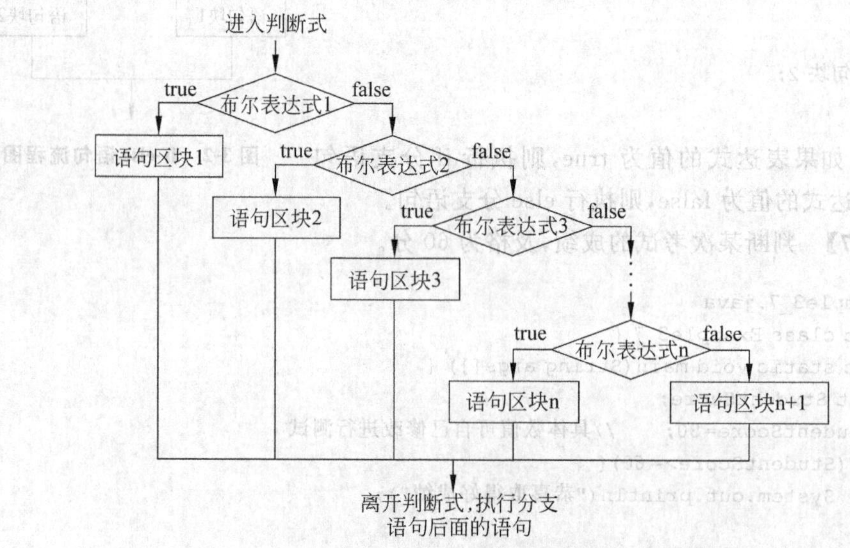

图 3-3 if-else if 语句流程图

【例 3-8】 实现学生成绩百分制到五分制的转换。

```
//Example3_8.java
public class  Example3_8{
    public static void main(String[ ] args) {
        int grade=76;
        if (grade>=90){
            System.out.println("成绩:优");
        }
        else if(grade>=80){
            System.out.println("成绩:良");
        }
        else if(grade>=70) {
            System.out.println("成绩:中等");
        }
        else if(grade>=60) {
            System.out.println("成绩:及格");
        }
        else {
            System.out.println("成绩:不及格");
        }
    }
}
```

程序运行结果:

成绩:中等

4. switch 语句

switch 语句是 Java 支持的另一种单条件多分支结构语句,又称为开关语句。switch 语句的语法格式如下(其中 break 语句是可选的):

```
switch(<表达式>) {
    case  数值 1:
            语句块 1
            break;
    case  数值 2:
            语句块 2
            break;
    ⋮
    case  数值 n:
            语句块 n
            break;
    default:
            语句块 n+1
```

```
}
```

switch 语句中<表达式>的值可以是 byte、short、int 或 char 型；数值 1 到数值 *n* 必须也是 byte、short、int 或 char 型常量，而且要互不相同。default 子句是可选的，case 分支语句没有顺序要求。

switch 语句的执行顺序如下。

(1) 计算<表达式>的值。

(2) 程序转向与<表达式>的值相等的 case 分支，如果没有匹配任何 case 分支，则转向 default 子句。

(3) 从匹配的 case 或 default 处开始执行，直到碰到 break 语句或 switch 语句结束为止。

【例 3-9】 将例题 3-8 改为用 switch 语句实现。

```
//Example3_9.java
public class  Example3_9{
  public static void main(String[ ] args) {
    int k;
    int grade=86;
    k=grade/10;
    switch(k) {
      case 10:
      case 9:
        System.out.println("成绩:优"); break;
      case 8:
        System.out.println("成绩:良"); break;
      case 7:
        System.out.println("成绩:中等"); break;
      case 6:
        System.out.println("成绩:及格"); break;
      default:
        System.out.println("成绩:不及格");
    }
  }
}
```

程序运行结果：

```
成绩:良
```

3.2.2 循环语句

循环语句是根据条件，反复执行一段程序代码，直到满足终止条件为止。

Java 语言提供的循环语句共 3 种。

(1) while 语句。

(2) do-while 语句。

(3) for 语句。

1. while 语句

while 语句的语法格式如下：

```
while(<表达式>)
{
    循环体
}
```

其中，＜表达式＞的值是布尔型，循环体可以是单个语句或语句块。

while 语句的执行过程：先计算＜表达式＞的值，若其值为 false，则不执行 while 语句中的循环体，直接跳转去执行 while 语句后面的语句；若其值为 true，则执行循环体，然后再次计算＜表达式＞的值，并按上述原则处理，直到循环条件不满足，跳出 while 循环体。while 语句的执行流程如图 3-4 所示。

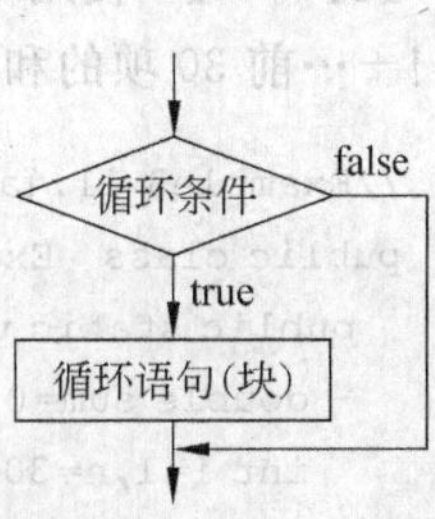

循环条件
false
true
循环语句(块)

图 3-4 while 语句流程图

【例 3-10】 使用 while 语句打印出数字 1 到 5。

```
//Example3_10.java
public class  Example3_10{
  public static void main(String[ ] args) {
    int counter=1;          //循环变量及其初始值
    while(counter<=5)   //循环条件
    {
      System.out.println("counter="+counter);
      counter++;            //循环变量增值
    }
  }
}
```

程序运行结果：

```
counter=1
counter=2
counter=3
counter=4
counter=5
```

源程序说明：

(1) 循环变量 counter 的初始值为 1。循环检查(counter＜＝5)表达式是否为真，若真，则执行循环体，打印出 counter 值，并将 counter 加 1。将重复执行，直到(counter＜＝5)变为假为止。若(counter＜＝5)变为假，循环中断并执行循环语句之后的一条语句。

(2) 要保证循环条件最终可以变为假，以便程序能够结束。一个常见的编程错误是无限循环，也就是说，由于循环条件的错误使程序不能结束。例如，在这个例子中如果忘记在循环体中加上 counter++，程序就不能停止，这时需要强行终止程序。

2. do-while 语句

do-while 语句的语法格式如下：

```
do {
    循环体
  }while(<表达式>);
```

do-while 语句和 while 语句的区别是：do-while 循环体至少执行一次，执行流程如图 3-5 所示。

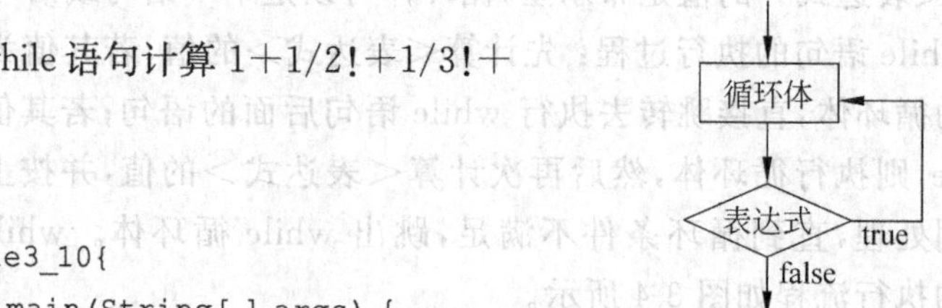

图 3-5 do-while 语句流程图

【例 3-11】 使用 do-while 语句计算 1+1/2!+1/3!+1/4!+…前 30 项的和。

```
//Example3_11.java
public class  Example3_10{
  public static void main(String[ ] args) {
    double sum=0, item=1;
    int i=1,n=30;
    do{
      sum=sum+item;
      i++;
      item=item*(1.0/i);
    } while(i<=n);
  }
}
```

3. for 语句

for 语句的语法格式：

```
for (表达式 1; 表达式 2; 表达式 3){
      循环体
}
```

for 语句的执行过程如下。

(1) 计算“表达式 1”，完成初始化工作。

(2) 判断“表达式 2”的值，若其值为 true，则执行循环体，然后再执行第(3)步；若值为 false，则跳出循环语句。

(3) 计算“表达式 3”，然后转去执行第(2)步。

for 语句的执行流程如图 3-6 所示。

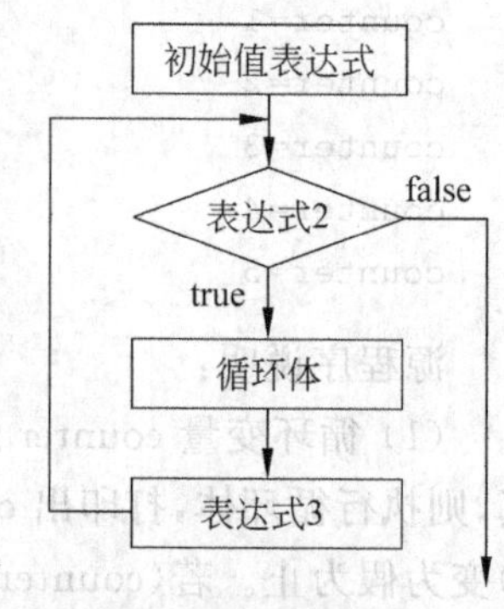

图 3-6 for 语句流程图

【例 3-12】 求解 Fibonacci 数列：1,1,2,3,5,8,…的前 36 个数。分析该数列可以得到构造该数列的递推关系如下：

$$
\begin{cases}
F_1=1 & (n=1) \\
F_2=1 & (n=2) \\
F_n=F_{n-1}+F_{n-2} & (n\geqslant 3)
\end{cases}
$$

```
//Example3_12.java
public  class  Example3_12{
    public static void main(String[ ] args){
        int f1=1,f2=1;                    //f1为第一项,即奇位项;f2为第二项,即偶位项
        for(int i=1;i<38/2;i++){
            System.out.print("\t"+f1+"\t"+f2);         //每次输出两项
                if(i%2==0)System.out.println("\n");    //每输出两次共4项后换行
                f1=f1+f2;                               //计算下一个奇位项
                f2=f2+f1;                               //计算下一个偶位项
        }
    }
}
```

程序运行结果：

```
1       1       2       3
5       8       13      21
34      55      89      144
233     377     610     987
1597       2584       4181       6765
10946      17711      28657      46368
75025      121393     196418     317811
514229     832040     1346269    2178309
3524578    5702887    9227465    14930352
```

注意：for语句括号内的3个表达式均可省略，但两个分号不可省略。下面通过一个例子来说明省略这些表达式时的情况。

【例3-13】 求1+2+3+…+9+10的和。

```
//Example3_13.java
public class Example3_13{
    public static void main(String[ ] args) {
        int i=1;                     //初值表达式写在循环语句之前
        int sum=0;
        for(;;){                     //for头的3个构件全部省略
            sum+=i++;                //循环过程表达式i++写在了循环体内
            if(i>10) break;          //布尔表达式写在了循环体内的if语句中
        }
        System.out.println("sum="+sum);
    }
}
```

程序运行结果：

```
sum=55
```

循环控制主要有两种办法：一种是用计数器控制循环，另一种是用标记控制循环。大多数循环结构程序是利用计数器的原理来控制的。设计计数器控制循环的程序，需要把握下面几个要点。

(1) 循环控制变量(或循环计数器)的名字，即称为循环变量名。

(2) 循环控制变量初值的设置。

(3) 每执行一次循环时，循环控制变量的改变。

(4) 测试循环控制变量的终值条件(即是否继续进行循环)。

标记控制循环主要适用于那些事先无法知道循环次数的事务处理。例如，统计选票就是这样一类问题，只知道有许多人参加投票，但不能确切地知道选票数。在这种情况下可以使用一个称为标记值的特殊值作为"数据输入结束"的标志，用户将所有合法的数据都输入之后，就输入这个标记值，表示最后一个数据已经输入完了。循环控制语句得到这个标记值后，结束循环。标记控制循环通常也称作不确定循环，因为在循环开始执行之前并不知道循环的次数。

3.2.3 跳转语句

Java 中的跳转语句有两种：break 语句和 continue 语句，实现程序中的控制转移功能。下面对每一种语句进行讨论。

1. break 语句

break 语句通常用于下面两种情况。

(1) 在 switch 结构中，break 语句用于退出 switch 结构。

(2) 在循环结构中，break 语句用于终止 break 语句所在的最内层循环，继续执行循环外的下一条语句。

【例 3-14】 求 1～100 间的所有素数。

【问题描述】 素数也称为质数，是只能被 1 和它自身整除的自然数，如 3、5、7 等都是素数。算法描述：

(1) 构造外循环得到一个 1～100 之间的数 i，为减少循环次数，可跳过所有偶数。

(2) 构造内循环得到一个 2～m 之间的数 j，令 $m=\sqrt{i}$；

{考察 i 是否能被 j 整除，若能整除则 i 不是素数，结束内循环；}

(3) 内循环结束后，判断 $j \geqslant m+1$ 是否成立，如果成立，则 i 为素数，将 i 输出；否则，再次进行外循环。

```
//Example3_13.java
public class Example3_13{
    public static void main(String[ ] args){
        int n=0,m,j,i;
```

```
        for(i=3;i<=100;i+=2)                              //外层循环
        {  m=(int)Math.sqrt((double)i);
           for(j=2;j<=m;j++)                              //内嵌循环
               if((i%j)==0)  break;                       //内嵌循环结束
           if(j>=m+1)
           {
               if(n%6==0)
                   System.out.println("\n");              //换行控制
               System.out.print(i+"  ");
               n++;
           }
       } //外层循环结束
    }
}
```

程序运行结果如图 3-7 所示。

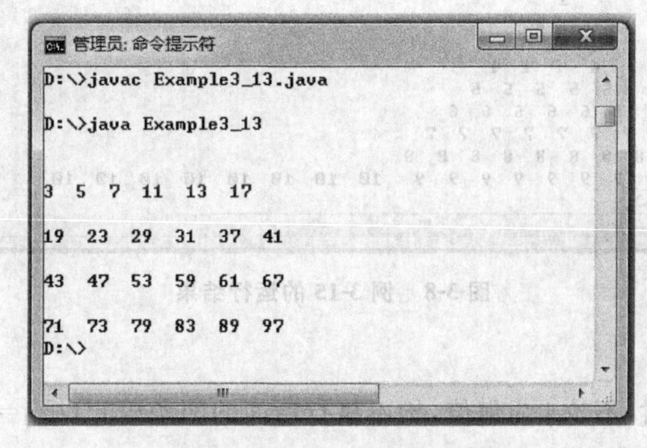

图 3-7 例 3-14 的运行结果

2. continue 语句

continue 语句必须用于循环结构中，在 while 或 do-while 循环中，continue 语句会使流程直接跳转至＜条件表达式＞；在 for 循环中，continue 语句会跳转至＜表达式 3＞，计算并修改循环变量后再判断循环条件。

【例 3-15】 分析下面程序的输出结果。

```
//Example3_14.java
public class Example3_14{
    public static void main(String[ ] args){
        int j;
        p1: for(int i=1;i<=10;i++){
            j=1;
                while(j<=11-i){
                    System.out.print(" ");
```

```
                j++;
            }
            for(j=1;j<=i;j++){
          if(i==3) continue;
                if(j==9) continue p1;
                System.out.print(i+"  ");
            }
           System.out.println("");
        }
    }
}
```

程序运行结果如图 3-8 所示。

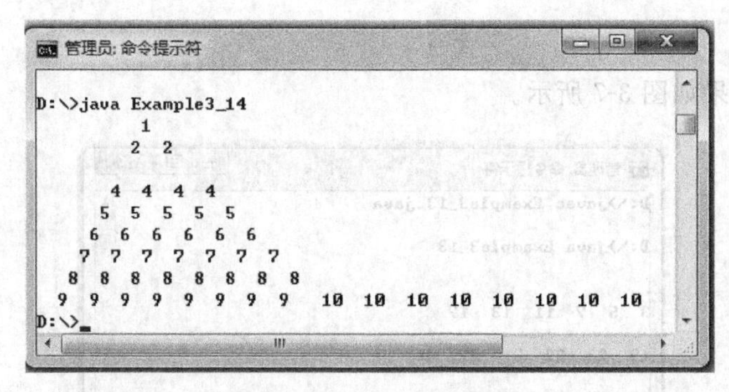

图 3-8　例 3-15 的运行结果

源程序分析：

(1) 当 i==3 时，不论 j 为何值，均不执行后面的两条语句(if(j==9) continue p1; System.out.print(i+" ");)。

(2) 当 j==9 时，跳到外循环入口处。其中，p1 为语句标号。

3.3　数　　组

数组是相同类型的变量按顺序组成的一种复合数据类型，这些相同类型的变量称为数组的元素或单元。数组属于引用型变量，创建数组的步骤是声明数组和为数组分配变量。内存分配时，数组对应着一组顺序排放的存储单元，数组元素按照创建时的次序在其中存放。

本节主要介绍数组的基本知识：声明数组、创建数组、多维数组、for-each 语句等。

3.3.1　声明数组

Java 语言中，数组是一个对象。使用前需要声明和创建。声明数组包括数组名和数组类型。

声明一维数组的格式如下：

```
数据类型  数组名[];
```

或

```
数据类型[]  数组名;
```

声明二维数组的格式如下：

```
数据类型  数组名[][];
```

或

```
数据类型[][]  数组名;
```

例如：

```
int  StudentNum[ ];          //数组 StudentNum 的元素都是 int 类型
double[ ]  Score;            //数组 Score 的元素都是 double 类型
Clock myClock[];             //数组 myClock 的元素都是 Clock 类的实例,即对象数组
float [ ][ ]  arr;           //二维数组 arr 的元素都是 float 类型
```

注意：

(1) 数组类型可以是 Java 的任何一种类型。

(2) Java 不允许在声明数组时指定数组元素的个数。例如：

```
int  Teacher [50];
```

或

```
int [50]  Teacher;
```

都是错误的。这一点与 C/C++ 语言不同。

3.3.2 数组的创建

声明数组后，在访问数组元素前必须为数组的元素分配相应的内存空间，即创建数组。创建数组的格式如下：

```
数组名=new 数据类型[数组元素个数];                        //创建一维数组
数组名=new 数据类型[数组元素个数 1][数组元素个数 2]    //创建二维数组
```

例如：

```
StudentNum=new int [50];
```

创建了一个有 50 个 int 型元素的数组。

声明数组和创建数组可以一起完成，例如：

```
float [ ][ ] arr=new float[3][4];
```

3.3.3 数组元素的使用

创建数组后，就可以访问数组元素了。数组元素的使用格式如下：

```
数组名[下标表达式]
```

注意：数组下标索引值从 0 开始，所以在使用数组时防止索引越界。

例如：

```
arr [3][4]=15.5f;
```

程序运行时，将发生运行时错误，抛出 ArrayIndexOutOfBoundsException 异常，索引越界。以 arr 数组的最后一个元素是 arr[2][3]。

数组元素个数称为数组的长度。在程序中可以使用：

```
数组名.length
```

来获得数组的长度。对于一维数组，"数组名.length"的值就是它含有的元素个数；对于二维数组，"数组名.length"的值就是它含有的一维数组的个数(行数)。

例如：

```
int m,n;
int[] StudentNum=new int [50];
float arr[][]=new float[3][4];
m=StudentNum.length;
n=arr. length;
```

此时，m=50，n=3，请读者自行分析原因。

【例 3-16】 计算英语成绩的平均分。

```
//Example3_15.java
public class Example3_15{
    public static void main(String[ ] args){
        float [] score;
        score=new float[5];
        double result=0;
        int i,n;
        n=args.length;
        for(i=0; i<n; i++){
            score[i]=Float.parseFloat(args[i]);
            result=result+score[i];
        }
        System.out.println("Average is "+result/5);
    }
}
```

程序运行结果如图 3-9 所示。

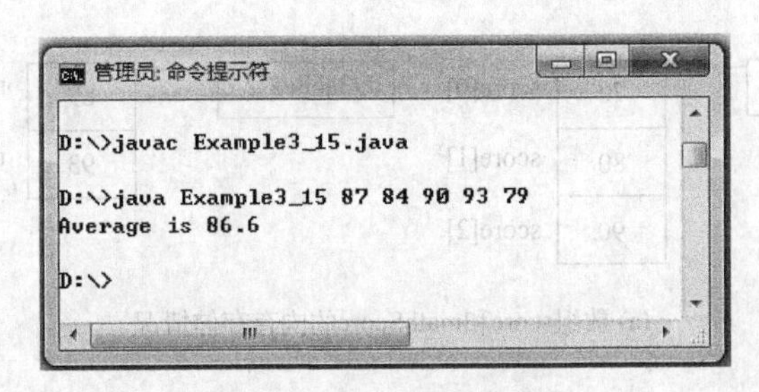

图 3-9 例 3-16 的运行结果

源程序说明：

(1) main()方法的形参数组 args[]具有接收数据的功能，见 2.6 节。

(2) Float.parseFloat(args[i])的功能将字符串数据转换为 float 类型。

(3) 程序解释运行时，输入待接收的数据，以空格分开。

3.3.4 数组的初始化

创建数组后，系统会给数组的每个元素一个默认值，如 int 型数组的默认值是 0。在声明数组的同时也可给数组元素一个初始值，格式如下：

```
数据类型 数组名[]={数值1,数值2,…,数值n};
```

例如：

```
double[ ]  Score={78,79,90,87};
int  arr[ ][ ]={{1,2,3,4}, {5,6,7,8}, {9,10,11,12}};
```

3.3.5 数组的引用

数组属于引用型变量，所以两个相同数据类型的数组如果具有相同的引用，则它们就有完全相同的元素。

例如：

```
int [] score={70,80,90};
int [] mathScore={89,93};
mathScore=score;
```

如图 3-10 所示，数组 score 和 mathScore 的内存存储情况，其中图 3-10(a)为数组 score 和 mathScore 的内存存储情况，图 3-10(b)为赋值执行(mathScore＝score)后的数组 score 和 mathScore 的内存存储情况。

【例 3-17】 数组的引用应用举例。

```
//Example3_16.java
public class Example3_16{
    public static void main(String args[ ]){
        int i;
```

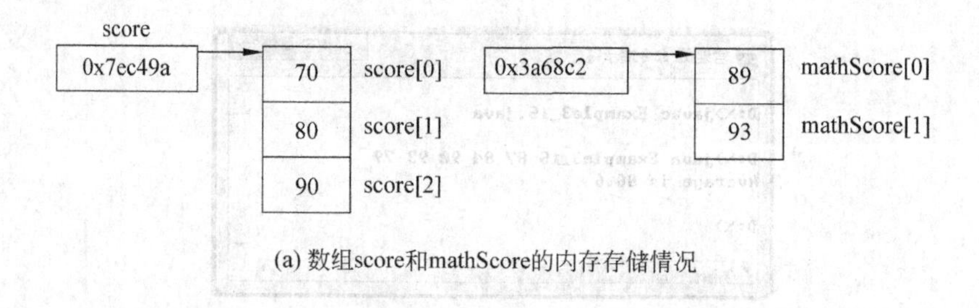

(a) 数组score和mathScore的内存存储情况

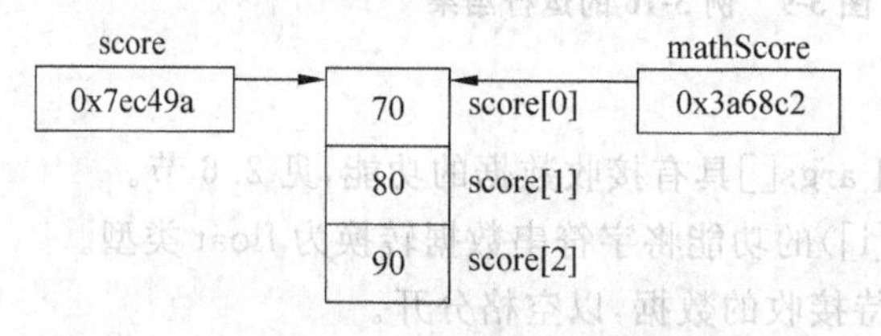

(b) mathScore=score后的数组score和mathScore的内存存储情况

图 3-10 数组 score 和 mathScore 的内存存储情况

```
        int[ ] first={1,2,3,4};
        int second[ ]={5,6};
        System.out.println("数组 first 的引用:"+first);
        System.out.println("数组 second 的引用:"+second);
        System.out.println("first.length="+first.length);
        System.out.println("second.length="+second.length);
        second=first;
        System.out.print("first:");
        for(i=0;i<first.length;i++)
            System.out.print("  "+first[i]);
        System.out.println("\nsecond.length="+second.length);
        System.out.print("second:");
        for(i=0;i<second.length;i++)
            System.out.print("  "+second[i]);
    }
}
```

程序运行结果如图 3-11 所示。

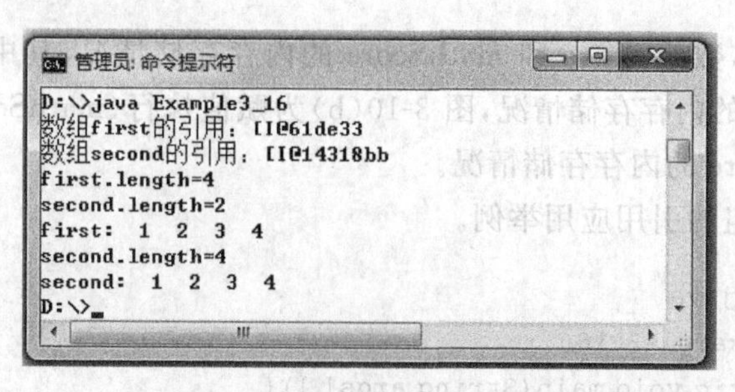

图 3-11 例 3-17 的运行结果

3.3.6 for-each 语句

从 JDK 5.0 起，Java 语言提供了 for-each 循环遍历数组元素和集合元素。for-each 语句的一般形式如下：

```
for(数据类型 变量名：数组)
        语句;
```

其中，数据类型必须与数组元素的类型相容；"："表示"从……中"。for-each 语句的执行顺序是：首先声明一个变量，然后将数组的第一个元素赋值给该变量（若数组不存在元素，for-each 语句的执行自动结束），并执行循环体；每次执行完循环体后，如果数组中还有剩余元素，就继续按顺序读取数组的下一个元素赋值给变量，并执行循环体；否则，结束 for-each 语句的执行。

【例 3-18】 for-each 语句应用举例。

```
//Example3_17.java
public class Example3_17{
    public static void main(String args[]){
        int numbers[]={1,2,3,4,5,6,7,8,9};
        int sum=0;
        for(int element:numbers) {
            System.out.println("Value is:"+element);
            sum+=element;
        }
        System.out.println("Sum:"+sum);
    }
}
```

程序运行结果如图 3-12 所示。

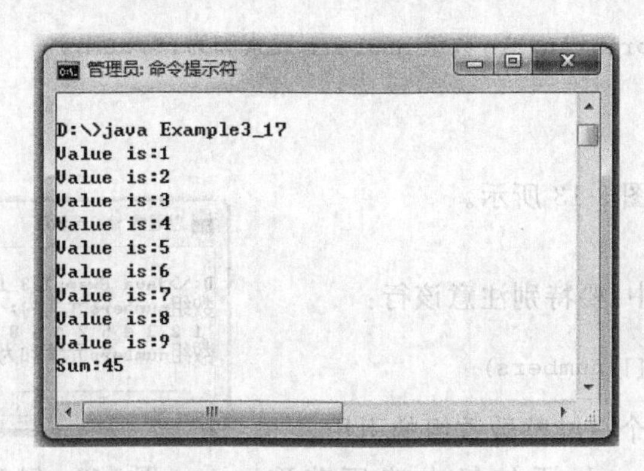

图 3-12 例 3-18 的运行结果

注意：

(1) for-each 语句可以使用 break 语句提前终止循环。

例如，修改例题 3-17 仅计算数组 numbers 的前 5 个元素的总和，for-each 语句修改如下，其他部分不变。

```
for(int element:numbers){
    System.out.println("Value is:"+element);
    sum+=element;
    if(element==5) break; //增加 if 判断语句
}
```

(2) for-each 语句用于多维数组时，通常需要嵌套该循环，才能得到实际的数据。因为在 Java 语言中，多维数组是指包含数组的数组，for-each 语句对多维数组进行遍历时，每次遍历获取下一个数组，而不是单个元素。

【例 3-19】 使用嵌套的 for-each 语句，获取二维数组的元素。

```
//Example3_18.java
public class Example3_18{
  public static void main(String args[]){
    int sum=0;
    int numbers[][]=new int[3][5];
    for(int i=0;i<3;i++){
        for(int j=0;j<5;j++)
            numbers[i][j]=(i+1)*(j+1);
        }
        System.out.println("数组 numbers 元素为:");
    for(int element[]:numbers){
        for(int element2:element){
            System.out.print(" "+element2);
            sum+=element2;
        }
    }
    System.out.println("\n 数组 numbers 元素和为:"+sum);
    }
}
```

程序运行结果如图 3-13 所示。

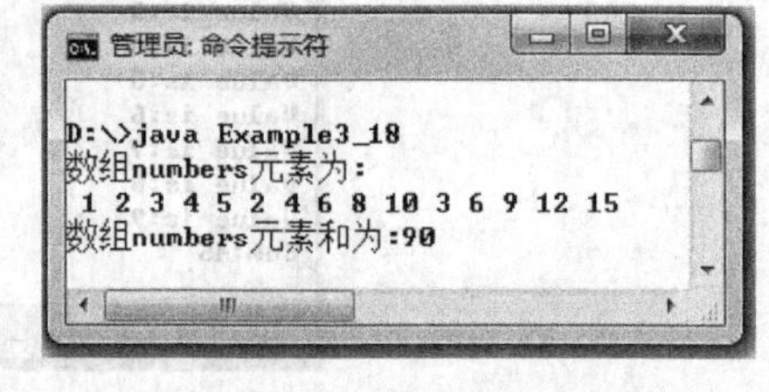

图 3-13　例 3-19 的运行结果

源程序说明：

(1) 在这段程序中，要特别注意该行：

```
for(int element[]:numbers)
```

其中，element 是对一个一维整数数组的引用。

(2) 外层的 for-each 语句每次遍历获取 numbers 中的下一个数组（第一个获取的是 numbers[0]），然后内部的 for-each 语句再遍历这个数组的每个元素。

(3) for-each 风格语句，在集合搜索时十分有用，在后面的集合学习中大家可以慢慢体会。

3.3.7 数组排序

在 Java 提供的 java. util 包中定义的 Arrays 类提供了多种数组操作方法，对数组元素的排序、填充、转换、检索和比较等功能。下面介绍对数组元素排序方法。

【例 3-20】 用选择法对 10 个数按从小到大进行排序，然后输出。

【问题描述】 选择法的基本思想：第 i 趟排序在无序序列 $r_i \sim r_n$ 中找到值最小的记录，并和第 i 个记录交换作为有序序列的第 i 个记录，如图 3-14 所示。

【算法描述】图 3-15 给出了一个选择法排序的例子(无序区用方括号括起来)，具体的排序过程如下。

$r_1 \leqslant r_2 \leqslant \cdots \leqslant r_{i-1}$ | $r_i r_{i+1} \cdots r_{min} \cdots r_n$
有序区
已经位于最终位置
无序区
r_{min}为无序区的最小数据

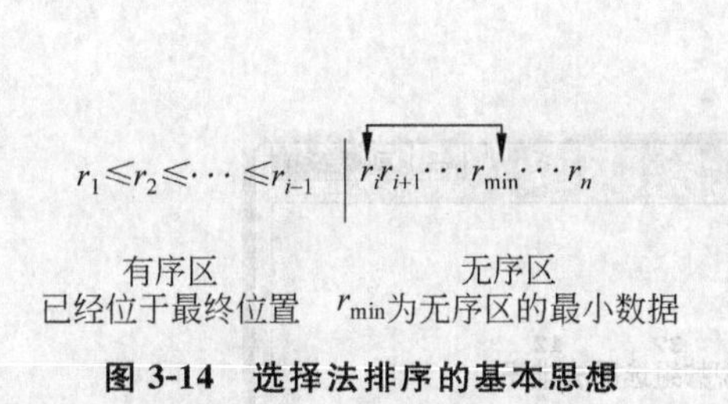

图 3-14 选择法排序的基本思想

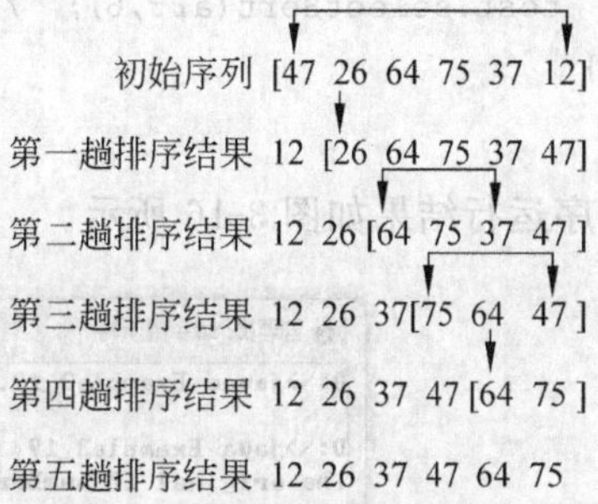

初始序列 [47 26 64 75 37 12]
第一趟排序结果 12 [26 64 75 37 47]
第二趟排序结果 12 26 [64 75 37 47]
第三趟排序结果 12 26 37[75 64 47]
第四趟排序结果 12 26 37 47 [64 75]
第五趟排序结果 12 26 37 47 64 75

图 3-15 选择法排序的过程示例

(1) 将这个数组元素划分为有序区和无序区，初始时有序区为空，无序区为待排序的所有数组元素。

(2) 在无序区查找值最小的数组元素，将它与无序区的第一个数组元素交换，使得有序区增加一个数据，同时无序区减少一个数据。

(3) 不断重复步骤(2)，直到无序区只剩下一个数组元素为止。

```
//Example3_19.java
public class Example3_19{
  //定义选择法排序的方法 selectSort
  void selectSort(int r[],int n){
    int i,j,index,temp;
    for(i=0;i<n-1;i++)                          //对 n 个数组元素进行 n-1 趟选择排序
    {
      index=i;
      for(j=i+1;j<n;j++)                        //在无序区查找最小数据
          if(r[j]<r[index])index=j;
      if(index! =i)
      {
        temp=r[i];r[i]=r[index];r[index]=temp;  //交换数据
      }
    }
```

```
    System.out.println("输出选择排序后的数组元素:");
    for(int k:r){
      System.out.print(k+"\t");
    }
  }
  public static void main(String args[]){
    int arr[]={47,26,64,75,37,12};
    Example3_19 test=new Example3_19();  //定义本类的对象 test
    System.out.println("The original 10 numbers:");
    for(int i=0;i<arr.length;i++)
      System.out.print(arr[i]+"\t");
    System.out.println("\n下面调用方法 selectSort(),实现数组选择法排序。");
    test.selectSort(arr,6);  //对象名.方法名()调用,将在第 4 章讲具体用法
  }
}
```

程序运行结果如图 3-16 所示。

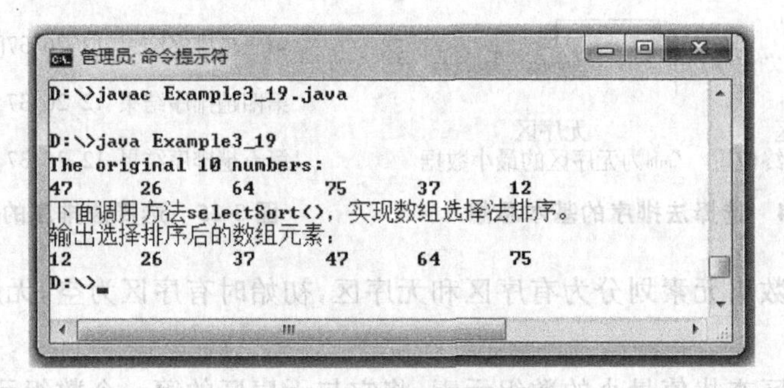

图 3-16 例 3-9 的运行结果

3.4 本章小结

本章学习了如下内容。

(1) 运算符与表达式的使用。

(2) 不同选择结构流程的语句形式与执行原理。

(3) 不同循环结构流程的语句形式与执行原理。

(4) 跳转语句 break 和 continue 的使用。

(5) 数组的应用。

习题

1. 什么是关键字？什么是标识符？"A"和'A'的意义有何不同？

2. 计算下列表达式的值。

(1) 17/3　　(2) 23/3.0　　(3) －31%7　　(4) 3/6 * 9
(5) 15L＋88＋'B'　　(6) 2＞7&&10＞6　　(7) 3＞9？true：false　　(8) 21%－5

3. 写出程序的输出结果。

```
public class Practice1 {
    public static void main(String[ ] args) {
        char c1='a';
        int i1=c1;
        System.out.println(i1);
        char c2='A';
        int i2=c2+1;
        System.out.println(i2);
    }
}
```

4. 写出程序的输出结果。

```
public class Practice2 {
    public static void main(String[ ] args) {
        int a=5;
        int b=5;
        int x=2 *++a;
        int y=2 *b++;
        System.out.println("x="+x);
        System.out.println("y="+y);
    }
}
```

5. 写出程序的输出结果。

```
public class Practice4{
    public static void main(String args[ ]){
        int i , j ;
        int a[ ]={ 12,67,8,98,23,56,124,55,99,100 };
        for( i=0 ; i <a.length-1; i++) {
            int k=i;
            for( j=i ; j <a.length ; j++)
                if( a[j]<a[k] ) k=j;
            int temp=a[i];
            a[i]=a[k];
            a[k]=temp;
        }
        for ( i=0 ; i<a.length; i++)
            System.out.print(a[i]+"  ");
        System.out.println( );
    }
}
```

6. 判断 101～200 之间有多少个素数，并输出所有素数。

7. 一个数如果恰好等于它的因子之和，这个数就称为“完数”。例如 6＝1＋2＋3。编程找出 1000 以内的所有完数。

8. 编写程序求：$1^2-2^2+3^2-4^2\cdots+47^2-48^2+49^2-50^2$ 的值。

9. 用 switch 语句编写一个完成两个数四则运算的程序。

10. 有 n 个人围成一圈，顺序排号。从第一个人开始报数（从 1 到 3 报数），凡报到 3 的人退出圈子，问最后留下的是原来第几号的那位。

11. 输出九九乘法表和英文字母表。

12. 编程实现三色球问题。若一个口袋中放 12 个球，其中 3 个红色的、3 个白色的和 6 个黑色的。从中任取 8 个球，问共有多少种不同颜色搭配？

第4章 chapter 4

Java面向对象基础

教学重点	Java语言的面向对象技术；类与对象；包；Java的继承；Java的多态性；接口				
教学难点	上转型对象；接口回调				
教学内容和教学目标	知 识 点	教学要求			
		了解	理解	掌握	熟练掌握
	面向对象程序设计的基本概念			√	
	Java的类与对象的定义与使用方法				√
	Java包的定义及其使用方法			√	
	Java继承的基本概念及使用方法				√
	Java多态的使用方法				√
	Java接口的定义及其使用方法			√	

4.1 面向对象程序设计概述

面向对象程序设计(Object Oriented Programming,OOP)是一种计算机编程架构。OOP的一条基本原则是计算机程序是由单个能够起到子程序作用的单元或对象组合而成。OOP达到了软件工程的3个主要目标：重用性、灵活性和扩展性。为了实现整体运算，每个对象都能够接收信息、处理数据和向其他对象发送信息。

4.1.1 面向对象程序设计发展历史

1967年挪威计算中心的Kisten Nygaard和Ole Johan Dahl开发了Simula 67语言，它提供了比子程序更高一级的抽象和封装，引入了数据抽象和类的概念，它被认为是第一个面向对象语言。20世纪70年代初，Palo Alto研究中心的Alan Kay所在的研究小组开发出Smalltalk语言，之后又开发出Smalltalk—80，Smalltalk—80被认为是最纯正的面向对象语言，它对后来出现的面向对象语言，如Object-C、C++、Self、Eiffl都产生了深远的影响。随着面向对象语言的出现，面向对象程序设计也就应运而生且得到迅速发展。之后，面向对象不断向其他阶段渗透，1980 年 Grady Booch 提出了面向对象设计的概念，之后面向对象分析开始。1985 年，第一个商用面向对象数据库问世。1990 年以来，面向对象分析、测试、度量和管理等研究都得到长足发展。

实际上，"对象"和"对象的属性"这样的概念可以追溯到 20 世纪 50 年代初，它们首先出现在关于人工智能的早期著作中。但是出现了面向对象语言之后，面向对象思想才得到迅速的发展。过去的几十年中，程序设计语言对抽象机制的支持程度不断提高：从机器语言到汇编语言，到高级语言，直到面向对象语言。汇编语言出现后，程序员就避免了直接使用 0 和 1，而是利用符号来表示机器指令，从而更方便地编写程序；当程序规模继续增长的时候，出现了 FORTRAN、C、Pascal 等高级语言，这些高级语言使得编写复杂的程序变得容易，程序员们可以更好地对付日益增加的复杂性。但是，如果软件系统达不到一定规模，即使应用结构化程序设计方法，局势仍将变得不可控制。作为一种降低复杂性的工具，面向对象语言产生了，面向对象程序设计也随之产生。

4.1.2 面向对象程序设计基本概念

面向对象程序设计中的概念主要包括对象、类、数据抽象、继承、动态绑定、数据封装、多态性和消息传递。通过这些概念面向对象的思想得到了具体的体现。

1. 对象

对象是运行期的基本实体，它是一个封装了数据和操作这些数据的代码的逻辑实体。对象是要研究的任何事物，从一本书到一家图书馆，极其复杂的自动化工厂、航天飞机都可看作对象，它不仅能表示有形的实体，也能表示无形的（抽象的）规则、计划或事件。对象由数据（描述事物的属性）和作用于数据的操作（体现事物的行为）构成一独立整体。从程序设计者来看，对象是一个程序模块，从用户来看，对象为他们提供所希望的行为。在对内的操作通常称为方法。

2. 类

类是对象的模板，即类是对一组有相同数据和相同操作的对象的定义，一个类所包含的方法和数据描述一组对象的共同属性和行为。类是在对象之上的抽象，对象则是类的具体化，是类的实例。类可有其子类，也可有其他类，形成类层次结构。

3. 封装

封装是一种信息隐蔽技术，它体现于类的说明，是对象的重要特性。封装使数据和加工该数据的方法（函数）封装为一个整体，以实现独立性很强的模块，使得用户只能见到对象的外特性（对象能接收哪些消息，具有哪些处理能力），而对象的内特性（保存内部状态的私有数据和实现加工能力的算法）对用户是隐蔽的。封装的目的在于把对象的设计者和对象者的使用者分开，使用者不必知晓行为实现的细节，只须用设计者提供的消息来访问该对象。

4. 继承

继承性是子类自动共享父类之间数据和方法的机制，它由类的派生功能体现。一个类直接继承其他类的全部描述，同时可修改和扩充。继承具有传递性。继承分为单继承(一个子类只有一父类)和多重继承(一个类有多个父类)。类的对象是各自封闭的，如果没继承性机制，则类对象中数据、方法就会出现大量重复。继承不仅支持系统的可重用性，而且还促进系统的可扩充性。继承是让某个类型的对象获得另一个类型的对象的特征。通过继承可以实现代码的重用：从已存在的类派生出的一个新类将自动具有原来那个类的特性，同时，它还可以拥有自己的新特性。

5. 多态

对象根据所接收的消息而做出动作。同一消息为不同的对象接收时可产生完全不同的行动，这种现象称为多态性。利用多态性可发送一个通用的信息，而将所有的实现细节都留给接收消息的对象自行决定，同一消息即可调用不同的方法。例如，Print 消息发送给图或表时调用的打印方法与将同样的 Print 消息发送给正文文件而调用的打印方法会完全不同。多态性的实现受到继承性的支持，利用类继承的层次关系，把具有通用功能的协议存放在类层次中尽可能高的地方，而将实现这一功能的不同方法置于较低层次，这样，在这些低层次上生成的对象就能给通用消息以不同的响应。可通过在派生类中重定义基类函数(定义为重载函数或虚函数)来实现多态性。

多态是指不同事物具有不同表现形式的能力。多态机制使具有不同内部结构的对象可以共享相同的外部接口，通过这种方式减少代码的复杂度。

6. 动态绑定

绑定指的是将一个过程调用与相应代码链接起来的行为。动态绑定是指与给定的过程调用相关联的代码只有在运行期才可知的一种绑定，它是多态实现的具体形式。

7. 消息传递

对象之间需要相互沟通，沟通的途径就是对象之间收发信息。消息内容包括接收消息的对象的标识、需要调用的函数的标识以及必要的信息。消息传递的概念使得对现实世界的描述更容易。

综上可知，在面向对象方法中，对象和传递消息分别表现事物及事物间相互联系的概念；类和继承是适应人们一般思维方式的描述范式；方法是允许作用于该类对象上的各种操作；这种对象、类、消息和方法的程序设计的基本点在于对象的封装性和类的继承性。通过封装能将对象的定义和对象的实现分开，通过继承能体现类与类之间的关系，以及由此带来的动态联编和实体的多态性，从而构成了面向对象的基本特征。

面向对象设计是一种把面向对象的思想应用于软件开发过程中，指导开发活动的系统方法，是建立在“对象”概念基础上的方法学。对象是由数据和容许的操作组成的封装体，与客观实体有直接对应关系，一个对象类定义了具有相似性质的一组对象。而继承性是对具有层次关系的类的属性和操作进行共享的一种方式。面向对象就是基于对象概念,以对象为中心,以类和继承为构造机制,来认识、理解、刻画客观世界和设计、构建相应的软件系统。

4.1.3 面向对象程序设计的优点

面向对象出现以前,结构化程序设计是程序设计的主流,结构化程序设计又称为面向过程的程序设计。在面向过程程序设计中,问题被看作一系列需要完成的任务,函数(在此泛指例程、函数、方法)用于完成这些任务,解决问题的焦点集中于函数。其中函数是面向过程的,即它关注如何根据规定的条件完成指定的任务。

在多函数程序中,许多重要的数据被放置在全局数据区,这样它们可以被所有的函数访问。每个函数都可以具有它们自己的局部数据。这种结构很容易造成全局数据在无意中被其他函数改动,因而程序的正确性不易保证。面向对象程序设计的出发点之一就是弥补面向过程程序设计中的一些缺点:对象是程序的基本元素,它将数据和操作紧密地连接在一起,并保护数据不会被外界的函数意外地改变。

比较面向对象程序设计和面向过程程序设计,还可以得到面向对象程序设计的其他优点。

(1) 数据抽象的概念可以在保持外部接口不变的情况下改变内部实现,从而减少甚至避免对外界的干扰。

(2) 通过继承大幅减少冗余的代码,可以方便地扩展现有代码,提高编码效率,也减低了出错概率,降低软件维护的难度。

(3) 结合面向对象分析、面向对象设计,允许将问题域中的对象直接映射到程序中,减少软件开发过程中间环节的转换过程。

(4) 通过对对象的辨别、划分可以将软件系统分割为若干相对独立的部分,在一定程度上更便于控制软件复杂度。

(5) 以对象为中心的设计可以帮助开发人员从静态(属性)和动态(方法)两个方面把握问题,从而更好地实现系统。

(6) 外在功能上的扩充,从而实现对象由低到高的升级。

4.2 Java的类与对象

类是组成Java程序的基本要素,类封装了一类对象的状态和方法,类是用来定义对象的模板。

4.2.1 类的定义

类的定义包括两部分:类声明和类体。基本格式如下:

```
class 类名
{
```

```
    类体
}
```

1. 类声明

```
class 类名
```

例如：

```
class Book,class Text
```

class是Java中的关键字，要定义一个类必须用到class关键字，Book和Text分别是类名。在类名前可以有多个修饰符，如public、abstract、final。将会在后面进行介绍。

在为类命名时，除应遵守Java标识符命名规则以外，还应注意：类名最好容易识别。当类名由几个"单词"复合而成时，每个单词的首字母使用大写。

2. 类体

类的功能在于描述一类事物所共有的属性与行为，其行为过程由类体来实现。类体是类声明之后的"{}"以及它们之间的内容。

类体分为两个部分。

(1) 变量的定义，用于刻画属性。

(2) 方法的定义，用于刻画行为。

【例4-1】 类的定义应用举例。

```
//Number.java
class Number
{
    int a=1,b=2;
    int sum()
    { int c=a+b;
        return c;
    }
}
```

其中，Number是类名，"int a=1,b=2;"是类的成员变量，sum()是类的方法。

4.2.2 类的成员

如前所述，类是对一组有相同数据和相同操作的对象的定义，一个类所包含的方法和数据描述一组对象的共同属性和功能。类的成员包括成员变量和成员方法。

1. 成员变量

类的成员变量即属性，在类体内定义的变量称为成员变量，成员变量在整个类内都有效，在例4-1中变量a、b即为成员变量。在类中除了成员变量以外，其他的变量称为局部变量。如例 4-1 中变量 c 即为局部变量。局部变量是在方法中或程序段中定义的变量,局部变量的有效范围是定义该变量的{}之内。当然,成员变量和局部变量的有效范围都可以视为定义该变量的{}之内。

在定义成员变量时应注意:

(1) 成员变量在类体中的书写位置对程序没有任何影响,但是为了程序的美观与易读性,最好把成员变量写在最前面。

(2) 在定义成员变量时,不可给其他变量赋值,不能有任何操作,但可对成员变量初始化。

若将例 4-1 改为

```
Class Number
{
    int a;
    int b;
    a=1;b=1;      //该语句错误,不可以在成员变量定义时有其他操作
    int Sum()
    {
        int c=a+b;
        return c;
    }
}
```

这种形式是错误的。

(3) 成员变量和局部变量的类型可以是 Java 中的任何一种数据类型,包括基本数据类型、引用数据类型和数组类型等。引用数据类型也称为复合数据类型,如对象是引用数据类型变量。

(4) 方法中的参数属于局部变量。

2. 成员方法

成员方法即功能。方法的定义包括两部分内容:方法声明和方法体。

方法声明包括方法名、返回类型和参数。其中参数的类型可以是基本数据类型,也可以是引用数据类型。

对于基本数据类型来说,Java 实现的是值传递,方法接收参数的值,但不能改变这些参数的值。如果要改变参数的值,则用引用数据类型,因为引用数据类型传递给方法的是数据在内存中的地址,方法中对数据的操作可以改变数据的值。

【例 4-2】 类的成员方法应用举例。

```
//PassTest.java
import java.io.*;
public class PassTest{
    float ptValue;
    public static void main(String args[]){
```

```
        int val;
        PassTest pt=new PassTest();
        val=11;
        System.out.println("Original IntValue is:"+val);
        pt.changeInt(val);                         //值参数
        System.out.println("IntValue after Changed is:"+val);
                                                   //对值参数值进行修改,没有影响值参数的值
        pt.ptValue=101f;
        System.out.println("Original ptValue is:"+pt.ptValue);
        pt.changeObjValue(pt);                     //引用类型的参数
        System.out.println("ptValue after Changed is:"+pt.ptValue);
                                                   //引用参数值的修改,改变了引用参数的值
    }
    public void changeInt(int value){
        value=55;                                  //在方法内部对值参数进行了修改
    }
    public void changeObjValue(PassTest ref){
        ref.ptValue=99f;                           //在方法内部对引用参数进行了修改
    }
}
```

程序运行结果如图4-1所示。

```
D:\lx>java PassTest
Original Int Valueis:11
IntValue after Changeis:11
Original ptValue is:101.0
ptValue after Changeis:99.0
```

图 4-1 例 4-2 的运行结果

方法体是对方法的实现,它包括局部变量的声明以及所有合法的Java指令。方法体中声明的局部变量的作用域在该方法内部。若局部变量与类的成员变量同名,则类的成员变量被隐藏。

【例 4-3】 局部变量与类的成员变量同名情况应用举例。

```
//VariableTest.java
import java.io.*;
class Variable{
  int x=0,y=0,z=0;                             //类的成员变量
  void init(int x,int y){
    int z=5;                                   //局部变量
    this.x=x;
    this.y=y;
    System.out.println("**in init**");
    System.out.println("x="+x+" y="+y+" z="+z);
  }
}
public class VariableTest{
  public static void main(String args[]){
    Variable v=new Variable();
    System.out.println("**before init**");
```

```
        System.out.println("x="+v.x+" y="+v.y+" z="+v.z);
        v.init(20,30);
        System.out.println("**after init**");
        System.out.println("x="+v.x+" y="+v.y+" z="+v.z);
    }
}
```

程序运行结果如图 4-2 所示。

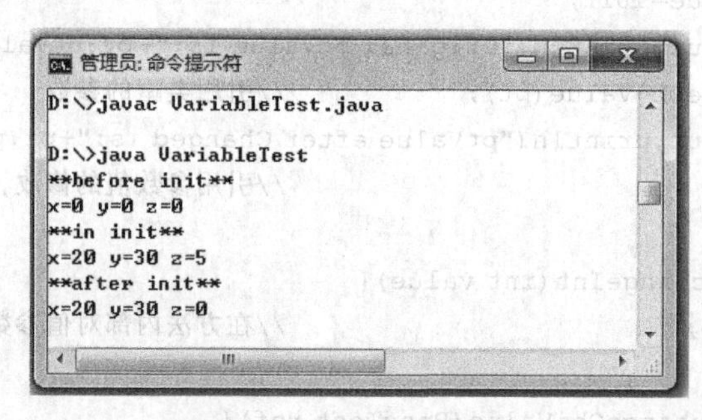

图 4-2 例 4-3 的运行结果

源程序分析：

上例中用到了 this,这是因为 init()方法的参数名与类的成员变量 x、y 的名字相同，而参数名会隐藏成员变量，所以在方法中，为了区别参数和类的成员变量，必须使用 this。this 用在一个方法中引用当前对象，它的值是调用该方法的对象。返回值须与返回类型一致，或者完全相同，或是其子类。当返回类型是接口时，返回值必须实现该接口。

4.2.3 构造方法

构造方法是一种特殊的方法。Java 中的每个类都有构造方法，用来初始化该类的一个新的对象。构造方法具有和类名相同的名称，而且不返回任何数据类型，在构造方法的实现中，也可以进行方法重载。

【例 4-4】 类的构造方法使用举例。

```
//Point.java
class Point{
  int x,y;
  Point(){
    x=0;
    y=0;
  }
  Point(int x,int y){
    this.x=x;
    this.y=y;
  }
}
```

源程序分析：

上例中，对类 Point 实现了两个构造方法，方法名均为 Point，与类名相同。而且使用了方法重载，根据不同的参数分别对点的 x、y 坐标赋予不同的初值。当用运算符 new 为一个对象分配内存时，要调用对象的构造方法，而当创建一个对象时，必须用 new 为它分配内存。因此用构造方法进行初始化避免了在生成对象后每次都要调用对象的初始化方法。如果没有实现类的构造方法，则 Java 运行时系统会自动提供默认的构造方法，它没有任何参数。另外，构造方法只能由 new 运算符调用。对构造方法同样也有访问权限的限制。

4.2.4 对象的创建和使用

类实例化可以生成多个对象，这些对象通过消息传递来进行交互（消息传递即激活指定的某个对象的方法以改变其状态或让它产生一定的行为），最终完成复杂的任务。

一个对象的生命期包括 3 个阶段：生成、使用和清除。

1. 创建对象

对象的创建包括声明、实例化和初始化三方面的内容。创建对象的一般格式如下：

```
<类名>  <对象名>;
<对象名>=new <类名>();
```

或

```
<类名>  <对象名>=new <类名>();
```

例如，生成类 Point 的对象：

```
Point p1;                    //声明对象 p1
p1=new Point ();             //实例化对象 p1
```

或

```
Point p1=new Point();        //声明对象 p1 的同时将它实例化
```

说明：

(1) 对象的声明并不为对象分配内存空间。

(2) 运算符 new 为对象分配内存空间，实例化一个对象。new 调用对象的构造方法，返回该对象的一个引用（即该对象所在的内存地址）。用 new 可以为一个类实例化多个不同的对象。这些对象分别占用不同的内存空间，因此改变其中一个对象的状态不会影响其他对象的状态。

(3) 生成对象的最后一步是执行构造方法，进行初始化。由于对构造方法可以重载，所以通过给出不同个数或类型的参数会分别调用不同的构造方法。例如：

```
Point p1=new  Point ();
Point p2=new  Point (5,10);
```

这里，类 Point 生成了两个对象 p1、p2，它们分别调用不同的构造方法，p1 调用默认的构造方法(即没有参数),p2 则调用带参数的构造方法。p1、p2 分别对应于不同的内存空间,它们的值是不同的,可以完全独立地分别对它们进行操作。虽然 new 运算符返回对一个对象的引用,但与 C、C++ 中的指针不同,对象的引用是指向一个中间的数据结构,它存储有关数据类型的信息以及当前对象所在的堆的地址,而对于对象所在的实际的内存地址是不可操作的,这就保证了安全性。

2. 对象的使用

对象的使用包括引用对象的成员变量和成员方法,通过运算符“.”可以实现对变量的访问和方法的调用,变量和方法可以通过设定一定的访问权限来允许或禁止其他对象对它的访问。

1) 对象操作成员变量(改变属性的值)

一般格式如下:

```
<对象名>.<成员变量名>;
```

2) 对象调用成员方法(体现对象的功能)

一般格式如下:

```
<对象名>.<方法名>([参数]);
```

【例 4-5】 定义类 Point,并对该类实例化。

```
//UsingObject.java
class Point{
  int  x,y;
  String name="a point";
  Point(){
    x=0;
    y=0;
  }
  Point(int x,int y,String name){
    this.x=x;
    this.y=y;
    this.name=name;
  }
  int getX(){
    return x;
  }
  int getY(){
    return y;
  }
  void move(int  newX,int  newY){
    x=newX;
    y=newY;
  }
```

```
    Point  newPoint(String  name){
      Point  newP=new  Point(-x,-y,name);
      return  newP;
    }
    boolean  equal(int  x,int  y){
      if(this.x==x&&this.y==y)
        return  true;
      else
        return false;
    }
    void  print(){
      System.out.println(name+":x="+x+" y="+y);
    }
  }
  public  class  UsingObject{
    public  static  void  main(String  args[]){
      Point  p=new Point();
      p.print();
      p.move(50,50);
      System.out.println("**after  moving**");
      System.out.println("Get x and y directly");
      System.out.println("x="+p.x+" y="+p.y);
      System.out.println("or Get  x and y by calling  method");
      System.out.println("x="+p.getY()+" y="+p.getY());
      if(p.equal(50,50))
          System.out.println("I like  this  point!!!!");
        else
          System.out.println("I  hate  it!!!!!");
      p.newPoint("a new point").print();
      new Point(10,15,"another new point").print();
    }
  }
```

程序运行结果如图 4-3 所示。

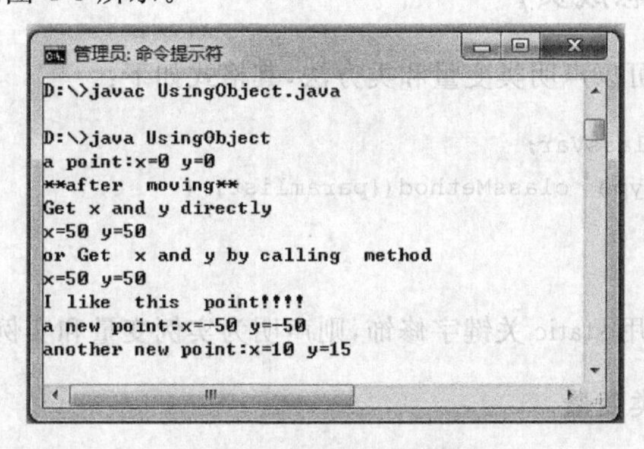

图 4-3　例 4-5 的运行结果

结合例4-5,学习下面的知识点:

(1) 对象操作成员变量。

例如,用“Point p=new Point();”生成了类Point的对象p后,可以用p.x、p.y来访问该点的x、y坐标,如“p.x=10;p.y=20;”。或者用new生成对象的引用,然后直接访问,如“int tx=new point().x;”。

(2) 调用对象的方法。

例如,要移动类Point的对象p,可以用“p.move(30,20);”,虽然我们可以直接访问对象的变量p.x、p.y来改变点p的坐标,但是通过方法调用的方式来实现能更好地体现面向对象的特点,建议在可能的情况下尽可能使用方法调用。

同样,也可以用new生成对象的引用,然后直接调用它的方法,例如:

```
new point().move(30,20);
```

前面已经讲过,在对象的方法执行完后,通常会返回指定类型的值,可以合法地使用这个值,例中类Point的方法equal返回布尔值,可以用它来作为判断条件分别执行不同的分支。例如:

```
if ( p. equal(20,30)){
…                //statements when equal
}
else{
…                //statements when unequal
}
```

另外,类Point的方法newPoint返回该点关于原点的对称点,返回值也是一个Point类型,可以访问它的变量或调用它的方法,例如:

```
px=p. newPoint (). x
```

或

```
px=p. newPoint ().getX ();
```

4.2.5 类成员(静态成员)

用static关键字可以声明类变量和类方法,其格式如下:

```
static  type  classVar;
static  returnType  classMethod({paramlist}){
  …
}
```

如果在声明时不用static关键字修饰,则声明为实例变量和实例方法。

1. 实例变量和类变量

每个对象的实例变量都分配内存,通过该对象来访问这些实例变量,不同的实例变量是不同的。

类变量仅在生成第一个对象时分配内存，所有实例对象共享同一个类变量，每个实例对象对类变量的改变都会影响其他的实例对象。类变量可通过类名直接访问，无须先生成一个实例对象，也可以通过实例对象访问类变量。

2. 实例方法和类方法

实例方法可以对当前对象的实例变量进行操作，也可以对类变量进行操作，实例方法由实例对象调用。

但类方法不能访问实例变量，只能访问类变量。类方法可以由类名直接调用，也可由实例对象进行调用。类方法中不能使用this或super关键字。

【例4-6】 实例成员和类成员的示例。

```
//MemberTest.java
class Member{
  static int classVar;
  int instanceVar;
  static void setClassVar(int i){
    classVar=i;
    //instanceVar=i;              //类方法不能访问实例变量
  }
  static int getClassVar()
  {
    return classVar;
  }
  void setInstanceVar(int i)
  {
    classVar=i;                   //实例方法不但可以访问类变量,也可以实例变量
    instanceVar=i;
  }
  int getInstanceVar()
  {
    return instanceVar;
  }
}
public class MemberTest{
  public  static void main(String args[]){
    Member m1=new Member();
    Member m2=new Member();
    m1.setClassVar(1);
    m2.setClassVar(2);
    System.out.println("m1.classVar="+m1.getClassVar()+" m2.ClassVar="+
                            m2.getClassVar());
    m1.setInstanceVar(11);
```

```
        m2.setInstanceVar(22);
        System.out.println("m1.InstanceVar="+m1.getInstanceVar()+"
                            m2.InstanceVar="+m2.getInstanceVar());
    }
}
```

程序运行结果如图 4-4 所示。

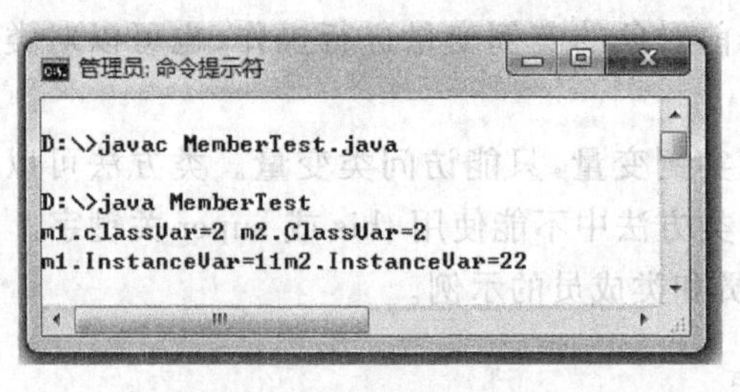

图 4-4　例 4-6 的运行结果

源程序说明：

(1) 当一个类的成员被声明为 static 时，它可以在这个类的对象被创建之前且没有任何对象的引用存在时被访问。因此，static 成员多数被用于全局目的，可以将方法和变量都声明为 static。

(2) static 最常用的用法是声明 main()方法。还可以使用 static 创建一个可以用来初始化 static 变量的块。当载入一个类时，一个 static 块只执行一次。在类的外部定义的静态方法和变量可以独立地由任何对象使用，使用方法类似于使用通过对象引用变量调用非 static 的方法。

(3) static 变量也可以用相同的方式法访问：通过类名调用，即：

```
<类名>.<静态成员名>
```

(4) Java 中，程序从 main()方法开始执行。典型的声明如下：

```
public static void main(String arg[])
```

main()方法被声明为 public static 以便由在类的外部声明的代码和类的任何对象建立之前调用。有时，会希望向运行递归程序传递信息。这可以通过向 main()传递命令行参数来实现。访问 Java 程序中的命令行参数非常容易，因为它们作为存储在 String 数组中的字符串被传递给 main()。例如，下面的程序显示调用它时所使用的全部参数：

```
//Display all commadline arguments
class CommandLine{
    public static void main(String args[]){
      for(int i=0;i<args.length;i++)
        System.out.println("args["+i+"]:"+args[i]);
    }
}
```

程序执行结果如图 4-5 所示。

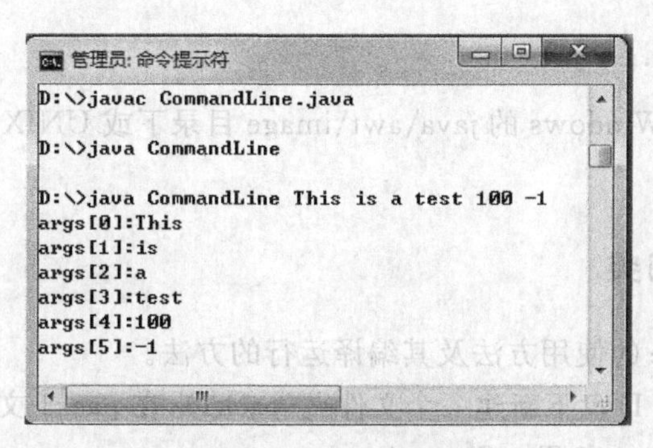

图 4-5 程序执行结果

注意：参数是作为字符串传递的，必须手工将数字值转化成它们的内部形式。

4.3 包

为了更好地组织类，Java 提供了包机制。当一个大型程序由不同的程序员开发时，用到相同类名是很有可能的，如果发生了这样的事件该怎么办呢？在 Java 程序开发中为了避免上述事件，提供了一个包的概念(package)。使用方法很简单：只需要在程序第一行使用 package 关键字来声明一个包就行了，例如，声明一个名为 pack1 的包名：

```
package pack1
```

4.3.1 包的定义

包是类的容器，用于分隔类名空间。到目前为止，所有的示例都属于一个默认的无名包。Java 中的包一般均包含相关的类，例如，所有关于交通工具的类都可以放到名为 Transportation 的包中。

程序员可以使用 package 指明源文件中的类属于哪个具体的包。包语句的格式如下：

```
package pkg1[.pkg2[.pkg3…]];
```

程序中如果有 package 语句，该语句一定是源文件中的第一条可执行语句，它的前面只能有注释或空行。另外，一个文件中最多只能有一条 package 语句。

包的名字有层次关系，各层之间以点分隔。包层次必须与 Java 开发系统的文件系统结构相同。通常包名中全部用小写字母，这与类名以大写字母开头，且各自的首字母亦大写的命名约定有所不同。

当使用包说明时，程序中无须再引用(import 语句)同一个包或该包的任何元素。import 语句只用来将其他包中的类引入当前名字空间中。而当前包总是处于当前名字空间中。

如果文件声明如下：

```
package java.awt.image
```

则此文件必须存放在 Windows 的 java\awt\image 目录下或 UNIX 的 java/awt/image 目录下。

4.3.2 使用包中的类

下例说明 package 的使用方法及其编译运行的方法。

【例 4-7】 假设在 D 盘下新建一个文件夹(pack1)，在 pack1 文件夹内包含两个 Java 程序：ShowMethod. java 和 TestShow. java。

```
//ShowMethod.java
//在这里把 Showmethod 类纳入到 pack1 包内
package pack1;
class ShowMethod{
  public void show(){
    System.out.println("I'm a show method() of Showmethod class");
  }
}

//TestShow.java
package pack1;  //在这里把 Testshow 类也纳入到 pack1 包内
public class TestShow{
  public static void main(String args[]){
    ShowMethod sm=new ShowMethod();
    sm.show();
  }
}
```

程序运行结果如图 4-6 所示。

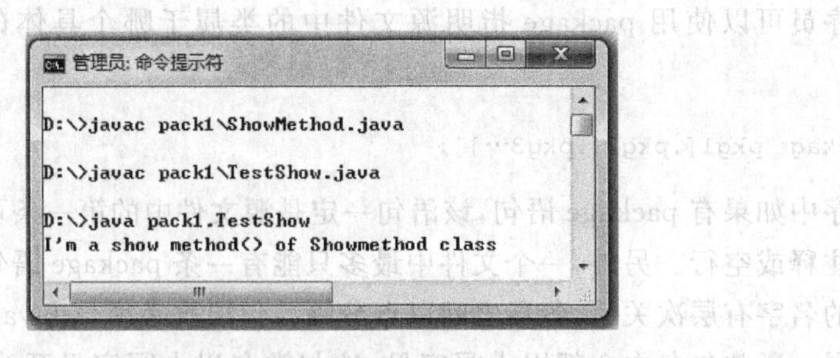

图 4-6 例 4-7 的运行结果

【例 4-8】 下面介绍如何访问不在同一个包内的类，在 D 盘分别建立 pack1 和 pack2 两个文件夹，将 ShowMethod. java 放到 pack1 包内，将 TestShow. java 放到 pack2 包内。请分析程序编译和运行过程。

```
//ShowMethod.java
package pack1;
public class ShowMethod{
  public void show(){
    System.out.println("I'm a show method() of ShowMethod class");
  }
}
```

```
//Testshow.java
package pack2;
public class TestShow{
  public static void main(String args[]){
  pack1.ShowMethod sm=new pack1.ShowMethod();
  sm.show();
  }
}
```

程序运行结果如图 4-7 所示。

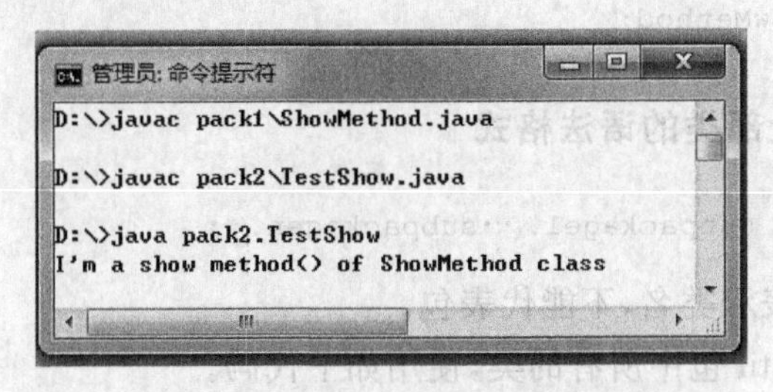

图 4-7 例 4-8 的运行结果

源程序分析：

(1) 由于需要调用 pack1 包中的 ShowMethod 类的 show 方法，所以语句

```
pack1. ShowMethod sm=new pack1. ShowMethod ();
```

还可以使用 import 语句将 pack1 包内的 ShowMethod 方法导入进来，例如：

```
import pack1;
```

上述语句改为

```
ShowMethod sm=new ShowMethod ();
```

(2) improt 语句的使用。一般格式如下：

```
import 包名;
```

import 语句使用时注意：在访问不同 package 里的类时，被访问的类必须被声明为 public(公有类型)，否则编译会报告错误。编译方法如下：

```
javac pack1\ShowMethod.java
```

```
javac pack2\TestShow.java
```

编译好之后 pack1、pack2 目录下会分别产生一个.class 文件，运行方法：

```
java pack2.TestShow
```

4.3.3 import 语句

Java 语言引入了 import 关键字，import 可以向某个 Java 文件中导入指定包层次下某个类或全部类。import 语句应出现在 package 语句（如果有）之后，类定义之前。一个 Java 源文件只能包含一条 package 语句，可以包含多条 import 语句，用于导入多个包层次下的类。

1. 导入包中的单个类的语法格式

```
import package.subpackage1.…ClassName;
```

例如，导入 4.3.2 节的 pack1.ShowMethod 类，应使用下面的代码。

```
import pack1.ShowMethod;
```

2. 导入包中的全部类的语法格式

```
import  package.subpackage1.…subpackagen.*;
```

其中，星号（*）只能表示类名，不能代表包。

例如，导入 java.util 包中所有的类，使用如下代码。

```
import java.util.*;
```

【例 4-9】 定义一个 Course 类，成员变量包括课程号、课程名、授课教师和课程状态（必修或选修）。这些成员变量都是私有的，并定义访问它们的公共 set 和 get 方法；最后定义一个测试类。

【问题描述】 第一个文件 Course.java 存放位置是 D:\lx\pack1\Course.java；第二个文件 Example4_9.java 的存放位置是 D:\lx\Example4_9.java；并设置环境变量 classpath，添加信息为 D:\lx，如下所示。

变量名：Classpath。

变量值：.；D:\Program Files\ Java\ jdk1.6.0_45 \lib\ tools.jar ；D:\lx。

【源程序】

```
//Course.java
package pack1;
public class Course{
    private String id;
    private String cName;
    private String teacher;
```

```
    private String state;
  public  Course(String id,String cName, String teacher,String state){
      this.id=id;
      this.cName=cName;
      this.teacher=teacher;
      this.state=state;
    }
    public void setId(String n){
      id=n;
    }
    public String getId(){
      return id;
    }
    public void setCName(String c){
      cName=c;
    }
    public String getCName(){
      return cName;
    }
  public void setTeacher(String t){
      teacher=t;
    }
    public String getTeacher(){
      return teacher;
    }
  public void setState(String s){
      state=s;
    }
    public String getState(){
      return state;
    }
  public String showInformation()
    {
    return "课程号:"+id+",课程名:"+cName+",授课教师:"+teacher+",课程状态:"+
state ;
    }
  }

//Example4_9.java
import pack1.Course;
public class Example4_9{
    public static void main(String args[]){
      Course java=new Course("2016001","Java 程序设计","李东明","必修");
        System.out.println(java.showInformation());
```

```
    }
}
```

程序运行结果如图 4-8 所示。

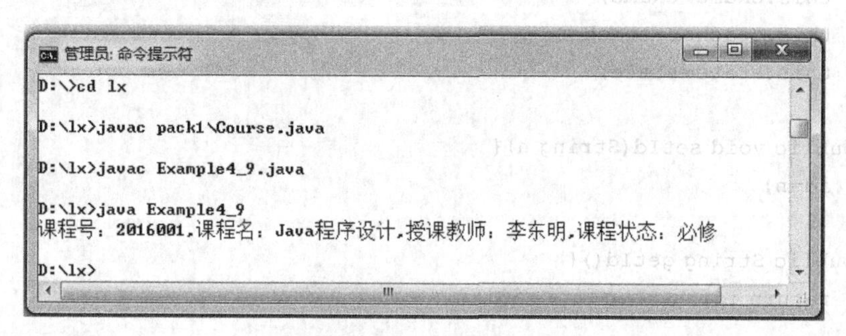

图 4-8 例 4-9 的运行结果

请读者自行练习 get/set 方法的使用。

4.4 Java的继承

Java 继承是使用已存在的类的定义作为基础建立新类的技术，新类的定义可以增加新的数据或新的功能，也可以用父类的功能，但不能选择性地继承父类。这种技术使得复用以前的代码非常容易，能够大大缩短开发周期，降低开发费用。比如可以先定义一个类叫车，车有以下属性：车体大小、颜色、方向盘、轮胎，而又由车这个类派生出轿车和卡车两个类，为轿车添加一个小后备箱，而为卡车添加一个大货箱，如图 4-9 所示。

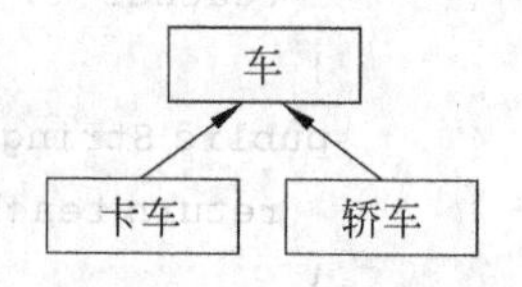

图 4-9 车的分类

Java 语言不支持多重继承，单继承使 Java 的继承关系很简单，一个类只能有一个父类，易于管理程序，同时一个类可以实现多个接口，从而克服单继承的缺点。

4.4.1 父类与子类

在面向对象程序设计中，继承原则就是在每个由一般类和特殊类形成的一般-特殊结构中，把一般类的对象实例和所有特殊类的对象实例都共同具有的属性和操作一次性地在一般类中进行显式的定义，在特殊类中不再重复地定义一般类中已经定义的东西。但在语义上，特殊类却自动地、隐含地拥有它的一般类（以及所有更上层的一般类）中定义的属性和操作。特殊类的对象拥有其一般类的全部或部分属性与方法，称为特殊类对一般类的继承。

继承所表达的就是一种对象类之间的相交关系，它使得某类对象可以继承另外一类对象的数据成员和成员方法。若类 B 继承类 A，则属于类 B 的对象便具有类 A 的全部或部分性质（数据属性）和功能（操作），称被继承的类 A 为基类、父类或超类，而称继承类 B 为类 A 的派生类或子类。

继承避免了对一般类和特殊类之间共同特征进行的重复描述。同时，通过继承可以清晰地表达每一项共同特征所适应的概念范围——在一般类中定义的属性和操作适应于这个类本身以及它以下的每一层特殊类的全部对象。运用继承原则使得系统模型比较简练也比较清晰。

1. 继承的语法

Java语言中,子类定义时使用关键字extends显示地指明父类。语法格式如下:

```
class 子类名 extends 父类名 {
    定义子类新成员
}
```

其中,子类名就是通过继承派生出来的类名称;父类名指明了这个派生类的父类。

如果一个类声明中没有关键字extends,这个类就被系统默认为是Object的子类。Object是java.lang包中的类。

2. 覆盖与隐藏

Java语言的继承机制中,子类总是以父类为基础,增加新的成员变量和方法。如果某个父类成员不能满足子类的需要,可以在子类中改写。父类成员被改写的方式有两种:覆盖和隐藏。子类包含与父类同名的方法称为方法重写,也称为方法覆盖(Override);如果子类中定义的成员变量与从父类继承来的成员变量的名字相同,则称为成员变量的隐藏。

【例4-10】 Teacher类是People类的子类,编写一个教师信息输入和显示的程序。

```
//Example4_10.java
package pack1;
import java.util.*;
class People{
    int number;
    String name;
    People(){

    }
    People(int number,String name){
      this.number=number;
      this.name=name;
    }
    public void setNumber(int n){
      number=n;
    }
    public int getNumber(){
      return number;
    }
    public void setName(String c){
```

```
      name=c;
    }
    public String getName(){
      return name;
    }
    public void input(){
      Scanner sc=new Scanner(System.in);
      System.out.println("Please input the name:");
      name=sc.nextLine();
      System.out.println("Please input the number:");
      number=sc.nextInt();
    }
    public void showInfo(){
      System.out.println("The teacher's number is:"+getNumber()+" ,name is:"+
getName());
    }
}
class Teacher extends People{
    String title;      //职称
    String dept;       //部门
    Teacher(){
      super();
    }
    Teacher(int number,String name,String title,String dept){
      super(number,name);
      this.title=title;
      this.dept=dept;
    }
    public void setTitle(String t){
      title=t;
    }
    public String getTitle(){
      return title;
    }
    public void setDept(String d){
      dept=d;
    }
    public String getDept(){
      return dept;
    }
//子类重载父类方法
public void input(){
      super.input();
```

```
        System.out.println("Please input the title:");
        Scanner sc=new Scanner(System.in);
        setTitle(sc.nextLine());
        //title=sc.nextLine()
        System.out.println("Please input the department:");
        dept=sc.nextLine();
    }
    public void showInfo(){
        super.showInfo();
        System.out.println("The teacher's title is:"+getTitle()+" ,department
is:"+getDept());
    }
}
public class Example4_10{
    public static void main(String args[]){
        Teacher zhangshan=new Teacher(130,"张珊","副教授","计算机学院");
        Teacher wanghong=new Teacher();
        zhangshan.showInfo();
        wanghong.input();
        wanghong.showInfo();
    }
}
```

程序运行结果如图4-10所示。

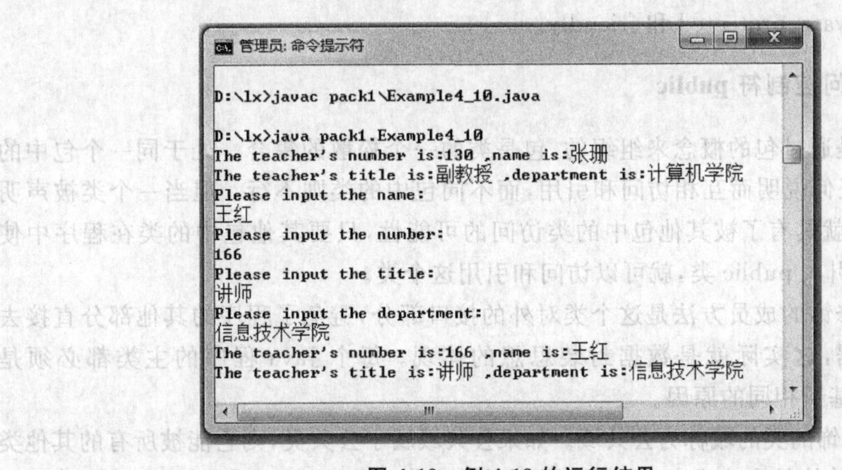

图4-10 例4-10的运行结果

源程序说明：

(1) 本程序根据类的继承关系可以重载父类的某些功能。

(2) super关键字的作用是调用父类的构造方法和成员方法。在调用super()方法时必须放在调用方法体的第一条，具体使用请见4.4.3节。

(3) this 关键字表示本类的实例,应用于类的构造方法中,具体使用请见 4.4.3 节。

3. Java 继承的主要特征

(1) 继承关系是传递的。若类 C 继承类 B,类 B 继承类 A,则类 C 既有从类 B 那里继承下来的属性与方法,也有从类 A 那里继承下来的属性与方法,还可以有自己新定义的属性和方法。继承来的属性和方法尽管是隐式的,但仍是类 C 的属性和方法。继承是在一些比较一般的类的基础上构造、建立和扩充新类的最有效的手段。

(2) 继承简化了人们对事物的认识和描述,能清晰体现相关类间的层次结构关系。

(3) 继承提供了软件复用功能。若类 B 继承类 A,那么建立类 B 时只需要再描述与基类 A 不同的少量特征(数据成员和成员方法)即可。这种做法能减小代码和数据的冗余度,大大增加程序的重用性。

(4) 继承通过增强一致性来减少模块间的接口和界面,大大增加了程序的易维护性。

(5) 提供多重继承机制。从理论上说,一个类可以是多个一般类的特殊类,它可以从多个一般类中继承属性与方法,这便是多重继承。Java 出于安全性和可靠性的考虑,仅支持单重继承,而通过使用接口机制来实现多重继承。

4.4.2 访问控制符

访问控制符是一组限定类、成员变量(或称为域)及成员方法是否可以被程序里的其他部分访问和调用的修饰符。Java 中的访问控制符有 public、private、protected 和默认的包访问权限(friendly),如果类中的属性和方法没有显示地指明访问权限,则默认为 friendly。修饰类的访问控制符 public 和 friendly,修饰成员变量和成员方法的访问控制符有 public、private、protected 和 friendly。

1. 公有访问控制符 public

Java 的类是通过包的概念来组织的,包是类的一个松散的集合。处于同一个包中的类可以不需要任何说明而互相访问和引用,而不同包中的类则不行。但当一个类被声明为 public 时,它就具有了被其他包中的类访问的可能性,只要其他包中的类在程序中使用 import 语句引入 public 类,就可以访问和引用这个类。

被 public 修饰的成员方法是这个类对外的接口部分,避免了程序的其他部分直接去操作类内的数据,这实际就是数据封装思想的体现。每个 Java 程序的主类都必须是 public 类,也是基于相同的原因。

用 public 修饰的类的域称为公共域。如果公共域属于公共类,则它能被所有的其他类所引用。public 修饰符会造成安全性的数据封装性下降,所以一般应减少 public 域的使用。

2. 私有访问控制符 private

用 private 修饰的成员变量或成员方法只能被该类自身所访问和修改,而且不能被任何其他类(包括该类的子类)来获取和引用。private 修饰符用来声明那些类的私有成员,它提供了最高的保护级别。

3. 保护访问控制符 protected

用 protected 修饰的成员变量可以被 3 种类所引用：该类自身、与它在同一个包中的其他类、在其他包中的该类的子类。使用 protected 修饰符的主要作用是允许其他包中该类的子类来访问父类的特定属性。

4. 默认访问控制符 friendly

默认访问控制权规定，该类只能被同一个包中的类访问和引用，而不可以被其他包中的类使用，这种访问特性又称为包访问性。同样道理，类内的域或方法如果没有访问控制符来限定，也就具有包访问性。定义在同一个源文件中的所有类属于一个包。

5. 类成员的访问权限控制

访问控制符修饰成员变量和成员方法，具体含义如下。

(1) public：表明该成员变量和方法是公有的，能在任何情况下被访问。

(2) protected：必须在同一包中才能被访问。

(3) private：只能在本类中访问。

(4) 无修饰符：可以被所在包中的各类访问。

【例 4-11】 成员访问权限 protected 应用举例。

```
//A.java
class A
{
    protected int weight ;
    protected int f( int a, int b)
    {
      //方法体
    }
}
//B.java
class B
{
    void g()
    {
        A a=new A();
        A.weight=100;        //合法
        A.f(3,4);            //合法
    }
}
```

说明：类 A 和类 B 在同一个包中(没有使用 package 打包的，在同一目录下的类也会被视做同一个包)。

在这种情况下中，friendly 同 protected。例如：

```
class A
{
    int weight ;
    int f( int a,int b)
    {
        //方法体
    }
}

class B
{
    void g()
    {
      A a=new A();
      A.weight=100;              //合法
      A.f(3,4);                  //合法
    }
}
```

【例 4-12】 访问权限 private 修饰成员应用举例。

```
//Test.java
class  Test
{
    private int money;
    Test()
    {
      money=2000;
    }
    private int getMoney()
    {
      return money;
    }
    public  static  void main(String args[])
    {
      Test te=new  Test();
      te.money=3000;             //合法
      int m=te.getMoney();       //合法
      System.out.println("money="+m);
    }
}
```

程序运行结果：

```
money=3000
```

实际上，把重要的数据修饰为 private，然后写一个 public 的函数访问它，正好体现了 OOP 的封装特性，这也是 OOP 安全性的体现。

6. 类访问权限控制

类的访问控制只有 public(公共类)和无修饰符(默认类)两种。类访问控制符与访问能力之间的关系如表 4-1 所示。

表 4-1 类访问控制符与访问能力之间的关系

类　型	public	无修饰符
同一包中的类	可访问	可访问
不同包中的类	可访问	不可访问

类声明时，如果在关键字 class 前面加上 public 关键字，称这样的类是一个 public 类。例如：

```
public class Clock{
//类体部分
...
}
```

如果关键字 class 前面不加关键字，称这样的类是一个友好类。例如：

```
class Clock{
//类体部分
...
}
```

在另外一个类中使用友好类创建对象时，要保证它们在同一包中。

注意：不能用 protected 和 private 修饰类。

7. 访问权限控制与类的继承性

Java 语言中，类的继承情况下，父类和子类在同一包中及不同包中其成员访问控制与访问能力如表 4-2 所示。

表 4-2 类成员访问控制与访问能力之间的关系

类　型	public	protected	无修饰符	private
同一类	√	√	√	√
同一包中子类	√	√	√	
同一包中非子类	√		√	
不同包中子类	√	√		
不同包中非子类	√			

注：√表示可以访问。

这里的访问修饰符指修饰成员变量和方法,可以分为两种情况。

(1) 子类与父类在同一包中。

此时只有声明为 private 的变量与方法不能被继承(访问)。例如:

```
class Father
{
    private int money ;
    int weight=100;
}
class Son extends Father
{
  viod f()
    {
      money=10000;  //非法
      weight=100;     //合法
    }
}
```

(2) 子类与父类不在同一包中。

此时 private 与 friendly 均不能被继承(访问),protected 与 public 可以。

【例 4-13】 类成员的访问权限与类的继承性应用举例。

```
//Father.java
package pack1;
public class Father
{
    int height ;
    protected  int money=120;
    public int weight;
    protected int getMoney()
    {
        return money;
    }
    void setMoney(int newMoney)
    {
      money=newMoney;
    }
}
//Son.java
package pack2;
import pack1.Father;
public class Son extends Father
{
    void f()
    {
```

```
    money=10000;              //合法
    //height=170;             //非法,height为friendly修饰的变量
    System.out.println(money);
    //setMoney(300);          //非法
    int number=getMoney(); //合法
    System.out.println(number);
  }
  public  static  void main(String args[])
  {
    Son sss=new Son();
    sss.f();
  }
}
```

程序运行结果如图4-11所示。

```
D:\lx>javac pack1\Father.java

D:\lx>javac pack2\Son.java

D:\lx>java pack2.Son
10000
10000
```

图4-11 例4-13的运行结果

所以,访问权限修饰符权限从高到低排列是public、protected、friendly、private。

4.4.3 this与super

Java中,super关键字表示超(父)类,this关键字代表当前对象的引用。使用this与super可以解决父类属性被隐藏的问题。

1. this关键字

某些情况下,程序中必须使用this关键字来指定当前的对象。使用this关键字大体分为两种情况。

1) 在构造方法中使用this

this关键字出现在构造方法中,代表使用该构造方法所创建的对象;成员变量名与成员方法的某个形参名同名时,在方法体内出现语句"this. age=age;",this. age表示成员变量,age指方法的形参。具体使用方法见例4-14。

【例4-14】 调用构造方法。

```
//Example4_14.java
class Dog
{
  private int age;
  private String color;
  Dog(){
    this(1,"white");  //调用构造方法 Dog(int age,String color)
    System.out.println("无参数的构造方法 Dog().");
  }
  Dog(int age,String color){
      //成员变量与形参同名时,使用 this 关键字访问被隐藏的成员变量 age
```

```
    this.age=age;
    this.color=color;
  }
  int getAge()
  {
    return age;
  }
  void setAge(int age){
    this.age=((age>=0)&&(age<15)?age:0);
  }
  String getColor()
  {
    return color;
  }
  void setColor(String color){
    this.color=color;
  }
}
public class Example4_14{
  public static void  main(String args[])
  {
    Dog dog1=new Dog();
    Dog dog2=new Dog(2,"Black");
    System.out.println("dog1 age:"+dog1.getAge()+"\tcolor:"+dog1.getColor());
    System.out.println("dog2 age:"+dog2.getAge()+"\tcolor:"+dog2.getColor());
    dog1.setColor("yellow");
    System.out.println("dog1 color:"+dog1.getColor());
  }
}
```

程序运行结果如图 4-12 所示。

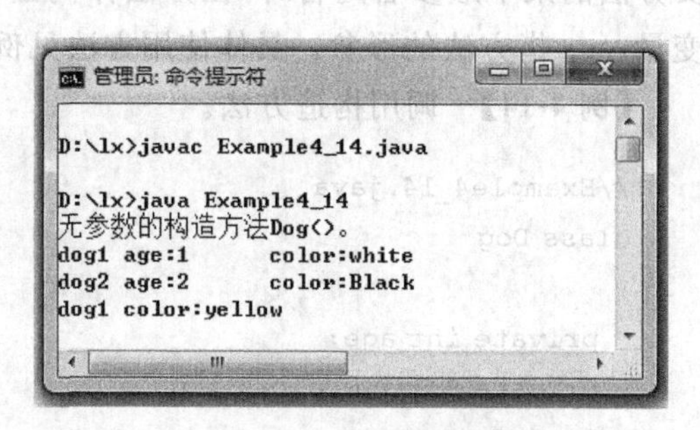

图 4-12 例 4-14 的运行结果

2）在实例方法中使用 this

Java 中，实例方法只能通过对象来调用，不能用类名调用。当 this 关键字出现在实例方法中，代表当前对象调用该方法。一般格式如下：

```
this.成员变量名;
this.成员方法名();
```

注意：this 关键字不能出现在类方法(static 修饰的成员方法)。因为类方法可以通过类名调用，这时可能还没产生任何对象。

【例 4-15】 返回当前对象。

```
//Example4_15.java
class Dog
{
  private int age=0;
  Dog grow(){
      age++;
      return this;  //方法的返回值为当前对象
  }
  void showAge(){
      System.out.println("狗的年龄:"+age);
  }
}
public class Example4_15 {
  public static void  main(String args[])
  {
      Dog taidi=new Dog();
      taidi.grow().grow().showAge();
  }
}
```

程序运行结果：

```
狗的年龄:2
```

2. super 关键字

Java 语言的继承机制中，super 关键字是直接父类对象的默认引用。使用 super 关键字大体分为两种情况。

1）用 super 关键字调用父类的构造方法

由于子类不能继承父类的构造方法，在子类的构造方法中需使用 super 关键字来调用父类的构造方法，而且必须放在子类构造方法的第一条语句。调用父类构造方法的一般格式如下：

```
super([实参表]);
```

2）用 super 关键字操作被隐藏的成员变量和方法

子类一旦隐藏了从父类继承的成员变量和方法，那么子类创建的对象就不再拥有该成员。所以在子类中想使用被子类隐藏的成员变量或方法就需要使用 super 关键字。

在子类中引用父类中被隐藏的成员变量，其一般调用格式如下：

```
super.<父类成员变量名>
```

访问父类中被覆盖的成员方法，其一般调用格式如下：

```
super.<方法名>([实参表])
```

【例 4-16】 super关键字的应用举例。

【问题描述】 定义父类Animal，具有成员变量weight和color，成员方法有构造方法、getColor()方法和显示属性的show()方法；派生出子类Tiger，继承父类成员，新增成员变量age和grow()方法，并重载show()方法。源程序代码如下：

```
//Example4_16.java
class Animal{
  protected int weight;
  protected String color;
  Animal(){
    System.out.println("调用无参Animal()的构造方法");
  }
  Animal(int weight,String color){
    this.weight=weight;
    this.color=color;
    System.out.println("调用有参Animal()的构造方法");
  }
  public String getColor(){
    return color;
  }
  public void show(){
    System.out.println("调用父类的show()方法");
    System.out.println("the Animal's weight is "+weight+"\tcolor is "+color);
  }
}

class Tiger extends Animal
{
  int age;
  String color;
  Tiger(){
    super();                    //调用父类的构造函数
    System.out.println("调用Tiger()的构造方法");
  }
  Tiger(int weight,String color,int age){
    super(weight,color);   //调用父类的构造函数
    this.age=age;
    System.out.println("调用Tiger()的构造方法");
  }

  Tiger grow(){
      age++;
      return this;
  }
```

```
    public void show(){
      //super.show();
      System.out.println("调用子类 Tiger 的 show()方法");
      System.out.println("the Tiger's weight is "+weight+"\tcolor is "+getColor
()+"\tage is "+age);
    }
}
public class Example4_16 {
    public static void  main(String args[])
    {
      Animal animal=new Animal(88,"white");
      Tiger tiger1=new Tiger(100,"yellow",5);
      animal.show();
      tiger1.show();
      tiger1.grow().show();
    }
}
```

程序运行结果如图 4-13 所示。

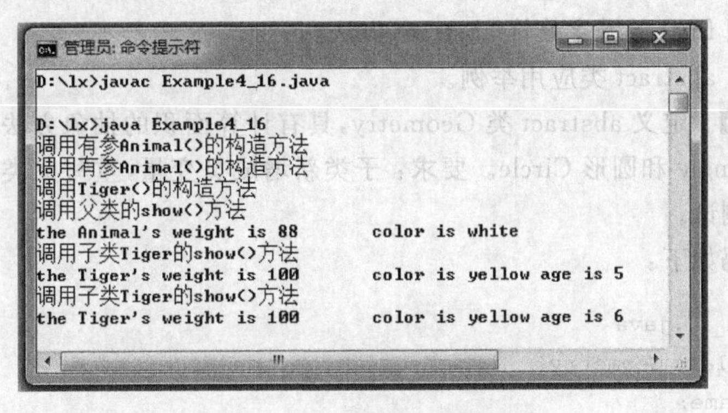

图 4-13 例 4-16 的运行结果

请读者自行练习语句“super.show();”的使用,并分析。

使用 super 和 this 应注意以下几点。

(1) 调用 super()必须写在子类构造方法的第一行,否则编译不通过。每个子类构造方法的第一条语句,都是隐含地调用 super(),如果父类没有这种形式的构造函数,那么在编译的时候就会报错。

(2) super()和 this()类似,区别是,super 从子类中调用父类的构造方法,this()在同一类内调用其他方法。

(3) this 和 super 不能同时出现在一个构造函数里面,因为 this 必然会调用其他的构造函数,其他的构造函数必然也会有 super 语句的存在,所以在同一个构造函数里面有相同的语句,就失去了语句的意义,编译器也不会通过。

(4) 从本质上讲,this 是一个指向本类对象的指针, 然而 super 是一个 Java 关键字。

4.4.4 abstract 类和 abstract 方法

用 abstract 关键字修饰的类称为抽象类(abstract 类),其一般格式如下:

```
abstract class 类名
{
   …//类体部分
}
```

用 abstract 关键字修饰方法称为抽象方法(abstract 方法),其一般格式如下:

```
abstract 返回值类型 方法名([形参]);
```

abstract 类和 abstract 方法的规则如下:

(1) abstract 类中可以有 abstract 方法和普通的成员方法,还可以有成员变量。abstract 类只能被继承。

(2) abstract 类不能用 new 运算创建对象,即抽象类不能被实例化。

(3) 含有 abstract 方法的类只能被定义为 abstract 类。

(4) abstract 方法没有方法体部分,只有方法声明部分。

(5) 不能用 final 关键字修饰 abstract 方法。

【例 4-17】 abstract 类应用举例。

【问题描述】 定义 abstract 类 Geometry,具有计算面积的抽象方法 area();派生出子类矩形 Rectangle 和圆形 Circle。要求:子类新增成员变量,重写父类的 area()方法,最后定义主类测试。

源程序代码如下:

```
//Example4_17.java
abstract class Geometry{
   String name;
   abstract double area();
   Geometry(){ }
   Geometry(String name){
      System.out.println("My name is:"+name);
   }
}

class Rectangle extends Geometry
{
   int weight;
   int length;
   Rectangle(String name,int weight,int length){
      super(name);
      this.weight=weight;
      this.length=length;
```

```
    }
    double area(){
      return (weight*length);
    }
}
class Circle extends Geometry
{
    int radius;
    final float PI=3.14f;  //定义符号常量 PI 使用 final 关键字
    Circle(String name,int radius){
      super(name);
      this.radius=radius;
      }
    double area(){
      return (PI*radius*radius);
    }
}

public class Example4_17 {
    public static void  main(String args[])
    {
      Rectangle rec=new Rectangle("矩形",8,12);
      Geometry rec1=new Rectangle("矩形",9,15); //上转型对象的使用
      Circle  circle=new Circle("圆形",5);
      System.out.println("The object rec's area is:"+rec.area());
      System.out.println("The object rec1's area is:"+rec1.area());
      System.out.println("The object circle's area is:"+circle.area());
    }
}
```

程序运行结果如图 4-14 所示。

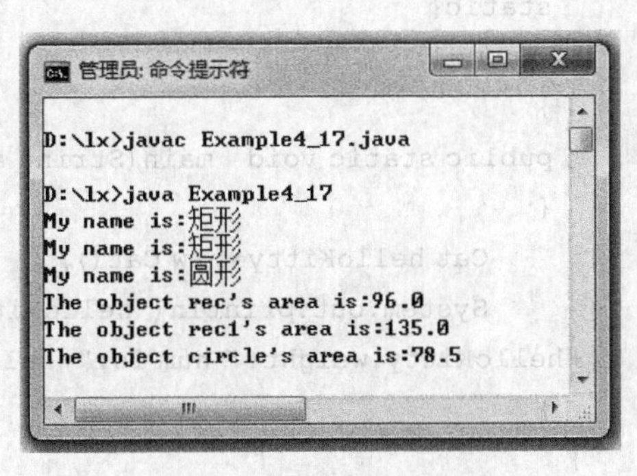

图 4-14 例 4-17 的运行结果

4.4.5 final 关键字

final 关键字可以修饰类、成员变量、成员方法和局部变量。

1. final 类

被 final 关键字修饰的类称为 final 类。final 类不能被继承。例如：

```
final class 类名
{
    …//类体部分
```

```
}
```

2. final 方法

如果一个类不允许其子类重写某个方法，则把这个方法声明为 final 方法。也就是说，final 方法不允许子类重载可以被子类继承。例如：

```
public class Student{
    void final study(){
    System.out.println("Every student must study well! ");
    }
}
```

3. final 成员变量

用 final 成员变量(包括实例变量和类变量) 必须有程序员进行显示初始化，可以定义时直接赋初值。如果打算在构造方法、初始化模块对 final 成员变量初始化，就不能在初始化之前访问它，否则会出错。

【例 4-18】 final 成员变量应用举例。

```
//Cat.java
public class Cat{
  final int age=5;        //定义成员变量时赋值
  final String weight;
  final static int num;
  Cat(){
    weight="2.5kg";      //在构造方法中给 final 成员变量赋值
  }
  //静态初始化,该块中给 final 成员变量赋值
  static{
    num=1;
  }
  public static void  main(String args[])
  {
      Cat helloKitty=new Cat();
      System.out.println("helloKitty's age is:"+helloKitty.age+" weight is:"
+helloKitty.weight+" num is:"+helloKitty.num);
  }
}
```

程序运行结果如图 4-15 所示。

4. final 修饰局部变量

为 final 修饰的局部变量赋值有两种方式：一是定义时直接赋值；二是定义时没有赋

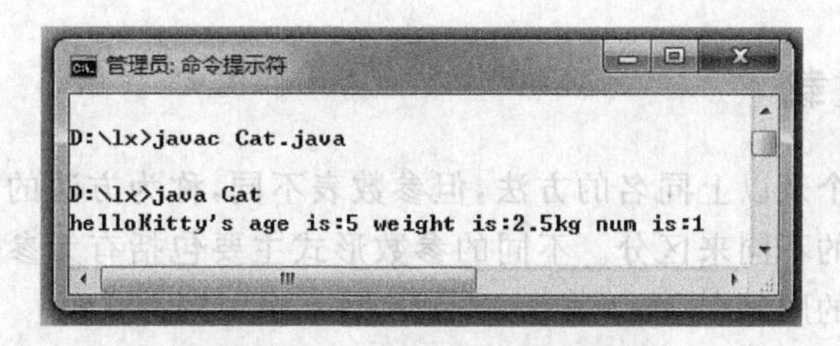

图 4-15　例 4-18 的运行结果

值,可在后面代码中赋值。一旦 final 局部变量有初值,其值就不能改变。

final 修饰方法的形参的情形:由系统根据传入的参数完成 final 形参的初始化。不能在方法的声明时为 final 形参赋值。

【例 4-19】　final 修饰局部变量和形参应用举例。

```
//Example4_19.java
public class Example4_19
{
  public void show(final int i)
  {
    final int n=10;
    //i++;                    //i是final类型的,值不允许改变
System.out.print("局部变量 n 的值为:"+n+"\n 调用方法 show()给形参 i 赋值:"+i);
  }
  public static void main(String[] args)
  {
    Example4_19 example=new Example4_19();
    example.show(2);
  }
}
```

程序运行结果如图 4-16 所示。

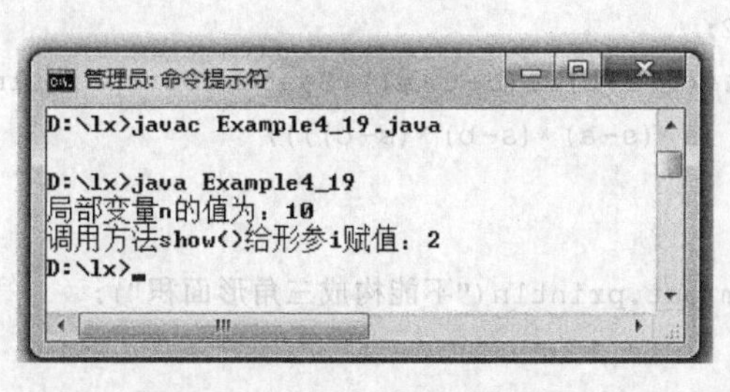

图 4-16　例 4-19 的运行结果

4.5　多　态

多态是面向对象程序设计的重要特征之一,是指在程序运行时判断执行哪个方法的能力。

4.5.1 方法的重载

一个类中有两个及以上同名的方法,但参数表不同,称为方法的重载。这些同名的方法根据参数列表的不同来区分。不同的参数形式主要包括有无参数、参数的类型、参数的个数以及参数的顺序。

【例 4-20】 方法的重载应用举例。

```
//Example4_20.java
import java.lang. *;
class Shape{
    int weight,height;
    int radius;
    int a,b,c;
    void area(int r){
      final float PI=3.14f;
      radius=r;
      System.out.println("求圆的面积,面积值是:"+(PI *radius *radius));
    }
    void area(int m,int n){
      weight=m;
      height=n;
      System.out.println("求矩形的面积,面积值是:"+(weight *height));
    }
    void area(int m,int n,int p){
      double s=0;
      a=m;
      b=n;
      c=p;
      s=(a+b+c)/2;
      if((a+b>c)&&(a+c>b)&&(b+c>a)){System.out.println("求三角形的面积,面积
值是:"+Math. Sqrt (s*(s-a) *(s-b) *(s-c)));
        }
      else{
            System.out.println("不能构成三角形面积");
      }
    }
}
public class Example4_20{
  public static void  main(String args[]){
      Shape shape=new Shape();
      shape.area(6);
      shape.area(5,8);
      shape.area(3,4,5);
```

```
    }
}
```

程序的运行结果如图 4-17 所示。

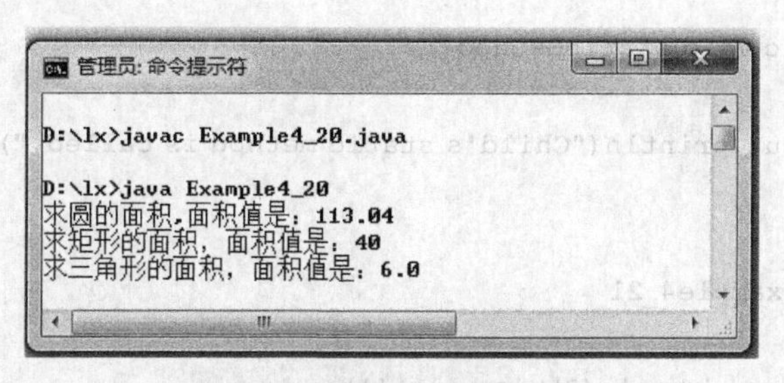

图 4-17 例 4-20 的运行结果

构造方法也可以进行重载,如例 4-4Point 类中有两个构造方法。构造方法的区分也是由参数类型决定的。

4.5.2 方法的覆盖

通过子类方法对父类方法的重载实现多态,这时子类和父类中都有同名的方法存在。由于同名的不同方法在不同的类中,所以再调用这些方法时,只需指明调用的是哪个类的方法,就可以区分。

特别需要注意的是,在对父类方法进行重载时,一定不能够缩小该方法的访问控制权限。

对于静态方法的覆盖和非静态方法的覆盖是不同的,通过例 4-21 来说明在 Java 中覆盖静态方法和非静态方法的不同之处。

【例 4-21】 静态方法的覆盖和非静态方法的覆盖应用举例。

【问题描述】 首先定义两个类,父类为 Parent,子类为 Child。在类 Parent 中定义两个方法,一个是静态方法 staticMethod(),一个是非静态方法 nonStaticMethod()。要求在类 Child 中覆盖这两个方法。

```
class Parent
{
  public void nonStaticMethod()
  {
    System.out.println("Parent's Non-Static Method is Called");
  }
  public static void staticMethod()
  {
    System.out.println("Parent's static method is called.");
  }
}
class Child extends Parent
{
```

```
    public void nonStaticMethod()
    {
      System.out.println("Child's non-static method is called.");
    }
    public static void staticMethod()
    {
        System.out.println("Child's static method is called.");
    }
  }
  public class Example4_21
  {
    public static void main(String args[])
    {
        Parent p1=new Parent();
        Parent p2=new Child();
        Child c=new Child();
        System.out.print("Parent.static: "); Parent.staticMethod();
        System.out.print("p1.static: "); p1.staticMethod();
        System.out.print("p2.static: "); p2.staticMethod();
        System.out.print("p1.nonStatic: "); p1.nonStaticMethod();
        System.out.print("p2.nonStatic: "); p2.nonStaticMethod();
        System.out.print("Child.static: "); Child.staticMethod();
        System.out.print("c.static: "); c.staticMethod();
        System.out.print("c.nonStatic: "); c.nonStaticMethod();
    }
  }
```

程序的运行结果如图 4-18 所示。

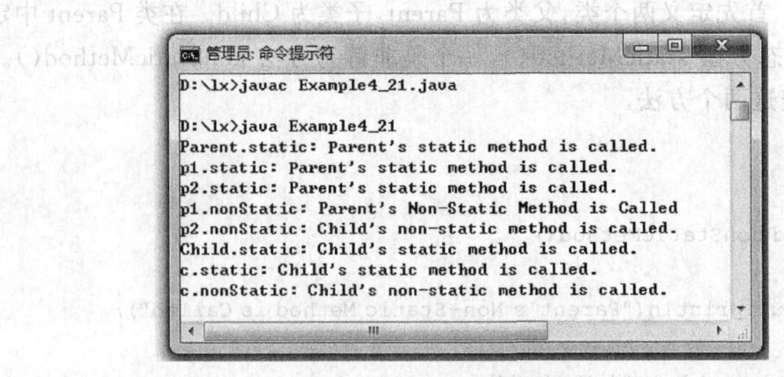

图 4-18　例 4-21 的运行结果

注意：p2 是一个 Child 的类型的引用，然而在调用静态方法的时候，它执行的却是父类的静态方法，而不是 Child 的静态方法，而调用 p2 的非静态方法的时候执行的是 Child 的非静态方法，为什么呢？原因是静态方法是在编译的时候把静态方法和类的引用类型进行匹配，而不是在运行的时候和类引用进行匹配。

因此得出结论：在子类中创建的静态方法不会覆盖父类中相同名字的静态方法。

4.5.3 上转型对象

当一个类派生很多子类时，并且这些子类都重写了父类的某个方法。那么当把子类创建的对象的引用放到一个父类的对象中时，就得到了该对象的一个上转型对象，那么这个上转型的对象再调用这个方法时就可能具有多种形态，因为不同的子类在重写父类的方法时可能产生不同的行为。

上转型对象定义：B类是A类的子类，在B类中创建对象b，把b的引用放到A类的对象a中，则a称为B类的上转型对象。

```
A a;
a=new B();
```

或

```
A a;
B b=new B();
a=b;
```

上转型对象的实体是由子类负责创建的，但上转型对象会失去原对象的一些属性和功能(上转型对象相当于子类对象的一个简化对象)，如图4-19所示。

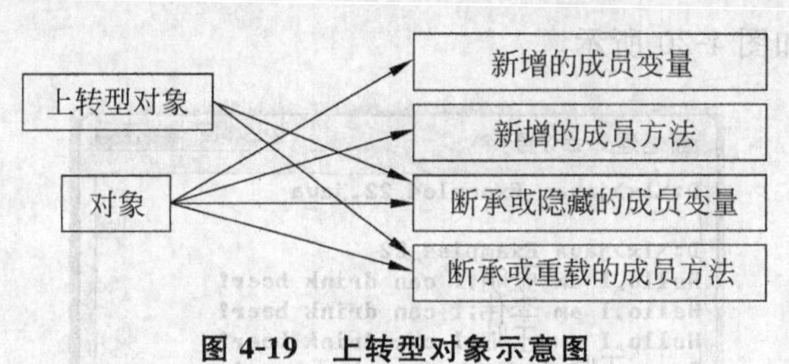

图4-19 上转型对象示意图

上转型对象具有如下特点。

(1)不可以访问子类中新增的成员变量及方法。

(2)可以访问子类继承或隐藏的成员变量；可以访问继承或重载的方法。

(3)当访问子类重载的方法时，访问的是重新定义后的方法。

(4)可以将上转型对象强制转换为子类对象，这样该子类对象就具备了子类的属性和功能。

【例4-22】 上转型对象应用举例。

```
//Example4_22
class Human{
  public void drink(String s){
    System.out.println("I am "+s+"and I can drink white wine!");
  }
}
```

```
class YoungMan extends Human{
  public void drink(String s){
    System.out.println("Hello,I am "+s+";I can drink beer!");
  }
  public void write(String s){
    System.out.println("I am "+s+";I can write the paper!");
  }
}
public class Example4_22{
  public static void main(String arge[]){
    Human zhang=new YoungMan();  //zhang是上转型对象
    YoungMan li=new YoungMan();
    YoungMan wang;
    zhang.drink("张明");
    li.drink("李伟");
    wang=(YoungMan)zhang;          //将上转型对象zhang强制转换为子类对象
    wang.drink("王帅");
    wang.write("王帅");
  //zhang.write("张明");          //该语句是错误的,上转型对象不能调用子类新增成员
  }
}
```

程序运行结果如图4-20所示。

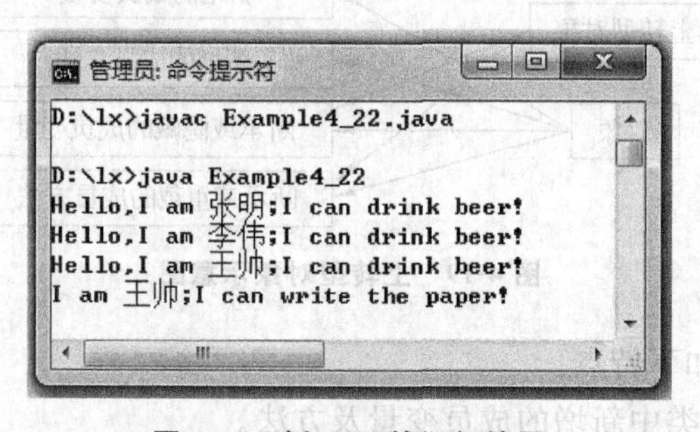

图4-20 例4-22的运行结果

4.6 接 口

Java语言只支持单继承,即每个子类只能有一个父类。为了克服单继承的缺点,Java语言提供了接口,结合单继承可以实现间接多继承功能,接口(interface)是一组常量和抽象方法的集合。

4.6.1 定义接口

使用interface关键字来定义一个接口,定义的一般格式如下:

```
interface  接口名称
{
    //接口体
    成员变量表
    成员方法

}
```

其中，接口体中包括常量定义和方法声明两部分，接口体中只进行方法的声明，不可以提供方法的实现；接口的访问修饰符只能是public或默认权限；接口可以继承其他接口，被继承的接口称为父接口。

1. 成员变量声明形式

```
[public] [static] [final] 成员变量名=常量；
```

接口中的成员变量都是具有public权限的static常量，正因为如此，public、static和final都可以省略。

2. 成员方法声明形式

```
[public] [abstract] 返回值类型  成员方法名(形参表)；
```

接口中的成员方法都是public访问控制权限的抽象方法，只需给出方法声明部分。

例如：

```
interface Car{
  int wheels=4;
  void drive();
}
```

4.6.2 实现接口

使用接口产生新类的过程称为实现接口，使用关键字implements。实现接口的语法格式如下：

```
[访问控制修饰符] class 类名 implements 接口名列表{
    //类体部分
  …
}
```

注意：

(1) 一个类可以实现一个或多个接口。

(2) 实现接口的类必须实现接口中的所有abstract方法，并且这些方法必须声明为public，方法的名字、返回类型、参数个数及类型必须与接口中的完全一致。

(3) 接口必须单独存成一个文件。

【例 4-23】 接口的定义与使用应用举例。

【问题描述】 定义一个接口,声明计算矩形面积和周长的抽象方法,再用一个类去实现这个接口,并编写测试类去使用这个接口。

```
//接口文件名:CalRectangle.java
public interface CalRectangle {
  public abstract int calarea();
  public abstract int calgirth();
  public abstract int getx();
  public abstract int gety();
}
//Example4_23.java
class Rect implements CalRectangle{
  private int x;
  private int y;
  public Rect (int x,int y){
    this.x=x;
    this.y=y;
  }
  public int calarea(){
    return x *y;
  }
  public int calgirth(){
    return (x+y) *2;
  }
  public int getx(){
    return x;
  }
  public int gety(){
    return y;
  }
}

public class Example4_23{
  Rect rect;
  public static void main(String []args){
    Rect rect=new Rect(6,8);
    System.out.println("矩形的长"+rect.getx());
    System.out.println("矩形的宽"+rect.gety());
    System.out.println("矩形的面积"+rect.calarea());
    System.out.println("矩形的周长 "+rect.calgirth());
  }
```

```
}
```

程序运行结果如图 4-21 所示。

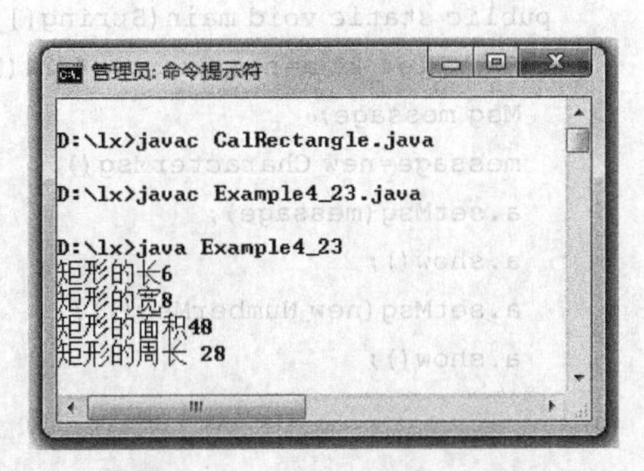

图 4-21　例 4-23 的运行结果

注意：

(1) 接口不是类，尤其是不能使用 new 操作符实例化接口。虽然不能构造接口对象，但还是可以声明接口变量。

(2) 接口变量必须指向一个实现了该接口的类的对象。接口在软件发布的时候是向用户公开的，用户可以通过调用实现接口的类的接口方法，而如果不实现接口用户是不能调用的。

4.6.3　接口回调

和类一样，接口也是一种重要的 Java 数据类型，用接口声明的变量称为接口变量。在 Java 语言中，接口回调是指可以把实现某一接口的类创建的对象的引用赋给该接口声明的接口变量中，那么该接口变量就可以调用被类实现的接口的方法。实际上，当接口变量调用被类实现的接口方法时，就是通知相应的对象调用这个方法。

【例 4-24】 接口回调应用举例。

```
//Example4_24.java
interface Msg{
  abstract void showMessage();
}
class NumberMsg implements Msg{
  public void showMessage() {
    System.out.println("1234567890");
  }
}
class CharacterMsg implements Msg{
  public void showMessage() {
    System.out.println("abcdefghijklmn…");
  }
}
public class Example4_24{
  private Msg msg;
  public void show(){
    System.out.println("处理一些东西");
    msg.showMessage();
  }
  public void setMsg(Msg msg) {
    this.msg=msg;
```

```
    }
    public static void main(String[] args) {
        Example4_24 a=new Example4_24();
        Msg message;                        //声明接口变量
        message=new CharacterMsg()          //接口变量中存放对象引用
        a.setMsg(message);
        a.show();
        a.setMsg(new NumberMsg());
        a.show();
    }
}
```

程序运行结果如图 4-22 所示。

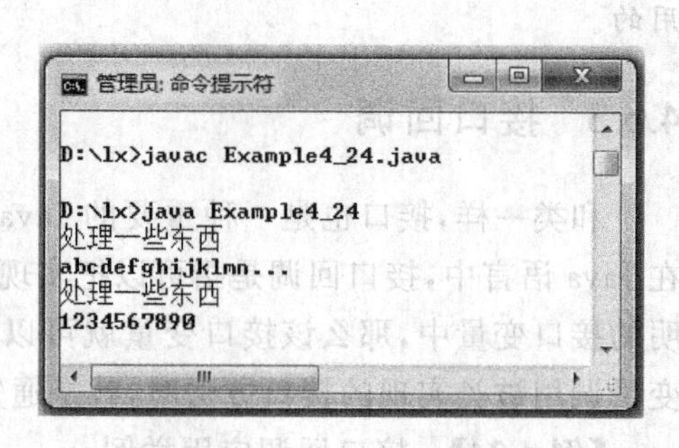

图 4-22 例 4-24 的运行结果

4.6.4 接口的特点

接口与类比较，有其特殊性。接口可以定义多继承，通过使用 extends 后面的多个父类接口定义。接口允许没有父接口，即接口不存在最高层，与类的最高层为 Object 类是不同的。

接口的方法只能被声明为 public 和 abstract，如果不声明，则默认为 public abstract；接口中的成员变量只能用 public、static 和 final 来声明，如果不声明，则默认为 public static final。

当实现接口的类中不需要某抽象方法时，用"return 0;"或空方法体实现。

接口与抽象类之间的相同点如下。

(1) 两者都包含抽象方法，声明多个类共用方法的返回值和参数表。

(2) 两者都不能被实例化。

(3) 两者都是引用数据类型。可以声明抽象类及接口变量，并将子类的对象赋给抽象类变量，或将实现接口的类的变量赋给接口变量。

接口与抽象类的不同点如下。

(1) 一个类只能继承一个抽象类，是单重继承；一个类可以实现多个接口，具有多重集成功能。

(2) 抽象类及成员具有与普通类一样的访问权限；接口的访问权限有 public 和默认权限，但接口中成员的访问权限都是 public。

(3) 抽象类中可以声明成员变量，成员变量的值可以被更改；接口中只能声明常量。

(4) 抽象类中可以声明抽象方法、普通成员方法及构造方法；接口中只能声明抽象方法。

4.7 本章小结

本章学习了如下内容。

(1) 面向对象程序设计的基本概念。

(2) Java类与对象。

(3) 包的定义与使用。

(4) Java的继承。

(5) Java的多态。

(6) 接口的定义与实现。

(7) 接口回调。

习　题

1. 简述面向对象程序设计方法的主要特点。
2. 简述方法的重载和方法覆盖,并对两者加以对比。
3. 如何定义和使用自己创建的包。
4. 简述成员变量和局部变量的作用域。
5. 简述访问权限控制符的功能。
6. 举例说明上转型对象的使用及特点。
7. 简述关键字this和super的区别。
8. 简述什么是接口及接口回调。
9. 简述Java语言类的继承的优点,Java支持多继承形式吗?
10. 什么叫接口回调?
11. 请给出下面程序的输出结果。

```
class A{
  double f(double x,double y){
    return (x+y);
  }
  static int g(int m){
    return m*m
  }
}
class B extends A{
  double f(double x,double y){
    double m=super.f(x,y);
    return (x*y+m);
  }
  static int g(int n){
```

```
      int m=A.g(n);
      return m+n;
    }
}
public class Example{
   public static void main(String args[]){
      B b=new B();
      System.out.println(b.f(5,9));
      System.out.println(b.g(6));
   }
}
```

第5章 chapter 5

常 用 类

<table>
<tr><td>教学重点</td><td colspan="5">字符串操作常用类;包装类;日期类 Date 和格式化类 SimpleDateFormat;类 Calendar;类 Math;类 Random</td></tr>
<tr><td>教学难点</td><td colspan="5">类 StringTokenizer;常用类的主要方法的应用</td></tr>
<tr><td rowspan="11">教学内容
和
教学目标</td><td rowspan="2">知 识 点</td><td colspan="4">教 学 要 求</td></tr>
<tr><td>了解</td><td>理解</td><td>掌握</td><td>熟练掌握</td></tr>
<tr><td>类 String</td><td></td><td></td><td></td><td>√</td></tr>
<tr><td>类 StringBuffer</td><td></td><td></td><td></td><td>√</td></tr>
<tr><td>类 StringTokenizer</td><td></td><td></td><td>√</td><td></td></tr>
<tr><td>包装类</td><td></td><td></td><td></td><td>√</td></tr>
<tr><td>日期类 Date</td><td></td><td></td><td></td><td>√</td></tr>
<tr><td>格式化类 SimpleDateFormat</td><td></td><td></td><td></td><td>√</td></tr>
<tr><td>类 Calendar</td><td></td><td></td><td>√</td><td></td></tr>
<tr><td>类 Math</td><td></td><td></td><td>√</td><td></td></tr>
<tr><td>类 Random</td><td></td><td></td><td>√</td><td></td></tr>
</table>

Java 为编程者提供了功能强大的、大量的标准 API 包。学习 Java 不但要学会自己定义类,更重要的是在学习了 Java 基础编程知识后熟悉,掌握 Java 标准的 API,能够在不同的应用中使用它们。开发一个 Java 应用程序时,恰当地引用系统已定义的类可迅速构建应用程序,避免了从最低层的、不太熟悉的且烦琐的操作做起,在应用程序中可以直接引用,继承系统类,即实现了代码的重用性,避免了可能的错误,缩短了整个程序开发周期,又提高了编程效率。

本章主要介绍 Java 语言 API(应用程序接口)中的常用类,包括字符串、包装类、Date 类、Calendar 类、SimpleDateFormat 类、Math 类和 Random 类等。通过本章的学习使读者在程序中使用系统定义好的类来处理问题,提高编程效率。

5.1 字符串操作的常用类

字符串是内存中一个或多个连续排列的字符集合。在Java语言中,字符串将作为对象来处理,Java提供的java.lang包中封装了字符串处理类String、StringBuffer和StringTokenizer。

本节主要学习字符串操作的3个重要类:类String、类StringBuffer和类StringTokenizer。

5.1.1 类String

Java语言规定字符串常量必须用双引号""括起,一个字符串可以包含字母、数字和各种特殊字符,如+、-、*、/、$等。例如:

```
System.out.println("OK!");
```

Java的任何字符串常量都是String类的对象,若没有命名,Java自动为其创建一个匿名String类的对象,称为匿名String类的对象。

1. 创建String对象

类String提供了多种构造方法,它们可以用来在创建String对象时进行初始化。其中最常用的有两个。

(1) public String(String str):用一个已创建的字符串str创建另一个字符串。例如:

```
String s;
s=new String ("We are good friends!");
```

等价于

```
String s="We are good friends!";
```

(2) public String(char c[ ]):用字符数组c创建一个字符串对象。例如:

```
char[] c={'h','e','l','l','o'};
String str=new String(c);
char[] data={'壹','贰','叁','肆','伍'};  //Java中一个汉字占一个字符
String str1=new String(data);
```

2. 类String的常用方法

类String提供了许多方法用于操作字符串。常用方法如下。

1) 求字符串长度

```
public int length()
```

例如：

```
String s=new String("我喜欢学 Java 语言");
int n=s.length();                              //n 的值是 10
```

注意：字符串中字符的位置(索引值)从 0 开始，最后一个字符的位置是 length()-1。

2) 查找单个字符或字符串

(1) public char charAt(int index)：返回当前串对象下标 index 处的字符。例如：

```
char ch=s.charAt(2);                           //ch='欢'
```

(2) public int indexOf(String s)：串从当前字符串头开始检索字符串 s，并返回首次出现 s 的索引位置。若找不到，则返回－1。例如：

```
int n="abcdefascd". IndexOf("cd");             //n 的值为 2
int m="abcd". IndexOf("Z");                    //m 的值为-1
```

(3) public int indexOf(String s, int start)：从当前下标 start 处检索，并返回首次出现 s 的索引位置。若找不到，则返回－1。例如：

```
String s="We are good students!";
int p=indexOf("st",2);                         //p 的值为 12
```

(4) public String substring(int begin)：返回当前串中从下标 begin 开始到串尾的子串。例如：

```
String s=new String("It is a good dog.");
String str=s.substring(6);                     //str 的值为"a good dog."
```

(5) public String substring(int begin, int end)：返回当前串中从下标 begin 开始到下标 end-1 结束的子串。例如：

```
String s="abcdefghijk".subString(2,5);         //s 的值为"cdef"
```

【例 5-1】 类 String 的常用方法应用举例。

```
//Example5_1.java
public class Example5_1{
    public static void main(String args[ ])  {
      String s1="Java Application";
      char cc[ ]={'J','a','v','a',' ','A','p','p','l','e','t'};
      String str=new String(cc);
      int len=str.length();
      int len1=s1.length( );
      int len2="ABCD".length( );
      char c1="12ABG".charAt(3);
      char c2=s1.charAt(3);

      int n1="abj".indexOf(97);
```

```
        int n2=s1.indexOf('J');
        int n3="abj".indexOf("bj",0);
        int n4=s1.indexOf("va",1);

        String s2="abcdefg".substring(4);
        String s3=s1.substring(4,9);
        System.out.println("s1="+s1+" len="+len1);
        System.out.println(str+" len="+len);
        System.out.println("ABCD=ABCD"+"  len="+len2);
        System.out.println("c1="+c1+"  c2="+c2);
        System.out.println("n1="+n1+"  n2="+n2);
        System.out.println("n3="+n3+"  n4="+n4);
        System.out.println("s2="+s2);
        System.out.println("s3="+s3);
    }
}
```

程序运行结果如图 5-1 所示。

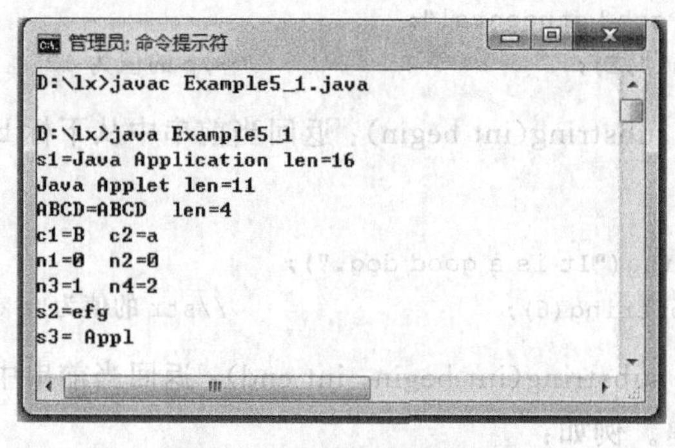

图 5-1　例 5-1 的运行结果

3）字符串比较的方法

(1) public int compareTo(String s)：按字典顺序与参数 s 指定的字符串比较大小。

① 当前字符串== s,返回值为 0。

② 当前字符串＞ s,返回值为正数。

③ 当前字符串 ＜ s,返回值为负数。

例如：

```
String s="uvwxyz";
int n=s.compareTo("girl");        //n 的值大于 0
```

(2) public boolean equals(String str) ：比较当前字符串对象的实体是否与参数 str 指定字符串的实体相同,如果相同,返回值为 true,否则返回值为 false。例如：

```
String John=new String("笨鸟先飞");
String Jack=new String("天道酬勤");
```

```
String Rose=new String("笨鸟先飞");
boolean p,q;
p=John.equals(Jack);  //p=false
q=John.equals(Rose);  //q=true
```

(3) public boolean equalsIgnoreCase (String str)：在不区分字母的大小写时，比较当前字符串对象的实体是否与参数 str 指定字符串的实体相同，如果相同，返回值为 true，否则返回值为 false。

【例 5-2】 类 String 比较方法应用举例。

```
//Example5_2.java
public class Example5_2{
    public static void main(String args[ ]) {
      String s1="Java";
      String s2="java";
      String s3="Hello";
      String s4="Hello";
      String s5="Heloo";
      String s6="student";
      boolean b1=s1.equals(s2);
      boolean b2=s1.equals("world");
      boolean b3=s3.equals(s4);
      boolean b4=s1.equalsIgnoreCase(s2);
      int n1=s3.compareTo(s4);
      int n2=s1.compareTo(s2);
      int n3=s4.compareTo(s5);
      int d1=s6.compareTo("st");
      int d2=s6.compareTo("student");
      int d3=s6.compareTo("studentSt1");
      int d4=s6.compareTo("stutent");
      System.out.println("s1="+s1+"\ts2="+s2);
      System.out.println("s3="+s3+"\ts4="+s4);
      System.out.println("s5="+s5);
      System.out.println("equals: (s1==s2)="+b1+"\t(s1==world)="+b2);
      System.out.println("equals: (s3==s4)="+b3);
      System.out.println("equalsIgnoreCase: (s1==s2)="+b4);
      System.out.println("(s3==s4)="+n1+"\t(s1<s2)="+n2);
      System.out.println("(s4>s5)="+n3);
      System.out.println("d1="+d1+"\td2="+d2);
      System.out.println("d3="+d3+"\td4="+d4);
    }
}
```

程序运行结果如图 5-2 所示。

其余字符串操作方法请查阅 JDK 文档。

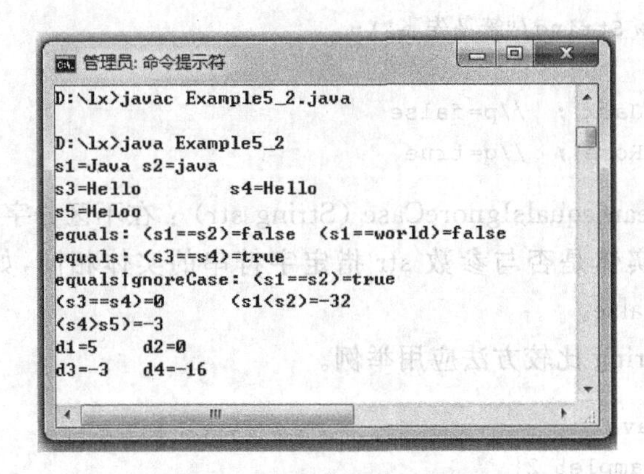

图 5-2 例 5-2 的运行结果

5.1.2 类 StringBuffer

类 StringBuffer 用于创建可变(可读/写)的字符串对象,而 String 类创建的字符串对象是不可修改的,即 String 对象一旦创建,实体就不可以再发生变化。

1. 类 StringBuffer 的构造方法

类 StringBuffer 提供了 3 种构造方法来创建一个 StringBuffer 对象。

1) public StringBuffer()

该方法无参数,创建了一个空的 StringBuffer 对象,此时对象的实体的初始内存空间为 16 个字符,当该对象的实体存放的字符序列的长度大于 16 时,实体的容量自动增加,以存放所增加的字符。例如:

```
StringBuffer  MyStr1=new StringBuffer();
```

2) public StringBuffer(int length)

该方法参数 length 指定对象的实体的初始内存空间容纳的字符个数,当实体存放的字符序列的长度大于 length 时,实体的容量自动增加,以存放所增加的字符。例如:

```
StringBuffer  MyStr2=new StringBuffer(20);
```

3) public StringBuffer(String str)

该方法参数 str 指定对象的实体中存放的字符串,其初始内存空间的大小为 str 的长度加上 16 个字符,当实体存放的字符序列的长度 length 时,实体的容量自动增加,以存放所增加的字符。例如:

```
StringBuffer  MyStr3=new StringBuffer("Hello everyone!");
```

2. 类 StringBuffer 的常用方法

1) public StringBuffer append(对象类型 参数对象名)

该方法的功能是将指定的参数对象转化成字符串，再追加到 StringBuffer 字符串对象中。参数可以是各种类型的对象，可以是 Object、String、char、字符数组、boolean、int、long、float、double。例如：

```
double d=22.22;
StringBuffer  MyStr1=new  StringBuffer();
MyStr1.append("你好!");
MyStr1.append(d);
System.out.println(MyStr1.toString());
```

输出结果：

```
你好!22.22
```

2) public StringBuffer insert(int n,对象类型 参数对象名)

该方法的功能是在指定的位置 n 插入参数对象，先将参数对象转化为字符串再插入。插入的参数对象可以是各种数据类型的数据。例如：

```
StringBuffer  MyStr2=new StringBuffer("Hello everyone!");
MyStr2.insert(3,423);
System.out.println(MyStr2.toString());
```

输出结果：

```
Hel423lo everyone!
```

需要注意的是，若希望将 StringBuffer 对象在屏幕上显示出来，则必须首先调用 toString()方法把它变成字符串常量。

3) public void setCharAt(int index, char ch)

该方法的功能是将指定位置 index 处的字符用给定的另一个字符 ch 来替换。例如：

```
StringBuffer  MyStr=new StringBuffer("Coat");
MyStr.setCharAt(0,'G');
System.out.println(MyStr.toString());
```

输出结果：

```
Goat
```

注意：当前对象实体中的字符串序列的第一个位置为 0，第二个位置为 1，依次类推。

4) public int length()

该方法的功能是获取字符串的长度。例如：

```
StringBuffer  MyStr=new StringBuffer("Coat");
int n=MyStr.length();
System.out.println(n);
```

输出结果：

```
4
```

5) public StringBuffer replace(int start,int end,String str)

该方法的功能是将当前 StringBuffer 对象实体中的字符序列的一个子字符序列用参数 str 指定的字符串替换，其中的一个子字符序列从下标 start 到 end-1 之间的字符。例如：

```
StringBuffer  Mybuff=new StringBuffer("欢迎学习 Java 语言!");
Mybuff.replace(4,8,"C");
System.out.println(Mybuff.toString());
```

输出结果：

```
欢迎学习 C 语言!
```

注意：4～7 之间的字符序列被替换。

6) public StringBuffer delete(int start,int end)

该方法的功能是将当前 StringBuffer 对象实体中的字符序列的一个子字符序列删除，其中的一个子字符序列从下标 start 到 end-1 之间的字符将被删除。例如：

```
StringBuffer  Mybuff1=new StringBuffer("欢迎学习高等数学!");
Mybuff1.delete(4,6);
System.out.println(Mybuff1.toString());
```

输出结果：

```
欢迎学习高等数学!
```

【例 5-3】 StringBuffer 类的使用。

```
//Example5_3.java
import java.io.*;
import java.lang.*;
public class Example5_3{
    public static void main(String args[]) {
      StringBuffer  MyStr=new StringBuffer("Coat");
      MyStr.setCharAt(0,'G');
      int n=MyStr.length();
      System.out.println(MyStr.toString());
      System.out.println(n);
      StringBuffer  Mybuff=new StringBuffer("欢迎学习 Java 语言!");
      Mybuff.replace(4,8,"C");
      System.out.println(Mybuff.toString());
      StringBuffer  Mybuff1=new StringBuffer("欢迎学习高等数学!");
      Mybuff1.delete(4,6);
      System.out.println(Mybuff1.toString());
```

```
    }
}
```

程序运行结果如图 5-3 所示。

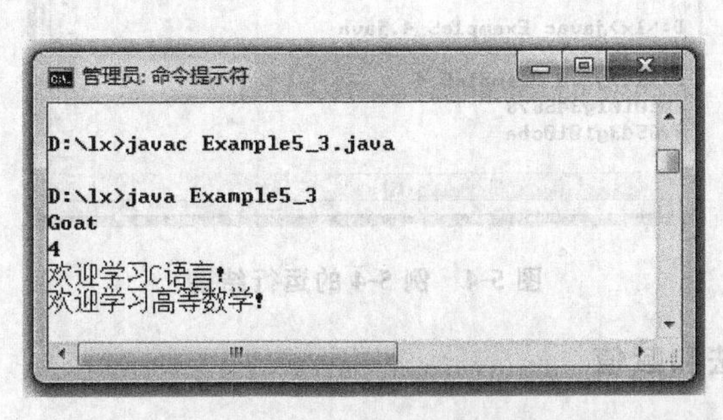

图 5-3 例 5-3 的运行结果

源程序说明：

(1) 导入 StringBuffer 所在的包 java.lang，对象实体中的字符串序列的第一个位置为 0，第二个位置为 1，依次类推。

(2) 熟练使用各方法，注意参数的取值范围。删除单个字符可以使用 StringBuffer 的 deleteCharAt(int index)方法；同样，替换单个字符可以使用 setCharAt()方法。

3. 字符串反转

```
public StringBuffer reverse()
```

该方法的功能是将当前 StringBuffer 对象实体中的字符序列按照相反的顺序进行排列。

【例 5-4】 字符串反转应用。

```
//Example5_4.java
import java.io.*;
import java.lang.*;
public class Example5_4
{
  public static void main (String args[ ])
  {
      StringBuffer  str=new StringBuffer("abcdefg");
        str.replace(3,6,"0101");
        str.append(345678);
        System.out.println(str.toString());
        str.reverse();
        System.out.println(str.toString());
  }
}
```

程序运行结果如图 5-4 所示。

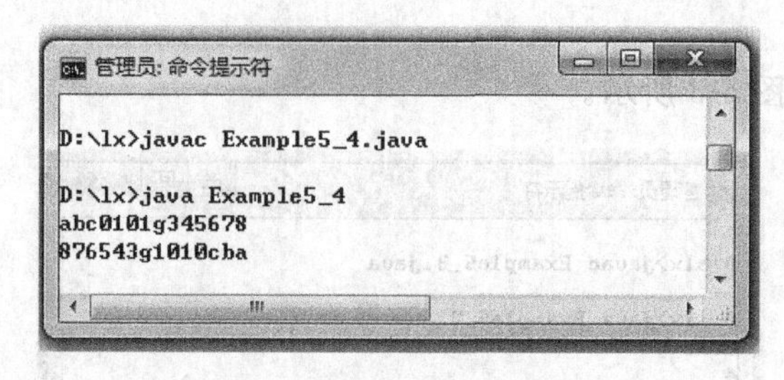

图 5-4 例 5-4 的运行结果

4. 字符串的加法和赋值

字符串是经常使用的数据类型,为了编程方便,Java 编译系统中引入了字符串的加法和赋值。参看下面的例子:

```
String  MyStr="Hello,";
MyStr=MyStr+"girls!";
```

这两个语句初看似乎有问题,因为 String 是不可变的字符串常量,实际上它们是合乎语法规定的,分别相当于:

```
String  MyStr=new StringBuffer().append("Hello,").toString();
MyStr=new StringBuffer().append(MyStr).append("girls!").toString( );
```

【例 5-5】 字符串加法和赋值。

```
//Example5_5.java
import java.io.*;
import java.lang.*;
public class Example5_5
{
  public static void main (String args[ ])
  {
    String  MyStr="Hello,";
    MyStr=MyStr+"girls!";
    System.out.println(MyStr.toString());
    String  MyStr1=new StringBuffer().append("Hello,").toString();
    MyStr1=new StringBuffer().append(MyStr1).append("girls!").toString( );
    System.out.println(MyStr1.toString());
  }
}
```

程序运行结果如图 5-5 所示。

由于这种赋值和加法的简便写法非常方便实用,所以在实际编程中用得很多。

5.1.3 类 StringTokenizer

当分析一个字符串并将字符串分解成可被独立使用的单词时,可以使用 java.util 包

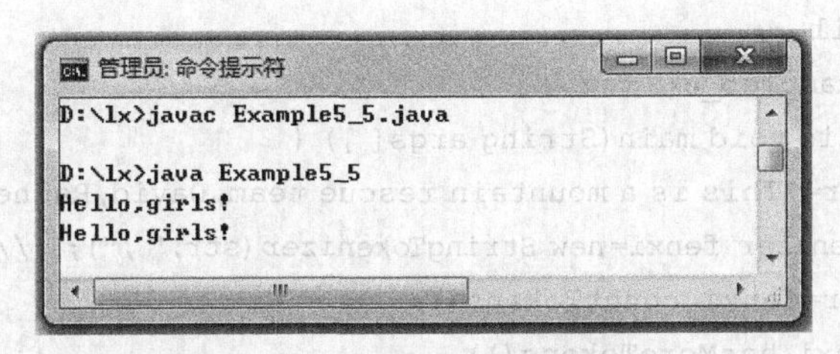

图 5-5 例 5-5 的运行结果

中的类 StringTokenizer。

可把字符串分解成独立使用的单词,这些单词称为语言符号。例如,对于字符串"He is a teacher",如果我们把空格作为该字符串的分隔符,那么该字符串有 4 个单词(语言符号);而对于字符串"He,is,a,teacher",如果把逗号作为该字符串的分隔符,那么该字符串有 4 个单词(语言符号)。把一个类 StringTokenizer 的对象称为一个字符串分析器。

1. 类 StringTokenizer 的构造方法

1) public StringTokenizer(String str)

该方法的功能是为 str 构造一个分析器。使用默认的分隔符集合,即空格符(若干个空格被看作一个空格)、换行符、回车符、Tab 符、进纸符做分隔标记。例如:

```
StringTokenizer fenxi=new StringTokenizer("we are students");
```

2) public StringTokenizer(String str, String dilim)

该方法的功能是为字符串 str 构造一个分析器。参数 dilim 中的字符被作为分隔符。例如:

```
StringTokenizer fenxi=new StringTokenizer("we ,are ; student", ", ; ");
```

2. 类 StringTokenizer 的常用方法

1) public String nextToken()

该方法的功能是逐个获取字符串中的语言符号(单词),每当调用该方法,都将在字符串中获得下一个语言符号。一般情况下,该方法放在循环体中。

2) public boolean hasMoreTokens()

该方法的功能是判断字符串中是否包含语言符号。只要字符串中还有语言符号,该方法就返回 true,否则返回 false。

3) public int countTokens()

该方法的功能是得到一个字符串含有多少个语言符号。

【例 5-6】 统计字符串中单词的个数。

```
//Example5_6.java
import java.io.*;
import java.lang.*;
```

```
import java.util.*;
public class Example5_6{
   public static void main(String args[ ]) {
     String str="This is a mountain rescue team,David,Rachel.";
     StringTokenizer fenxi=new StringTokenizer(str," ,");  //空格和逗号作为分隔符
     int number=fenxi.countTokens();
     while(fenxi.hasMoreTokens())
     {
       String s=fenxi.nextToken();
       System.out.println(s);
       System.out.println("还剩"+fenxi.countTokens()+"个单词");
     }
   System.out.println("str共有单词 "+number+"个");
   }
}
```

程序运行结果如图 5-6 所示。

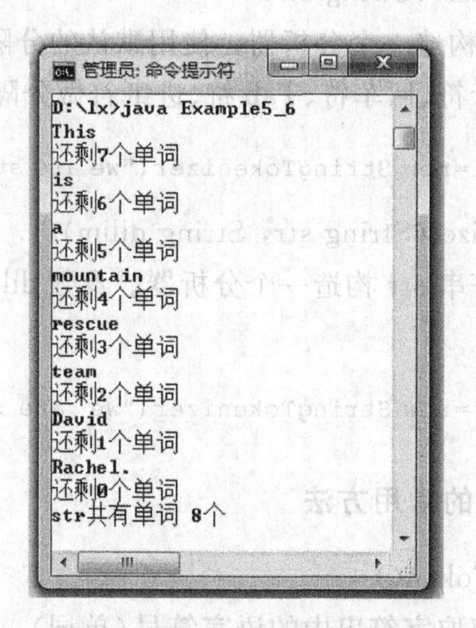

图 5-6 例 5-6 的运行结果

5.2 包 装 类

Java 语言是一门面向对象的语言，但其中的基本类型却不是面向对象的，为了提高效率，Java API 中为常用的 8 种基本类型在内存中建立了相应区域，用户可以直接使用这些基本类型，无须再开辟存储空间。但有的时候要用处理对象一样的方式来处理基本类型的数据，这种情况下，必须将基本类型"包装"为一个对象，也就是把这 8 种基本类型包装成了类。包装之后，这些基本类型也就拥有了相应类的属性和方法(建议在项目开发中，尽量减少包装类的使用频率)。

Java 中操作如果必须是在两个对象之间进行的，不允许对象与数字之间进行运算，这时就需要有一个对象把数字包装一下，这样两个对象就可以操作了，称使用包装类。

包装类具有以下特点。

(1) 所有的包装类都是 final 类型，因此不能创建它们的子类。

(2) 包装类是不可变类，一个包装类的对象自创建后，它所包含的基本类型数据就不能改变。

(3) JDK 1.5 以上，允许基本类型和包装类型进行混合数学运算。例如：

```
System.out.println(5+new Integer(4));
```

8 种基本数据类型对应的包装类如表 5-1 所示。包装类的常用方法可以查阅 Java API 文档，这里不一一介绍。

表 5-1 基本数据类型对应的包装类

基本类型	包装类类名	基本类型	包装类类名
byte	Byte	float	Float
short	Short	double	Double
int	Integer	char	Character
long	Long	boolean	Boolean

5.2.1 类 Integer

java.lang.Integer 类是基本数据类型 int 的包装类，该类包含了一个 int 类型的字段，还提供了处理 int 类型时非常有用的一些常量和方法。

1. 常量

类 Integer 的常量如表 5-2 所示。

表 5-2 类 Integer 的常量

常量名	说明
static int MAX_VALUE	表示 int 类型能够表示的最大值
static int MIN_VALUE	表示 int 类型能够表示的最小值
static int SIZE	用二进制形式表示 int 值的位数
static Class<Integer>	表示基本类型 int 的 Class 实例

2. 常用的方法

1) public static int compareTo(Integer anotherInteger)

该方法的功能是在数字上比较两个 Integer 对象。如果该 Integer 等于 anotherInteger，则返回 0 值；如果该 Integer 在数字上小于 anotherInteger 数，则返回小于 0 的值；如果

Integer在数字上大于anotherInteger,则返回大于0的值。例如：

```
Integer m1=new Integer("-128");
Integer m2=new Integer("128");
int n=m1.compareTo(m2);
System.out.println("compareTo()方法比较结果:"+n);
```

程序运行结果：

```
compareTo()方法比较结果:-1
```

2) public static type typeValue()

该方法的功能是将Integer对象转换为type类型,这里的type类型可以是double, float,short,int,long。例如：

```
Integer m=new Integer(123);
//通过doubleValue()方法将Integer类型转换成double类型
double d=m.doubleValue();
System.out.println("doubleValue()方法转换结果:"+d);
```

程序运行结果：

```
doubleValue()方法转换结果:123.0
```

3) public static int parseInt(String s) throws NumberFormatException

该方法的功能是将字符串转换为整型值,字符串必须是十进制数,否则抛出异常。返回值是十进制数。例如：

```
String  str=new String("133");
//将字符串类型转换为int类型
int k=Integer.parseInt(str);
System.out.println("parseInt()方法解析字符串结果:"+k);
```

程序运行结果：

```
parseInt()方法解析字符串结果:133
```

4) public static Integer valueOf(int i)

该方法的功能是创建Integer对象。例如：

```
String vpar=new String("18");
int p=Integer.valueOf(vpar);
System.out.println("valueOf()转换字符串结果:"+p);
```

程序运行结果：

```
valueOf()转换字符串结果:18
```

【例5-7】 Integer类的使用。

```
//Example5_7.java
```

```
import java.io.*;
import java.lang.*;
import java.util.*;
public class Example5_7{
    public static void main(String args[ ]) {
      Integer m1=new Integer("22");
      Integer m2=new Integer("35");
      int n=m1.compareTo(m2);
      System.out.println("compareTo()方法比较结果"+n);
      Integer m=new Integer(123);
      double d=m.doubleValue();
      System.out.println("doubleValue()方法转换结果:"+d);
      String  str=new String("133");
      int k=Integer.parseInt(str);
      System.out.println("parseInt()方法解析字符串结果:"+k);
      Integer p=new Integer(15);
      String s1=p.toString();
      System.out.println(s1);
    }
}
```

程序运行结果如图 5-7 所示。

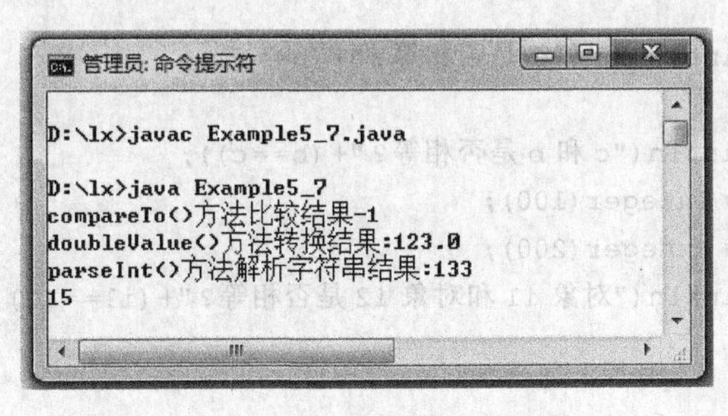

图 5-7 例 5-7 的运行结果

源程序说明：

(1) 程序中 Integer 对象进行比较、转换为 double 类型、转换为整型常用的方法。

(2) Integer 对象与字符串之间的转换过程。

5.2.2 其他类简介

包装类 Byte、Short、Long、Float、Double、Boolean、Character 的具体使用与 Integer 类类似，请查看 Java API 文档。

【例 5-8】 包装类的使用。

```
//Example5_8.java
```

```
import java.io.*;
import java.lang.*;
import java.util.*;
public class Example5_8{
  public static void main(String args[ ]) {
  double d=Double.parseDouble("1255.34656");
  System.out.println("parseDouble()方法解析结果:"+d);
    //创建一个 Double 类型实例
  Double d1=Double.valueOf(d);
  System.out.println("valueOf()方法结果:"+d1);
  System.out.println("valueOf()方法创建结果:"+Float.valueOf("123"));
    //确定指定字符是否为字母
  System.out.println("isLetter()方法判断结果:"+Character.isLetter('z'));
    //确定指定字符是否为字母或数字
  System.out.println("isLetterOrDigit()方法判断结果:"+Character. isLetterOrDigit
('~'));
    //确定指定字符是否为小写字母
  System.out.println("isLowerCase()方法判断结果:"+Character.isLowerCase
('T'));
    //确定指定字符是否为大写字母
  System.out.println("isUpperCase()方法判断结果:"+Character.isUpperCase
('T'));
  byte b=98;
  float f=98.0f;
  System.out.println("b和f是否相等?"+(b==f));
  char c='b';
  System.out.println("c和b是否相等?"+(b==c));
  Integer i1=new Integer(100);
  Integer i2=new Integer(200);
  System.out.println("对象i1和对象i2是否相等?"+(i1==i2));
  }
}
```

程序运行结果如图 5-8 所示。

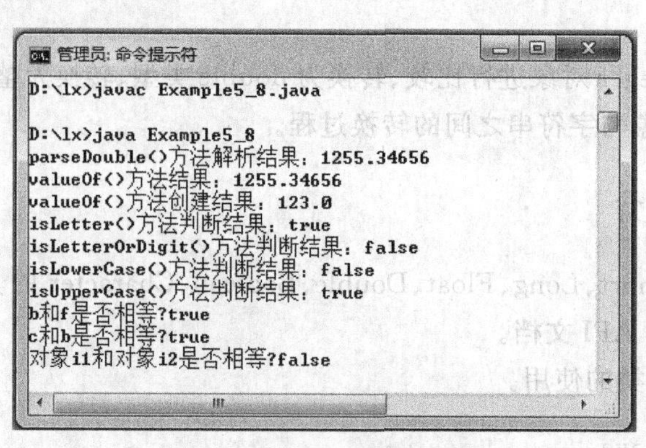

图 5-8　例 5-8 的运行结果

5.3 日期类 Date 和格式化类 SimpleDateFormat

5.3.1 类 Date

本节介绍 java. util 包中的类 Date,该类的实例用于处理日期和时间。

类 Date 提供了两种构造方法来创建一个 Date 对象。

1) public Date()

该方法无参数,创建了一个 Date 对象可以获取本地当前的时间,Date 对象表示时间的默认顺序是星期、月、日、时、分、秒、年,如 Tue Jan 11 11:05:07 CST 2011。

```
Date now=new Date();
```

2) public Date(long time)

计算机系统将其自身时间的"公元"设置为 1970 年 1 月 1 日 0 时,可以根据这个时间使用带参数的构造方法,形参 time 是毫秒数,是 1970 年 1 月 1 日 0 时到当前时刻所走过的毫秒数。例如:

```
Date date=new Date(2000),date1=new Date(-2000);
```

其中,参数取整数为公元后的时间,取负数为公元前的时间。

【例 5-9】 Date 类的使用。

```
//Example5_9.java
import java.util.*;
public class Example5_9{
  public static void main(String args[ ]) {
    Date date1=new Date();
        //1970年1月1日 00:00:00 时以来的指定毫秒数
    Date date2=new Date(1000);
    System.out.println(date1);
    System.out.println(date2);
        //测试此日期是否在指定日期之后
    System.out.println(date1.after(date2));
        //比较两个日期的顺序
    System.out.println(date1.compareTo(date2));

    }
}
```

程序运行结果如图 5-9 所示。

5.3.2 类 SimpleDateFormat

有时用户希望按照某种习惯来输出日期和时间,比如时间的顺序如下:

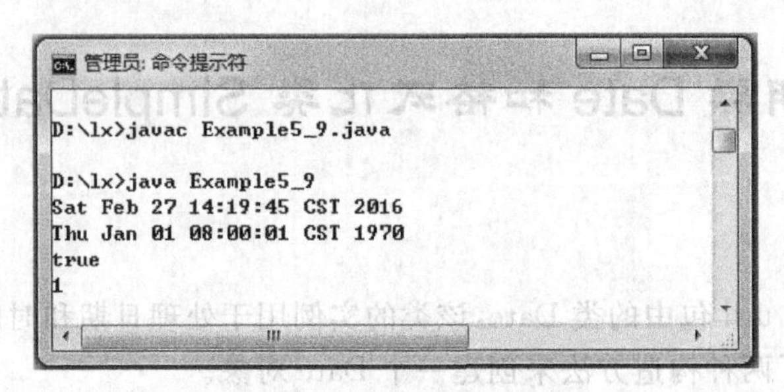

图 5-9 例 5-9 的运行结果

年 月 星期 日

或

年 月 星期 日 小时 分 秒

在程序中进行日期时间处理时经常需要在文本日期和 Date 类之间进行转换，为此需要借助 java. text. SimpleDateFormat 类来进行处理。SimpleDateFormat 类是 DateFormat 类的子类，是一个以与语言环境有关的方式来格式化和解析日期的具体类，它的功能是实现日期的格式化，允许进行格式化（日期→文本）、解析（文本→日期）和规范化。

1. 类 SimpleDateFormat 的构造方法

public SimpleDateFormat(String pattern)：该构造方法可以用参数 pattern 指定的格式创建一个对象，该对象调用 format(Data date) 方法格式化对象 date。例如：

```
Date date1=new Date();
SimpleDateFormat simdate=new SimpleDateFormat("yyyy年MM月dd日 北京时间");
System.out.println("现在的时间:"+simdate.format(date1));
```

程序运行结果：

```
现在的时间:2011年01月11日 北京时间
```

2. 参数 pattern 的取值

日期和时间格式由日期和时间模式字符串 pattern 指定。在日期和时间模式字符串中，相应的字母所表示的含义如表 5-3 所示。

表 5-3 参数 pattern 中相应的字母的含义

字 母	日期或时间元素	表 示	示 例
G	Era 标志符	Text	AD
y 或 yy	年	Year	96
yyyy	年	Year	1996

续表

字　母	日期或时间元素	表　示	示　例
M 或 MM	年中的月份	Month	July; Jul; 07
w	年中的周数	Number	27
W	月份中的周数	Number	2
D	年中的天数	Number	189
d	月份中的天数	Number	10
F	月份中的星期	Number	2
E	星期中的天数	Text	Tuesday; Tue
a	am/pm 标记	Text	PM
H 或 HH	一天中的小时数(0～23)	Number	0
k	一天中的小时数(1～24)	Number	24
K	am/pm 中的小时数(0～11)	Number	0
h	am/pm 中的小时数(1～12)	Number	12
m 或 mm	小时中的分钟数	Number	30
s 或 ss	分钟中的秒数	Number	55
S	毫秒数	Number	978
z	时区	General time zone	Pacific Standard Time; PST; GMT-08:00
Z	时区	RFC 822 time zone	-0800

【例 5-10】 采用 SimpleDateFormat 不同格式输出日期和时间。

```
//Example5_10.java
import java.io.*;
import java.util.*;
import java.text.*;
public class Example5_10{
  public static void main(String args[ ]) {
    Date date=new Date();
    SimpleDateFormat format1=new SimpleDateFormat("yyyy-MM-dd HH:mm:ss");
    SimpleDateFormat format2=new SimpleDateFormat("yy年MM月dd日 HH点mm分
ss秒");
    SimpleDateFormat format3=new SimpleDateFormat("yy/MM/dd ");
    SimpleDateFormat format4=new SimpleDateFormat("今天是yy年的第D天,yy年的
第w个星期,一天中k时的z时区");
      //格式化日期 date
    System.out.println(format1.format(date));
    System.out.println(format2.format(date));
```

```
        System.out.println(format3.format(date));
        System.out.println(format4.format(date));
        String time="1986年1月21日5点";
        SimpleDateFormat format5=new SimpleDateFormat("yyyy年MM月dd日HH点");
        try{
          //解析字符串
          Date date1=format5.parse(time);
          //输出没有进行日期格式化的date1
          System.out.println(date1);
        }
        catch (ParseException e) {
          e.printStackTrace();
          }
    }
}
```

程序运行结果如图 5-10 所示。

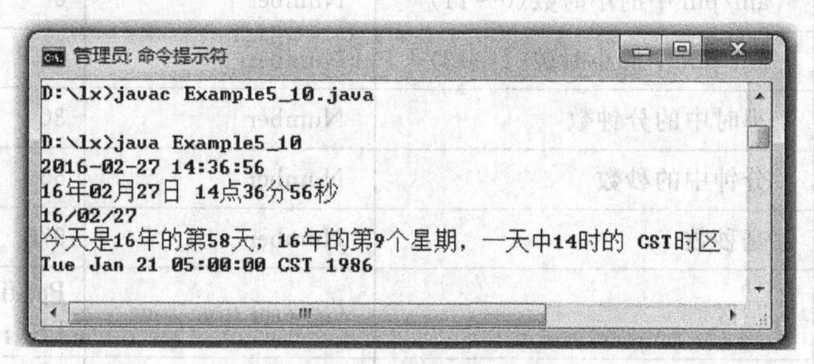

图 5-10 例 5-10 的运行结果

源程序说明：

(1) Date 类的使用时,可以按希望的格式输出,此时要用日期的格式化。

(2) Date 类的实例创建时,可以指定某一时间,带形参的构造方法,注意形参是毫秒数,这个数可能很大。

(3) 千万别忘了,导入组件包 java. text 和 java. util。

5.4 类 Calendar

java. util. Calendar 类是一个抽象类,该类在处理时间、日期方面时非常方便。

1. 创建 Calendar 对象

不能用构造方法来创建 Calendar 对象,而是使用静态 getInstance()方法来创建 Calendar 对象。例如:

```
Calendar calendar=Calendar.getInstance();
```

2. 常用方法

1) set()方法

该方法的功能是将日历翻到指定的时间,有以下几种格式:

```
public final void set(int year,int month,int date)
public final void set(int year,int month,int date,int hour,int minute)
public final void set(int year, int month, int date, int hour, int minute, int
second)
```

当 year 为负数时,表示公元前。

2) public int get(int field)

该方法的功能是获取有关年份、月份、小时、星期等信息,参数 field 的有效值由 Calendar 的静态常量指定。例如:

```
int m=calendar.get(Calendar.MONTH);
```

返回一个整数,该整数是 0 表示当前日历是在一月份,1 表示当前日历是在二月份,依次类推。

3) public Date getTime()

该方法的功能是将 Calendar 对象转换为 Date 对象。例如:

```
Date date=calendar.getTime();
```

4) public long getTimeInMillis()

该方法的功能是将时间表示为毫秒。例如:

```
Long time1=calendar.getTimeInMillis();
```

【例 5-11】 计算当前时间在一年中是第几个星期,当前月份有多少天。

```
//Example5_11.java
import java.util.*;
import java.util.Calendar.*;
import java.text.*;
public class Example5_11{
  public static void main(String args[ ]) {
        //计算某一月份的最大天数
    Calendar calendar=Calendar.getInstance();
    //清空当前系统时间
    calendar.clear();
    //这是年份,为 2016
    calendar.set(Calendar.YEAR, 2016);
    //设置月份,月份起始下标为 0
    calendar.set(Calendar.MONTH, 2);
    int month=calendar.get(Calendar.MONTH)+1;
    //获取当前月份的天数
```

```
    int dday=calendar.getActualMaximum(Calendar.DAY_OF_MONTH);
    System.out.println(month+"月有"+dday+"天");
        //将 Calendar 转换为 Date
    Date date=calendar.getTime();
    System.out.println("Calendar 转换后的系统时间:"+date);
    //计算某一天是一年的第几个星期
    int weekno=calendar.get(Calendar.WEEK_OF_YEAR);
    System.out.println(calendar.get(Calendar.YEAR)+"年的第"+weekno+"个星期");
    //计算一年第几个星期是几号
    SimpleDateFormat format1=new SimpleDateFormat("今天是 yy 年 MM 月 dd 号");
    System.out.println(format1.format(calendar.getTime()));
  }
}
```

程序运行结果如图 5-11 所示。

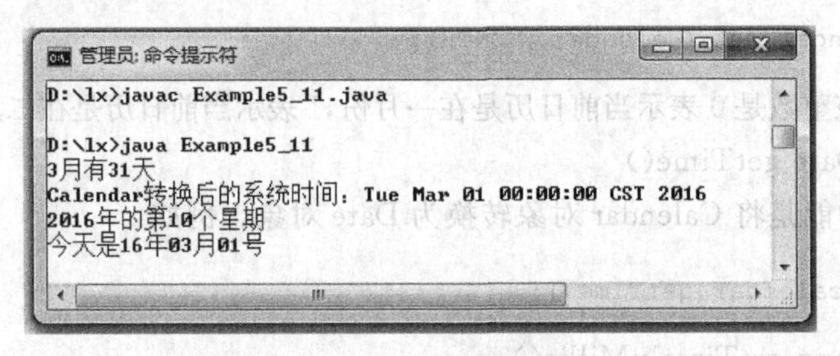

图 5-11　例 5-11 的运行结果

类 Calendar 在计算年、月、日时比较常用，在项目开发中离不开它的应用，配合好类 Date 以及前面讲的类 SimpleDateFormat，在日期处理方面已经足够用了。

5.5　类 Math

java. lang. Math 类定义了很多方法用来进行科学计算，该类对于浮点数说非常有用，有三角函数、对数、指数和随机数等许多运算。在三角函数中，角度都是用弧度制表示的；对数和指数函数都是以 e 为底，而不是以 10 为底的。

类 Math 是个工具类，因为它的构造方法被 private 修饰，所以它不能被实例化，也就是说它里面的方法都是类方法，只能通过"类名. 方法名"使用，同时它还提供两个常用的类变量，一个是 PI，另一个是 E，前者代表圆周率，后者代表欧拉数。

【例 5-12】 Math 类的使用。

```
//Example5_12.java
import java.lang.*;
import java.io.*;
public class Example5_12{
  public static void main(String args[ ]) {
```

```
    //Math.round()方法将一个浮点数四舍五入为最接近的整数
System.out.println("Math.round()方法结果:"+Math.round(3.2));
System.out.println("Math.round()方法结果:"+Math.round(3.5));
System.out.println("Math.round()方法结果:"+Math.round(-3.4));
System.out.println("Math.round()方法结果:"+Math.round(-3.5));
System.out.println("Math.round()方法结果:"+Math.round(-3.6));
    //Math.ceil()方法返回一个大于该浮点数且与该浮点数最接近的整数
System.out.println("Math.ceil()方法结果:"+Math.ceil(3.9));
System.out.println("Math.ceil()方法结果:"+Math.ceil(-3.1));
    //Math.floor()方法返回一个小于该浮点数且与该浮点数最接近的整数
System.out.println("Math.floor()方法结果:"+Math.floor(3.1));
System.out.println("Math.floor()方法结果:"+Math.floor(-3.9));
    //Math.min()方法获取两个数中较小的一个数
System.out.println("Math.min()方法结果:"+Math.min(-3.9,-3.6));
    //Math.max()方法获取两个数中较大的一个数
System.out.println("Math.max()方法结果:"+Math.max(-3.9,-3.6));
    //Math.pow()方法计算一个数的乘方,一个参数是底数,另一个参数是幂
System.out.println("Math.pow()方法结果:"+Math.pow(2, 5));
    //Math.sqrt()方法计算一个数的平方根
System.out.println("Math.sqrt()方法结果:"+Math.sqrt(81));
    //Math.exp()方法计算按欧拉数的 3 次幂
System.out.println("Math.exp()方法结果:"+Math.exp(3));
    //Math.log()方法计算自然数对数
System.out.println("Math.log()方法结果:"+Math.log(12));
    //Math.log10()方法计算以 10 为底的对数
System.out.println("Math.log10()方法结果:"+Math.log10(12));
    //Math.abs()方法计算绝对值
System.out.println("Math.abs()方法结果:"+Math.abs(-23.532));
    //-------------三角函数-------------
    //Math.tanh()方法计算双曲余弦
System.out.println("Math.tanh()方法结果:"+Math.tanh(3.5));
    //Math.tan()计算三角正切
System.out.println("Math.tan()方法结果:"+Math.tan(3.5));
    //Math.sin()方法计算三角正弦
System.out.println("Math.sin()方法结果:"+Math.sin(1.62));
    //Math.sin()方法计算双曲正弦
System.out.println("Math.sin()方法结果:"+Math.sinh(1.62));
    //Math.cos()方法计算三角余弦
System.out.println("Math.cos()方法结果:"+Math.cos(1.414));
    //Math.cosh()方法计算双曲余弦
System.out.println("Math.cosh()方法结果:"+Math.cosh(1.414));
    //Math.toDegrees()方法将弧度按转换角度
System.out.println("Math.toDegrees()方法结果:"+Math.toDegrees(1.732));
    //Math.toRadians()方法将角度转换成弧度
```

```
        System.out.println("Math.toRadians()方法结果:"+Math.toRadians(1.732));
    }
}
```

程序运行结果如图 5-12 所示。

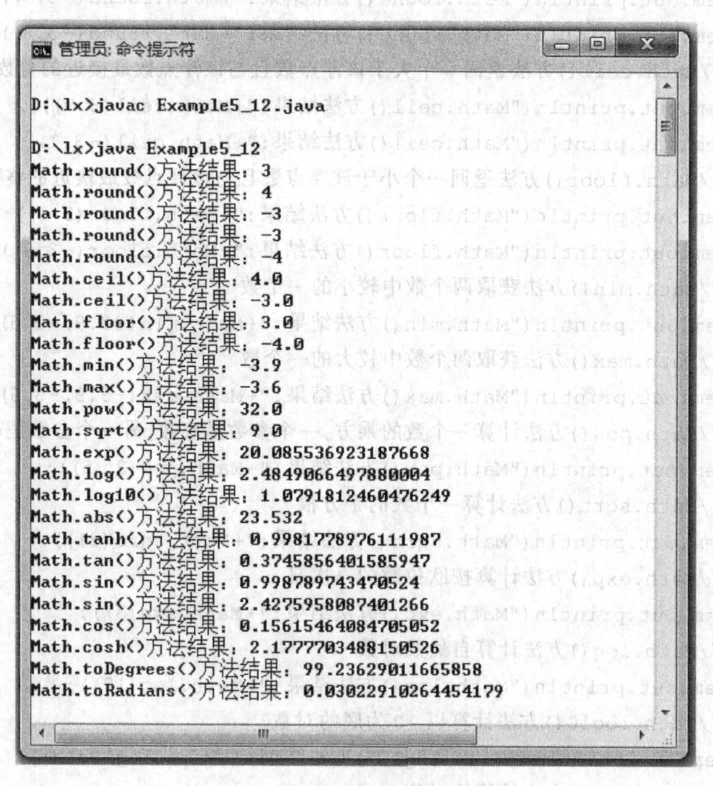

图 5-12　例 5-12 的运行结果

上面的程序演示了类 Math 中大部分常用方法的数学计算功能，通过这个程序来加强理解。

5.6　类 Random

java. util. Random 类中实现的随机算法是伪随机，也就是有规则的随机。在进行随机操作时，随机算法的起源字称为种子数，也就是带参构造方法 random(long seed)的参数，相同种子数的 Random 对象，相同次数生成的随机数字是完全相同的，这点一定要注意。

类 Random 要比 Math. random()方法更强大，它提供了许多方法用于生成各种伪随机数，比如浮点型、整型、布尔型，并且它还可以指定一个范围。

【例 5-13】　类 Random 的常用方法演示。

```
//Example5_12.java
```

```
import java.util.*;
import java.io.*;
public class Example5_13{
  public static void main(String args[]) {
    Random random=new Random();
        //生成一个 int 型伪随机数
    int i=random.nextInt();
    System.out.println("伪随机数(int 型)"+i);
        //生成一个 Boolean 型伪随机数
    boolean flag=random.nextBoolean();
    System.out.println("伪随机数(Boolean 型)"+flag);
        //生成 byte 型伪随机数并将其置于 byte 数组中
    byte[] b=new byte[3];
    random.nextBytes(b);
    System.out.println("byte 数组值:"+Arrays.toString(b));
        //生成 0~1 区间的浮点型伪随机数(不包括 0 和 1)
    double d=random.nextDouble();
    Float f=random.nextFloat();
    System.out.println("伪随机数(浮点型)"+d+"\t"+f);
        //呈高斯("正态")分布的 double 型伪随机数,其平均值是 0.0,标准差是 1.0
    double d1=random.nextGaussian();
        //范围在 0~50 之间的 long 型为随机数(不包括 0 和 50)
    int i1=random.nextInt(50);
    System.out.println("伪随机数(int 型,范围 0~50)"+i1);
    }
}
```

程序运行结果如图 5-13 所示。

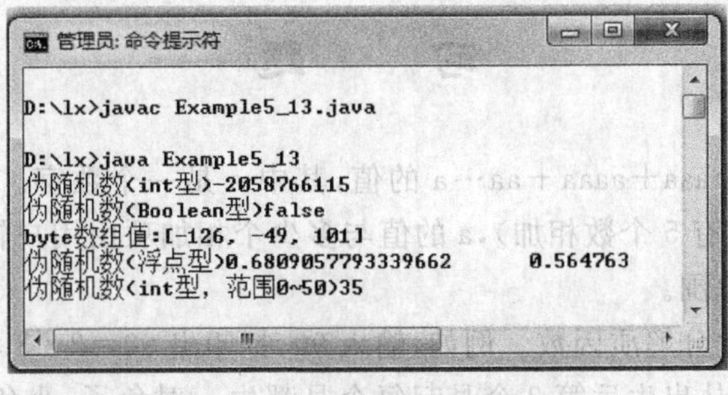

图 5-13　例 5-13 的运行结果

思考:前面介绍过,相同种子数的 Random 对象,相同次数生成随机数字是完全相同的,分析下面这段代码的运行结果。

```
import java.util.*;
import java.io.*;
```

```
public class TestExample{
  public static void main(String[] args) {
    Random random1=new Random(100);
    double double1=random1.nextDouble();
    Random random2=new Random(100);
    double double2=random2.nextDouble();
    System.out.println(double1+"\n"+double2);
    if(double1==double2){
      System.out.println("相信了吧");
    }
    else{
      System.out.println("真错了？");
    }
  }
}
```

5.7 本章小结

本章学习了如下内容。

(1) 字符串操作常用类：类 String、类 StringBuffer 和类 StringTokenizer。

(2) 包装类：类 Integer 和其他类的用法。

(3) 日期类 Date。

(4) 格式化类 SimpleDateFormat。

(5) 类 Calendar 的使用。

(6) 类 Math。

(7) 类 Random。

习 题

1. 求 s＝a＋aa＋aaa＋aaaa＋aa…a 的值，其中 a 是一个数字。例如 2＋22＋222＋2222＋22222(此时共有 5 个数相加)，a 的值与多少个相加项由用户输入。扩展：支持结果值超出 long 值的范围。

2. 将一个正整数分解质因数。例如，输入 90，打印出 90＝2＊3＊3＊5。

3. 有一对兔子，从出生后第 3 个月起每个月都生一对兔子，小兔子长到第 3 个月后每个月又生一对兔子，假如兔子都不死，问 2 年内每个月的兔子总数为多少？

第6章 chapter 6

Java的异常处理

	知识点	教学要求			
教学重点	异常的定义；异常的分类；Java的异常处理机制及其使用；自定义异常；异常丢失				
教学难点	正确使用Java的异常处理机制				
教学内容和教学目标	知识点	了解	理解	掌握	熟练掌握
	异常的概念		√		
	异常的分类			√	
	异常处理				√
	运行时异常				√
	checked异常				√
	自定义异常				√
	异常的丢失			√	
	异常的限制			√	

任何计算机语言的程序都难免有漏洞，与C++类似，捕获错误最理想的是在编译期间，最好在试图运行程序以前。然而，在实际的程序设计中，并非所有错误都能在编译期间侦测到。尽管大多数现代程序设计语言提供了一些异常处理形式，但Java支持的异常处理功能比其他语言提供的更灵活。当Java程序执行中发生错误时，错误事件对象可能导致的程序运行错误称为异常(Exception，也称为例外)，异常会输出错误消息，使其知道该如何正确地处理遇到的问题。

Java异常是描述在代码段中发生的运行出错情况的对象。程序中的错误可能来自于编译错误和运行错误。编译错误是由于所编写的程序存在语法问题，未能通过由源代码到目标代码的编译过程而产生的错误，它将由语言的编译系统负责检测和报告；运行错误是在程序的运行过程中产生的错误。本章主要介绍异常的概念、Java的异常类、Java的异常抛出和处理方式、自定义异常类。

6.1 异常的概念

6.1.1 异常的定义

异常是一种在 Java 程序执行过程中产生的事件，它能打乱程序流程的正常运行。

异常都是在程序执行过程中产生的。当一个方法在执行中出现错误的时候，就会创建出一个异常对象，然后把该异常对象抛出去。一个异常对象通常会包含着异常的一些具体信息，这些信息包含了异常的类型、异常发生后程序的状态、异常产生的原因等。一个方法遇到不能执行的情况，发生了异常，然后产生异常对象，将异常对象抛出（throw）的整个过程，就叫抛出异常。异常抛出的过程如图 6-1 所示。

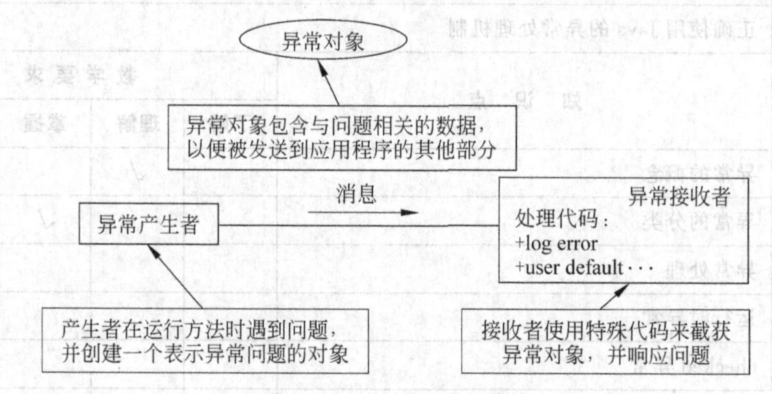

图 6-1　异常抛出的过程

从图 6-1 中可知，异常在运行 Java 应用程序的一些类或对象中产生。出现故障时，“发送者”也就是运行的程序将产生异常对象。异常可能是 Java 代码出现的问题，也可能是 Java 虚拟机（JVM）的相应错误，或基础硬件或操作系统的错误。

异常本身表示消息，指发送者传给接收者的数据“负荷”。首先，基于异常类的类型来传输有用信息。很多情况下，基于异常的类既能识别故障原因又能更正问题；其次，异常可能含有有用的数据（如属性）。

在处理异常时，消息必须有接收者；否则将无法处理产生异常的底层问题。

6.1.2 异常的分类

由 6.1.1 节可知，抛出的都是异常对象，那么异常对象对应的类是什么呢？Java 中所有的异常类，无一例外都是由类 java. lang. Throwable 派生的。通过 Java API 可以得到图 6-2 所示的类继承关系图，更详细的信息请参考 Java API。

1. 类 Throwable

类 Throwable 是 Java 语言中所有错误或异常的父类。只有当对象是该类（或其派生类之一）的实例时，才能通过 Java 虚拟机或者 Java throw 语句抛出。类似地，只有该

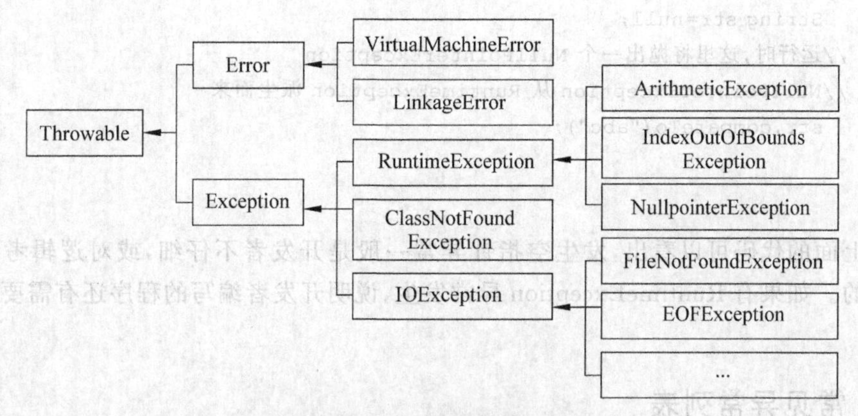

图 6-2 异常类的继承关系图

类或其派生类之一才可以是 catch 子句中的参数类型。

两个派生类(Error 和 Exception)的实例,用于指示发生了异常情况。通常,这些实例是在异常情况的上下文中创建的,因此包含了相关的信息(比如堆栈跟踪数据)。

2. 类 Error

类 Error 表示不用关心的编译器和系统错误(除了特殊情况);当 Java 程序运行过程中遇到致命的错误,会抛出 Error 类错误。这些异常基本都是开发者编写程序时无法处理的,直接表示程序的崩溃。例如,java.lang.VirtualMachineError 表示当 Java 虚拟机崩溃或用尽了它继续操作所需的资源时,抛出该错误(更多错误类型请参考 java API)。所以开发者不需要处理这些系统级的异常。

3. 类 Exception

类 Exception 表示可能从任何 Java 方法或运行期偶发事件中抛出的异常,这种类型的异常一般需要在程序中进行处理。Java 类库、用户方法以及运行时故障都可以抛出 Exception 型异常。

异常除了在包 java.lang.Exception 中定义外,还有些异常在包 java.util、java.net 和包 java.io 中定义。例如,包 java.io.Exception 中定义的是文件输入输出相关的异常。

在 Exception 异常中,一类异常是 RuntimeException 的异常,这类异常很常见。可能在执行方法期间抛出但未被捕获的 RuntimeException 的任何派生类都无须在 throws 子句中进行声明。这种异常的发生的情形是开发者没有正确使用 Java API 造成的。

例如 java.lang.NullPointerException 这个异常,也就是空指针异常,最常见的情况没有把引用和一个对象联系,引用在是 null 的时候去引用对象了。

```
public class TestNullPointerException {
  public static void main(String[] args) {
    test();
  }
    static void test() {
```

```
        String str=null;
      //运行时,这里将抛出一个 NullPointerException
      //NullPointerException 从 RuntimeException 派生而来
        str.compareTo("abc");
    }
  }
```

从上面的代码可以看出,发生空指针异常一般是开发者不仔细,或对逻辑考虑不严密引起的。如果有 RuntimeException 异常发生,说明开发者编写的程序还有需要完善的地方。

6.1.3 常见异常列表

Java 提供了非常多的异常,那么哪些是常见的异常,出现这些常见异常时,应该如何处理？本节将这些异常收集起来,并列出了产生原因与应对办法,如表 6-1 所示。

表 6-1 常见异常及其原因

异 常	异常产生的原因
java. lang. NullPointerException	异常的解释是"程序遇上了空指针",简单地说就是调用了未经初始化的对象或者是不存在的对象。例如,创建图片、调用数组等操作,对数组操作中出现空指针
java. lang. ClassNotFoundException	异常的解释是"指定的类不存在",这里主要考虑一下类的名称和路径是否正确即可
java. lang. ArithmeticException	异常的解释是"数学运算异常",比如程序中出现了除以零这样的运算就会出这样的异常,对这种异常,必须好好检查所有涉及数学运算的代码
java. lang. NumberForamatException	异常的解释是"数字格式不正确",将字符串转换为数字类型时,若该字符串含有非数字字符,会出现此异常
java. lang. ArrayIndexOutOfBounds-Exception	异常的解释是"数组下标越界",因此在调用数组的时候一定要认真检查,看调用的下标是不是超出了数组的范围。一般来说,显示(即直接用常数当下标)调用不太容易出这样的错,但隐式(即用变量表示下标)调用就经常出错了;还有一种情况,是程序中定义的数组的长度是通过某些特定方法决定的,不是事先声明的,此时,最好先查看一下数组的 length,以免出现这个异常
java. lang. IllegalAccessException	异常的解释是"没有访问权限",当应用程序要调用一个类,但当前的方法即没有对该类的访问权限便会出现这个异常。如果程序中用了 package 的情况下要注意这个异常
java. io. FileNotFoundException	异常的解释是"文件未找到",当试图打开指定路径名表示的文件失败时,抛出此异常。在不存在具有指定路径名的文件时,此异常将由 FileInputStream、FileOutputStream 和 RandomAccessFile 构造方法抛出。如果该文件存在,但是由于某些原因不可访问,比如试图打开一个只读文件进行写入,此时这些构造方法仍然会抛出该异常
java. lang. StackOverflowError	异常的解释是"堆栈溢出错误",当一个应用递归调用的层次太深而导致堆栈溢出时抛出该错误

由表6-1可知,大部分是RuntimeException异常,这些异常只要熟悉Java API,编写代码时仔细一些,是完全可以避免的。

还有很多异常,就不一一列举了。要说明的是,一个合格的开发者,对程序中常见的问题要有相当的了解和相应的解决办法,否则仅仅停留在写程序而不会改程序,会极大影响到自己的开发。关于异常的全部说明,在Java API里都可以查阅。

6.2 异常处理

知道了什么是异常,那么到底怎么来处理异常呢?本节主要解决这个问题。首先来看一个例子。

【例6-1】 打开一个可以随机存取的C盘根下abc.txt文件,循环读取并输出30B的文件内容。

```
//Example6_1.java
import java.io.*;
public class Example6_1{
  public static void main(String [] args){
    RandomAccessFile file=null;  //随机存取文件对象
    file=new RandomAccessFile("C:\\abc.txt","rw");
    for (int i=0; i<20; i++)
      System.out.print((char)file.readByte());//读取1B并输出
      file.close();
  }
}
```

程序运行结果如图6-3所示。

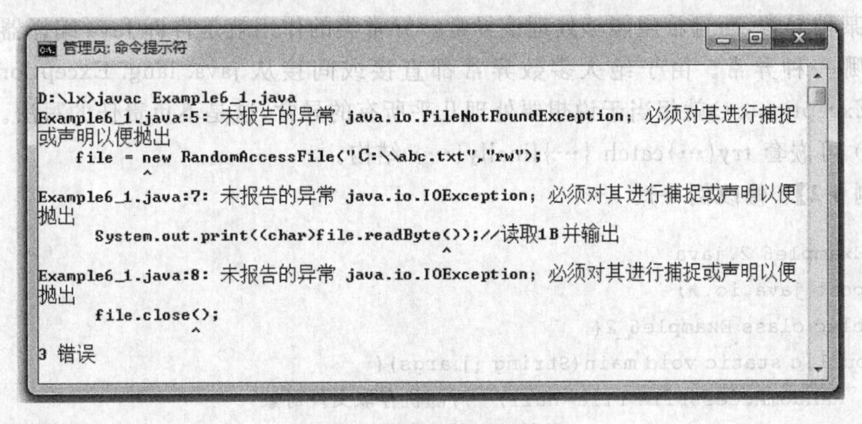
```
D:\lx>javac Example6_1.java
Example6_1.java:5: 未报告的异常 java.io.FileNotFoundException; 必须对其进行捕捉或声明以便抛出
    file = new RandomAccessFile("C:\\abc.txt","rw");
           ^
Example6_1.java:7: 未报告的异常 java.io.IOException; 必须对其进行捕捉或声明以便抛出
      System.out.print((char)file.readByte());//读取1B并输出
                                          ^
Example6_1.java:8: 未报告的异常 java.io.IOException; 必须对其进行捕捉或声明以便抛出
      file.close();
                ^
3 错误
```

图6-3 例6-1的运行结果

源程序说明:

(1) 首先,在C盘根目录下建立文本文件abc.txt。

(2) 请注意第5行、第7行和第8行代码,这些行一定会有提示,程序将不能正常编译。原因是这些行中所使用的方法声明了会抛出异常。

(3) 程序中用到的方法中产生的异常可参考Java API,但在程序中并未处理异常,那么怎么来处理方法中抛出的异常呢?

6.2.1 使用 try-catch 语句

在Java语言中,对容易发生异常的代码,可使用try-catch语句捕获。一般格式如下:

```
try{
   //可能产生异常的功能代码
}catch(ExceptionType1 e1){
   //对异常类型 e1 的处理
}catch(ExceptionType2 e2){
    //对异常类型 e2 的处理
}
finally{
    //这里的代码总能执行
}
```

语句规则:

(1) 必须在try之后添加catch。catch部分可以有多个,finally部分可以省略。

(2) finally语句块不能单独使用,需要与try-catch语句一同使用,不管程序中有无异常发生,并且不管之前的try-catch是否顺利地执行完毕,最终都会执行finally语句块的代码。这使得一些代码块在任何情况下都会被执行到,从而保证了程序的健壮性。

(3) catch块与相应的异常类的类型相关,也就是说,catch语句应当尽量指定具体的异常类型,而不应该指定涵盖范围太广的Exception类。其原因是,catch语句表示预期会出现某种异常,而且希望能够处理该异常。异常类的作用就是告诉Java编译器想要处理的是哪一种异常。由于绝大多数异常都直接或间接从java. lang. Exception派生,catch(Exception ex)就相当于说想要处理几乎所有的异常,这是不负责任的写法。

(4) 可嵌套try{…}catch {…}finally{…}结构。

【例6-2】 修改例6-1。

```
//Example6_2.java
import java.io.*;
public class Example6_2{
  public static void main(String [] args){
    RandomAccessFile file=null;  //随机存取文件对象
      try{
          file=new RandomAccessFile("C:/abc.txt","rw");
          for (int i=0; i<20; i++)
            System.out.print((char)file.readByte());  //读取 1B 并输出
      }catch (FileNotFoundException e1){
```

```
            e1.printStackTrace();
        }catch (IOException e2){
            e2.printStackTrace();
        }
        finally{
            System.out.println("");
            System.out.println("不管是否有异常,finally语句都要执行");
            try{
              file.close();
            }
            catch(IOException e3){
              e3.printStackTrace();
            }
        }
    }
}
```

程序运行结果如图 6-4 所示。

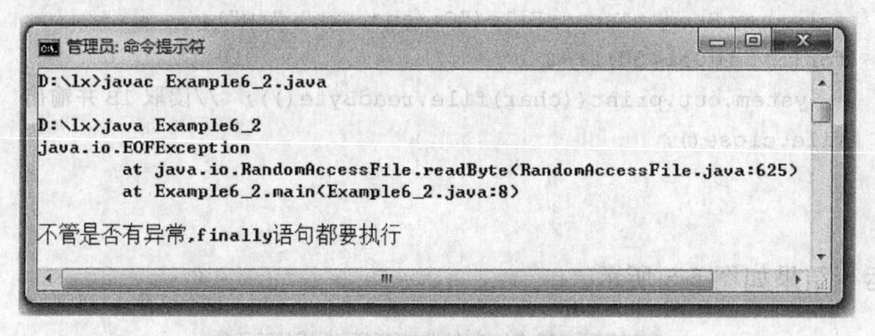

图 6-4　例 6-2 的运行结果

源程序说明：

(1) 在以上代码中，将抛出异常的方法(RandomAccessFile(File file, String mode)、readByte()、close())的调用放置在了 try 代码块中，而且在其后面还多了几个 catch 代码块，这是怎么起到控制异常的作用的呢？

(2) 每个 catch 字句(异常处理程序)看起来就像是仅仅接收一个特定参数的方法。当异常被抛出时，异常处理机制负责搜寻参数与异常类型相匹配的第一个处理程序。然后进入 catch 字句执行，此时认为异常得到了处理。一旦 catch 字句结束，则处理程序的查找过程结束。

(3) 在上面的程序最后部分还有一个关键字 finally，它的作用是：程序在运行过程中，希望无论 try 块中的异常是否抛出，对于一些代码，如数据连接的关闭，文件的关闭，总地来说也就是进程使用的资源要释放，都能得到执行。为了达到这个效果，可以在异常处理程序后面加上 finally 字句。

6.2.2 使用 throws 关键字抛出异常

将异常抛出,可通过 throws 关键字来实现。throws 关键字通常被应用在声明方法时,用来指定方法可能抛出的异常,多个异常可用逗号分隔。一般格式如下:

```
权限修饰符 返回值类型 方法(参数列表) throws 异常列表{
            方法体
            …
}
```

【例 6-3】 修改例 6-2。

```
//Example6_3.java
import java.io.*;
public class Example6_3{
  public static void main (String [ ] args) throws FileNotFoundException,
IOException {
        RandomAccessFile file=null;                        //随机存取文件对象
        file=new RandomAccessFile("C:/abc.txt","rw");
        for(int i=0;i<30;i++)
          System.out.print((char)file.readByte());  //读取 1B 并输出
        file.close();
  }
}
```

程序运行结果如图 6-5 所示。

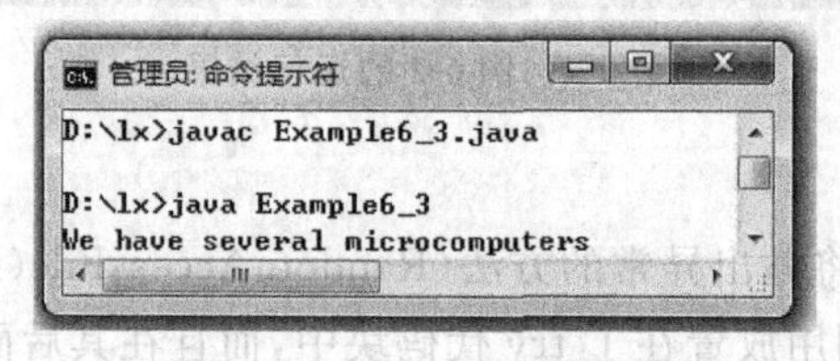

图 6-5 例 6-3 的运行结果

源程序说明:

(1) 在上述代码中,与前面的代码唯一不同的地方是在 main()方法中加上了 throws 关键字,通过 throws 关键字把 main()方法中所有方法的可能产生的异常抛出。

(2) throws 关键字表明 main()方法中所调用的方法(构造方法 RandomAccessFile(File file, String mode)、读取方法 readByte()、关闭文件,释放资源的方法 close())的一个立场,就是在方法内出现的所有异常(像 FileNotFoundException、IOException)都不进行处理,它们将直接抛给上一级调用者 main(),请特别关注第 4 行代码。

关于 throws 关键字,可以声明方法抛出异常,实际上却不抛出,编译器相信了程序员的声明,并强制使此方法的用户像真的抛出异常那样使用这个方法。这样做的好处是,为异常先占了个位置,以后就可以抛出这种异常而不用修改已有的代码。在定义抽象基类和接口时这种能力很重要，这样派生类或接口实现就能抛出这些预先声明的异常了。

异常抛出的一些规则如下。

① 必须声明方法可抛出的任何可检查异常(checked exception)。

② 非检查异常(unchecked exception)不是必需的，可声明，也可不声明。

③ 调用方法必须遵循任何可检查异常的处理和声明规则。若覆盖一个方法，则不能声明与覆盖方法不同的异常。声明的任何异常必须是被覆盖方法所声明异常的同类或派生类。

注：可检查异常(checked exception)、非检查异常(unchecked exception)在后面章节另有处理。

【例 6-4】 零做除数。

```
//Example6_4.java
  //创建自定义异常类
class MyException extends Exception{
  String message;
  public MyException(String ErrorMessagr){
    message=ErrorMessagr;
  }
public String getMessage(){                             //覆盖 getMessage()方法
    return message;
  }
}
public class Example6_4{
  static int Divide(int x,int y) throws MyException{
    if(y==0){
      throw new MyException("除数不能是 0");     //throw 重新抛出异常
    }
    return x/y;
}
  public static void main(String args[]){
    try{
        int result=Divide(3,0);
    }catch (MyException e) {                    //处理自定义异常
        System.err.println(e.getMessage()); //输出异常信息
    }catch (Exception e) {                      //处理其他异常
        System.err.println("程序发生了其他的异常");
    }
  }
}
```

程序运行结果如图 6-6 所示。

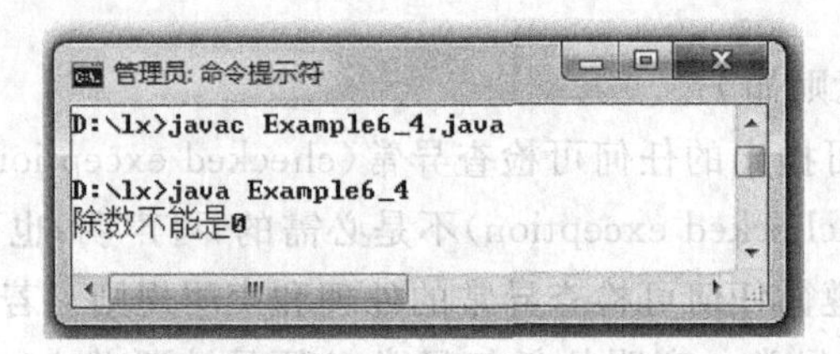

图 6-6　例 6-4 的运行结果

6.2.3　使用 throw 关键字抛出异常

使用 throw 关键字也可以抛出异常，与 throws 不同的是，throw 用于方法体内，并且抛出一个异常类对象，而 throws 用在方法声明中来指明方法可能抛出的多个异常。

通过 throw 抛出异常后，如果想由上一级代码来捕获并处理异常，则同样需要在抛异常的方法中使用 throws 关键字在方法的声明中指明要抛出的异常；如果想在当前的方法中捕获并处理 throw 抛出的异常，则必须使用 try-catch 语句。上述两种情况，若 throw 抛出的异常是 Error、RuntimeException 或其他子类，则无须使用 throws 关键字或 try-catch 语句。

【例 6-5】 判断输入的年龄是否为负数，如果为负数则抛出异常。

```
//Example6_5.java
public class Example6_5{
  public static int check(String agestr)throws Exception{
    int age=Integer.parseInt(agestr);                    //字符串转换为整型
    if(age<0)
      throw new Exception("年龄不能为负数!");              //抛出异常对象
    return age;
    }
  public static void main(String args[]){
    try{
        int stuage=check("-20");
        System.out.println(stuage);
    }catch(Exception e){
        System.out.println("数据错误!");
        System.out.println("原因:"+e.getMessage());
    }
  }
}
```

程序运行结果如图 6-7 所示。

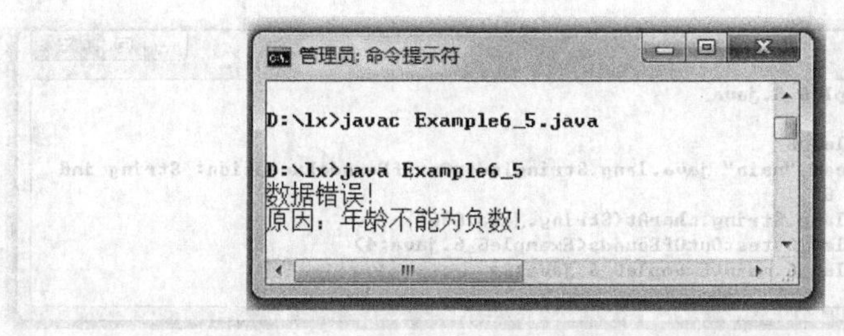

图 6-7 例 6-5 的运行结果

6.3 异常的处理策略

是不是Java程序里抛出的所有的异常都要抓到呢？不是的。那么怎么区分哪些异常需要处理，哪些异常是不需要抓的呢？正确的做法是遵循一定的异常处理策略，Java中异常分为"未被检查异常"(unchecked exception)和"检查异常"(checked exception)，这不同的类别，代表着不同的处理方式，本节将分别说明这两种检查异常的不同抓捕策略。

6.3.1 运行时异常(RuntimeException)

典型的运行时异常是 uncheckedException。uncheckedException 主要是指继承 RuntimeException 的异常，不建议对这种异常进行抓捕。究其原因，RuntimeException 异常通常都是由一些开发过程中的不严谨所引起，这些异常是调用者所处理不了的。

作为开发者，应该在代码中检查错误。比如，对于 NumberFormatException 异常，就应该看一下所输入的数据是否符合要求，一般要在编程的时候，给予用户提示和强制的限制。

【例 6-6】 在一个地方发生异常，常常会在另一个地方导致错误。

```
//Example6_6.java
public class Example6_6{
  public static void  testOutOfBounds(String str,int i){
    char c=str.charAt(i);  //取出位置 i 处的字符
    System.out.println("OK,Not Out Of Bounds");
  }
  public static void main(String args[]){
    testOutOfBounds("Hello",6);
  }
}
```

程序运行的结果如图 6-8 所示。

源程序说明：

(1) 上述程序段在运行过程中发生了异常，调用 chatAt()方法时发生了 StringI-

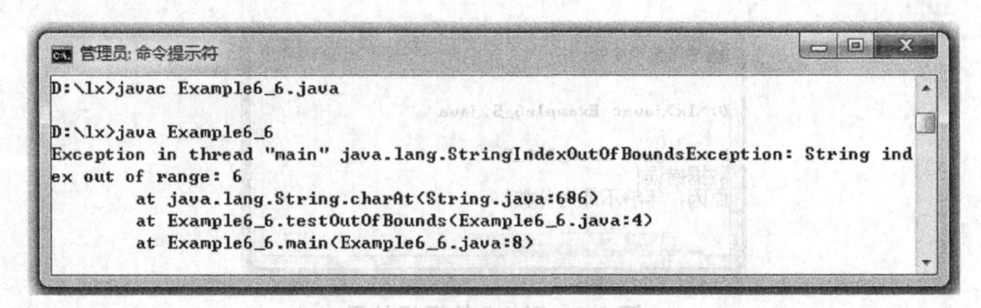

图 6-8 例 6-6 的运行结果

ndexOutOfBoundsException 异常,原因是此方法对输入的参数是有限制的,在上面的程序段中输入的参数超出了字符串的长度。

(2) 像这种异常所获得的处理和 IOException(注:这是一种 checkedException 异常)不太一样。因为 StringIndexOutOfBoundsException 是一个 RuntimeException 异常,Java 不请求调用者对该异常进行处理。事实上,调用者也无法处理这个异常,因为毕竟输入的第一个参数字符串的长度是 5,而强要读取位置 6 的字符,肯定是不可以的。

(3) 那么怎么来处理这个问题呢? 如果不处理,程序就会不停地报出这个异常,然后就终止了。完善上面的程序段,从而让 StringIndexOutOfBoundsException 异常没有再出现的可能。

请读者分析下面的程序段:

```
public class Example6_6{
  public static void  testOutOfBounds(String str,int i){
    if(i>str.length()-1||i<0){
     System.out.println("输入的整数不符合要求,请输入大于 0 且小于 str.length()-1
范围的整数");
     return;
    }
    char c=str.charAt(i);  //取出位置 i 处的字符
    System.out.println("OK,Not Out Of Bounds");
  }
  public static void main(String args[]){
    testOutOfBounds("Hello",6);
  }
}
```

程序运行的结果如图 6-9 所示。

这时,如果调用 charAt()方法就不会再胡乱地弹出字符串下标越界的异常了,这才是需要的效果,引导用户怎样运行程序,而不是报错。

注意:大多数的 uncheckedException 其实是一个完善程序的机会,可以改善的地方开发者都理应去积极地改善,编写一个强壮而优秀的程序,而不是频繁地抛出异常。

图 6-9 运行结果

6.3.2 checked 异常

checked 异常是希望调用者进行积极处理的一类异常。在前面所遇到的 IOException 异常必须进行处理才能通过编译。因此，IOEception 就是一个典型的 checked 异常。

checked 异常和 unchecked 异常都是继承 Exception 类，其中的区别在于 unchecked 异常还继承自 RuntimeException 异常。

其实，对于大多数 Java 内置的 checked 异常，很多都是开发者在代码中无法处理的。例如典型的 IOException，除了最终提示一下用户读取的文件有问题，具体什么问题开发者也不清楚，所以开发者在编程中没有任何其他有效的办法去处理。

对于 checked 异常，通常有 4 种处理方法。

(1) 出现 checked 异常时，就用 catch 抓取，异常对象调用 printStackTrace()方法。

```
catch(Exception e){
  e.printStackTrace();
}
```

在异常处理中，调用了在异常根类 Throwable 中声明的 printStackTrace()方法。它将打印“从方法调用处直到异常抛出处”的方法调用序列。在默认情况下，信息将被输出到标准错误流，但也可以把信息输出到任意流中。

异常对象还有其他调试方法，如 getMessage()、toString()或者 printStackTrace()方法可以分别得到异常对象的额外信息、类名和调用堆栈的信息，并且后一种包含的信息是前一种的超集。一般情况下使用 printStackTrace()方法就可以了。

此外，也可以使用 Throwable 从基类 Object 继承的方法。对于异常来说，getClass()方法是个不错的方法，它将返回一个表示此对象类型的对象。可以使用 getName()方法查询这个 Class 对象的名称。还可以用这个 Class 对象做更多复杂的操作。

(2) 出现时就捕获住，转换为自己定义的更友好、更方便的异常。这种情况在自定义异常里面介绍。

(3) 直接抛出，抛给调用者，让调用者去处理这个异常。

```
catch(Exception e){
  throw e;
}
```

重抛出异常会把异常抛给上一级环境中的异常处理程序。同一个 try 块的后续

catch 子句将被忽略。此外，异常对象的所有信息都得以保持，所有高一级环境中捕获此异常的处理程序可以从这个异常对象中得到所有的信息。

(4) 对确信没有任何调用者能处理的异常，要果断地把它转成 unchecked 异常，让其他调用者不用关注这个异常。

例如，对于完全无法处理的类似 SQLException，现在最常见的做法转换成 RuntimeException，免去其他调用者被强制要求处理的麻烦。

```
try{
    //抛出 SQLException 的数据库操作
}catch(SQLException e){
    Throw new RuntimeException();
}
```

6.4 自定义异常

有时候 Java 已有的异常类型不能很好地解决程序中遇到的特定问题。因为 JDK 6 提供的异常体系不能预见你想报告的所有异常，所以不必拘泥 Java 中已有的异常类型，开发者可以通过自定义异常来解决实际问题。

自定义的异常类必须继承自 Throwable 类，才能被视为异常类，通常是继承 Throwable 的子类 Exception 或 Exception 类的子孙类。

自定义异常类并在程序中使用，其实现的具体步骤如下。

(1) 创建自定义异常类。

(2) 在方法中通过 throw 抛出异常对象。

(3) 若在当前抛出异常的方法中处理异常，可使用 try-catch 语句捕获并处理；否则在方法的声明处通过 throws 指明要抛出给方法调用者的异常，继续进行下一步操作。

(4) 在出现异常的方法调用代码中捕获并处理异常。

下面通过一个实例来讲解自定义异常类的创建及使用。

【例 6-7】 编写程序实现一个字符串的内容只含有英文字母，若其中包含其他字符，则抛出一个异常。

```
//Example6_7.java
class MyException extends Exception{
  private String str;
  public MyException(String str){
    this.str=str;
  }
  public String getStr(){
    return  this.str;
  }
}
```

```
public class Example6_7{
  public static void check(String str)throws MyException{
    char ch[]=str.toCharArray();
    int n=ch.length;
    for(int i=0;i<n-1;i++){
      if(! ((ch[i]>=65&&ch[i]<=90) || (ch[i]>=97&&ch[i]<=122))){
        throw  new MyException("字符串:"+str+"中含有非法字符!");
      }
    }
  }
  public static void main(String args[]){
    String str1="wangwu,Hello";
    String str2="Helloteacher";
    try{
        check(str1);
        check(str2);
    }catch(MyException e){
        System.out.println(e.getStr());
    }
  }
}
```

程序运行结果如图 6-10 所示。

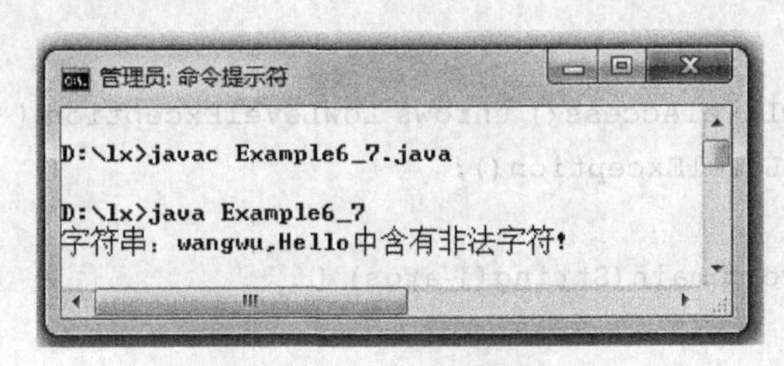

图 6-10　例 6-7 的运行结果

源程序说明：

(1) 因为在 Java 内置的异常类中不存在描述该情况的异常，所以需要自定义该异常类 MyException，该类必须继承 Exception。

(2) 主类 Example6_7 中创建一个带有 String 型参数的方法 check()，该方法的功能是检查字符串中是否包含除英文字母以外的非法字符，若包含，则通过 throw 抛出一个 MyException 对象给 check()方法的调用者 main()方法。

【例 6-8】 自定义异常应用举例。

```
//Example6_8.java
class HighLevelException extends Exception {
  public HighLevelException(Throwable cause) {
    super(cause);
```

```
    }
}
class MiddleLevelException extends Exception {
  public MiddleLevelException(Throwable cause) {
    super(cause);
  }
}
class LowLevelException extends Exception {  }

public class Example6_8{
  public void highLevelAccess() throws HighLevelException{
    try{
      middleLevelAccess();
    } catch (Exception e){
    throw new HighLevelException(e);
    }
  }
  public void middleLevelAccess() throws MiddleLevelException {
    try {
      lowLevelAccess();
    } catch (Exception e) {
      throw new MiddleLevelException(e);
    }
  }
  public void lowLevelAccess() throws LowLevelException {
    throw new LowLevelException();
  }
  public static void main(String[] args) {
    try{
        new Example6_8().highLevelAccess();
    } catch (HighLevelException e) {
      Throwable cause=e;
      for (;;) {
        if (cause==null)
          break;
                                //打印 Caused by
        System.out.println("Caused by: "+cause.getClass().getName()+":"+
cause.getMessage());
                                //打印堆栈
        StackTraceElement[] ste=cause.getStackTrace();
        for (int i=0; i<ste.length; i++) {
           System.out.println("ClassName"+i+":"+ste[i].getClassName()+"\
nMethodName:"+ste[i].getMethodName()+
```

```
"\nLineNumber:"+ste[i].getLineNumber());
            System.out.println();
        }
                    //递归
        cause=cause.getCause();
        }
      }
    }
  }
```

程序运行结果如图 6-11 所示。

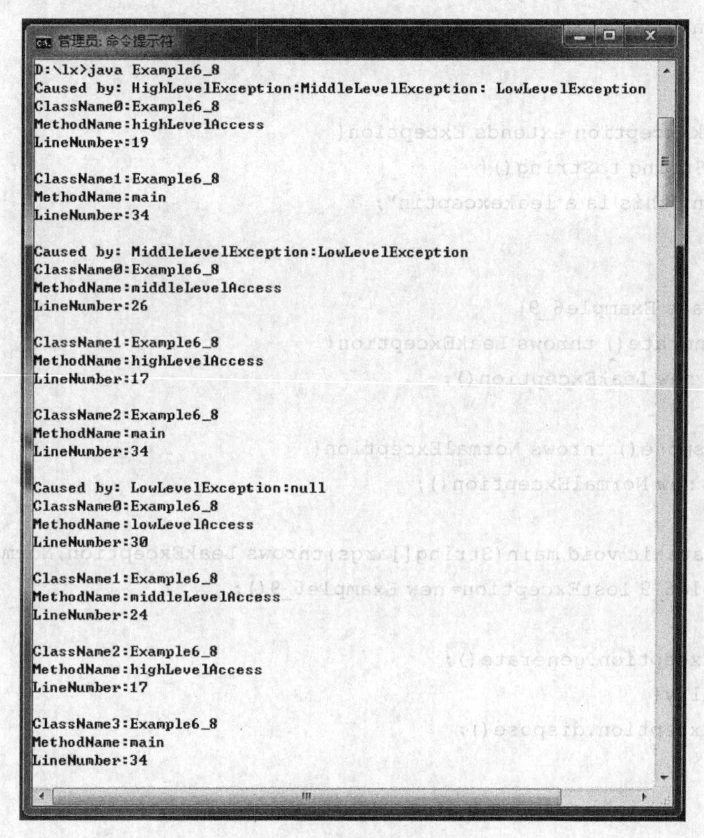

图 6-11 例 6-8 的运行结果

源程序说明：

现在所有 Throwable 的派生类在构造器都可以接收 cause 对象作为参数。对象 cause 是用来表示原始异常，通过把原始异常传递给新的异常，使得即使你在当前位置创建并抛出了新的异常，也能把这个异常链追踪到异常最初发生的位置。

在实际编程中，也可以把难处理的 checked 异常（例如，IOException、SQLException）转换成自定义的异常类，这也是比较常见的一种自定义异常的使用方式，更符合个性化的要求、更直观地自定义异常。

6.5 异常的丢失

Java 的异常的设计是为了捕获异常，处理异常。但在某些情况下异常却丢失了，未能捕获到。

【例 6-9】 异常的丢失应用举例。

```
//Example6_9.java
class NormalException extends Exception{
  public String toString(){
    return "this is a normalexceptin";
  }
}
class LeakException extends Exception{
  public String toString(){
    return "this is a leakexceptin";
  }
}
public class Example6_9{
  void generate() throws LeakException{
    throw new LeakException();
  }
  void dispose() throws NormalException{
    throw new NormalException();
  }
  public static void main(String[]args)throws LeakException,NormalException{
    Example6_9 lostException=new Example6_9();
    try{
    lostException.generate();
    }finally{
    lostException.dispose();
    }
  }
}
```

程序运行结果如图 6-12 所示。

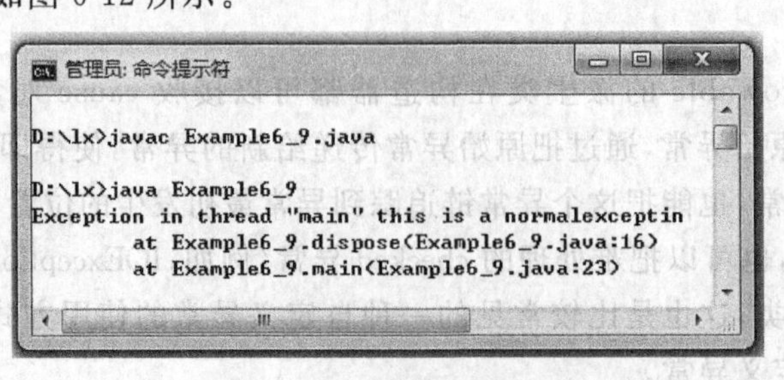

图 6-12 例 6-9 的运行结果

源程序说明：

(1) 本程序先定义了3个类：NormalException和LeakException是自定义的两个类，第一个从命名可以看出是一个应该正常抛出的异常；第二个是被泄露的异常没有被抛出；第三个类的主要作用是测试丢失的异常。

(2) 从结果可以看出，try子句generate()方法产生的异常LeakException对象丢失，而finally子句中“dispose() throws NormalException”对象被抛出了。这是Java中相当严重的缺陷。

(3) 有什么办法避免这种情况呢？最好用try-catch-finally这种结构把所有可能的异常都抓住。

【例6-10】 修改例6-9，下面给出嵌套try-catch-finally解决方法。

```
//Example6_10.java
class NormalException extends Exception{
  public String toString(){
    return "this is a normalexceptin";
  }
}
class LeakException extends Exception{
  public String toString(){
    return "this is a leakexceptin";
  }
}
public class Example6_10{
  void generate() throws LeakException{
    throw new LeakException();
  }
  void dispose() throws NormalException{
    throw new NormalException();
  }
  public static void main(String[]args){
    Example6_10 lostException=new Example6_10();
      try{
        lostException.generate();
      }catch(LeakException e){
        System.out.println(e);
      }finally{
        try{
          lostException.dispose();
        }catch(NormalException e){
          System.out.println(e);
        }
        finally{
          System.out.println("这次不会丢失异常了");
```

```
            }
        }
    }
}
```

程序运行结果如图 6-13 所示。

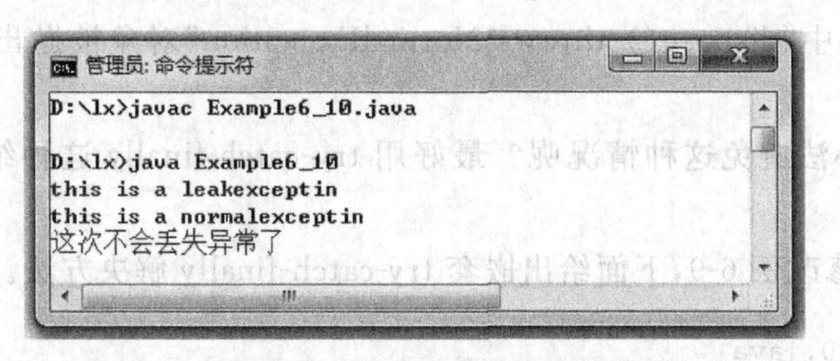

图 6-13 例 6-10 的运行结果

源程序说明：

两个异常都被抓住。在平常处理异常最好多用 try-catch-finally 结构。从这个程序中，读者也可以注意 try-catch-finally 嵌套的应用。

6.6 异常的限制

1. 派生类构造器的异常限制

对于有继承的派生类的构造器除了可以抛出基类构造器的异常外，还可以抛出任何其他异常。因为基类构造器必须以这样或那样的方式被调用，所以派生类构造器的异常说明必须包含基类构造器的异常说明。

【例 6-11】 派生类构造器的异常限制。

```
//Example6_11.java
class FirstException extends Exception{ }
class SonFirstException extends FirstException{ }
class SecondException extends Exception{ }
class ConstructorRestrict {
  public ConstructorRestrict() throws FirstException{ }
}
public class Example6_11 extends ConstructorRestrict {
  public Example6_11() throws FirstException,SecondException{ }
  public static void main(String[] args){ }
}
```

程序运行结果如图 6-14 所示。

源程序说明：

(1) 经测试，上面的程序能通过编译。首先自定义了两个异常 FirstException 和

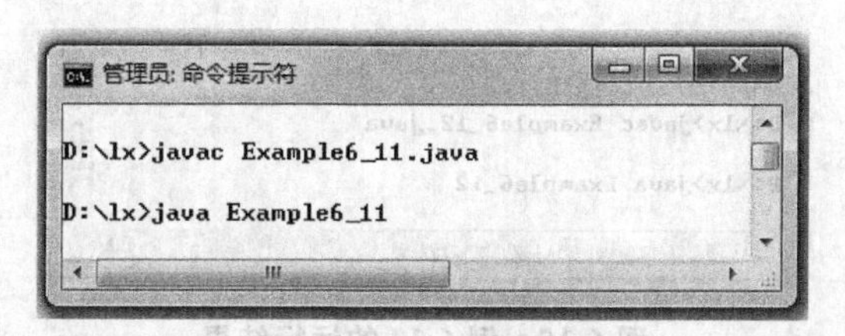

图 6-14 例 6-11 的运行结果

SecondException。SonFirstException 又继承异常 FirstException。其中基类 ConstructorRestrict 的构造器抛出了 FirstException。

(2) 派生类 Exmaple6_11 的构造器不仅抛出了 FirstException,还抛出了 SecondException。说明派生类的构造器抛出异常不受限制,可以抛出比基类更多的异常。

但是对于有继承的派生类的类中的方法来说,情况就完全不一样了,下面来解释一下这个问题。

2. 派生类中方法的异常限制

在继承或覆盖过程中,方法中"异常说明"不是变大了而是变小了。仍然以前面的例子稍加修改来解释。

【例 6-12】 派生类中方法的异常限制。

```
//Example6_12.java
class FirstException extends Exception{ }
class SonFirstException extends FirstException{ }
class SecondException extends Exception{ }
abstract class MethodRestrict {
  public MethodRestrict() throws FirstException{ }
  public abstract void  f()throws FirstException;
  public abstract void  g()throws FirstException;
}
public class Example6_12 extends MethodRestrict{
  public Example6_12() throws FirstException,SecondException { }
  public void f()throws FirstException{}
  public void g(){}
  public static void main(String[] args){ }
}
```

程序运行结果如图 6-15 所示。

源程序说明:

(1) 经测试,上面的程序也能通过编译。和上面的程序段一样,也是自定义了两个异常 FirstException 和 SecondException。

(2) SonFirstException 又继承异常 FirstException。基类 MethodRestrict 是一个抽象类,类中有两个未实现的抽象方法,方法 f()抛出 FirstException 异常;方法 g()同样抛

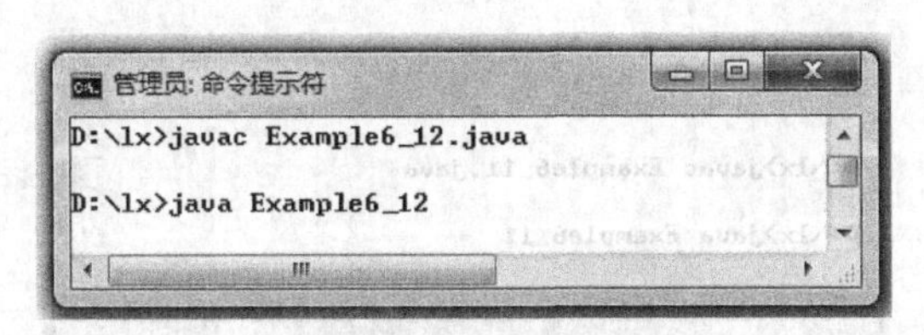

图 6-15 例 6-12 的运行结果

出 FirstException 异常。

(3) 在派生类中实现了这两个方法,方法 f() 和基类一样抛出了同样的异常 FirstException,方法 g() 没有抛出异常,这种情况是没问题的。因为没有抛出异常,就是说"异常说明"变没有了,也就是变小了。如果基类代码不变,派生类代码进行修改,变成如下:

```
public class Example6_12 extends MethodRestrict{
    public Example6_12 () throws FirstException, SecondException { }
    public void f() throws FirstException{}
    //public void g(){}
    //public void g() throws FirstException{}
    public void g() throws SonFirstException,SecondException{}
    public static void main(String[] args){ }
}
```

(4) 派生类的 g()方法抛出 SonFirstException 和 SecondException 两个异常。其中 SonFirstException 异常是 FirstException 的派生类异常。可以看出 g()方法比基类的 g()方法多抛出了异常。这种情况是不能通过编译的,原因同上,派生类的方法抛出的异常不能比基类异常多。

为什么派生类的异常抛出要遵循上面的原则呢?

对异常来说,这个限制是很有用的,因为只有这样,对基类能工作的代码应用到派生类对象的时候,一样能够工作,这也是面向对象的基本概念。派生类 Example6_12 中的 public void g() throws SonFirstException,SecondException 不能通过的编译的原因是因为它抛出了 SecondException 异常,而基类 MethodRestrict 中的 public abstract void g() throws FirstException 没有抛出 SecondException 的异常。如果编译器允许编译,就可以在调用基类 g()的时候不用处理 SecondException 异常,而把它替换成派生类的对象时,这个方法可能会抛出 SecondException 异常,于是程序就失灵了。通过强制派生类遵守基类的异常声明,对象的可替换性得到了保证。

6.7 本章小结

本章学习了如下内容。

(1) Java 中异常的概念。

(2) 异常的分类。

(3) 常见异常列表。

(4) 怎样处理异常。

(5) 自定义异常。

(6) 异常的丢失。

(7) 异常的限制。

本章讲述了Java异常的相关内容。通过本章的学习,希望读者们能够掌握Java中异常机制的原理,以及异常的一些基本使用。这些内容是相当重要的,毕竟一个程序不可能永远保证是正常运行的,总是会有些这样那样的异常情况。

好的开发者必须认真处理这些异常信息,进而在Java基本异常框架的基础上,实现自己的异常框架来,为自己的应用程序服务。

在小结里,总结了一些经验,希望对读者有所帮助。

1. 不要丢弃捕获到的异常

有很多人习惯捕获了异常之后再调用printStackTrace()方法打印异常信息,然后不做任何处理,这不是很好的习惯。对于一个捕获到的异常,通常有以下做法。

(1)可能的话,进行异常处理。请记住printStackTrace()方法绝不代表着异常被处理了。只是打印出了异常是什么,这在开发阶段是有用处的,但是在系统正式运行时,这些打印的异常一点用处也没有。

(2)转换成更清晰明了的自定义异常抛出,例如,很多时候会将IOException之类的异常转为更友好的自定义异常形式抛出。

(3)不进行捕获,例如,RuntimeException类捕获异常没有丝毫意义,不如把异常暴露出来,以促进对程序的完善。

2. 巨大无比的try

经常可以看到有人把大量的代码放入单个try块,然后在后面再加上无数个catch,实际上这不是好习惯。这种做法是非常低效的,也是极不可读的。最好的做法是try拥有尽可能少的代码,尽可能让其只需对应一个catch区块,这种现象之所以常见,原因就在于有些人图省事,不愿花时间分析一大块代码中哪几行代码会抛出异常、异常的具体类型是什么。把大量的语句装入单个巨大的try块就像是出门旅游时把所有日常用品塞入一个大箱子,虽然东西是带上了,但要找出来可不容易。

3. catch太模糊

这一点,在前面已经说过,再次强调一下。切忌在catch时指定一个可以捕获一切的父级异常,来试图用一个catch块来捕获一切异常。

"异常"对象从产生点产生,到被捕捉后终止生命的全过程中,实际上是一个传值过程,所以可以根据需要,来合理地控制检测到"异常"的粒度。每个catch对应一个具体的Exception,这才是开发者的做法。

4. 不会利用 finally

finally 由于其必会执行的特点，提供了一个清理程序资源场地，请善用 finally 进行最后的程序资源释放等相关工作。

习 题

1. 异常有哪些？
2. 异常分为哪些类？
3. 列出常见的异常。
4. throw 和 throws 有什么区别？
5. unchecked 异常需要捕获吗？
6. 清场代码应该写在哪个代码块里？
7. 在派生类中，继承基类的方法抛出异常时，要遵循什么规则？
8. 编写一个类，在 main()的 try 块里抛出一个异常对象。在 catch 子句里捕获此异常对象。添加一个 finally 子句，打印一条信息以证明这里最好得到了执行。
9. 建立一个自定义异常类。写一个 try-catch 子句，对这个异常进行捕获。
10. 定义一个对象引用并初始化为 null，尝试用此引用调用方法。用 try-catch 子句捕获此异常。
11. 编写能产生 ArrayIndexOutofBoundsException 异常的代码，并将其捕获。

第7章 chapter 7

集合

教学重点	Java 集合类；接口 Collection；接口 List；Set 集合；Map 集合；属性类				
教学难点	类 ArrayList 的创建与遍历；LinkedList 类的应用				
教学内容和教学目标	知 识 点	教 学 要 求			
		了解	理解	掌握	熟练掌握
	Java 集合框架		√		
	接口 Collection				√
	类 ArrayList 的创建、访问及遍历			√	
	类 LinkedList 的使用				√
	Set 集合			√	
	Map 集合的创建、访问及遍历				√
	属性类 Properties			√	
	集合工具		√		
	向量类 Vector			√	
	枚举类 Enumeration			√	

Java 集合框架提供了一种新的方式来存储对象。集合类实现了容量的动态扩展，并能够保存所有类型的对象。根据对象存储方式的区别，Java 集合类型主要分为 List、Set 和 Map。List 和 Set 集合以对象独立存储的方式工作；List 允许重复元素和空元素存在，而 Set 集合则保证了元素的唯一性，并不允许加入空元素。Map 集合以“键-值对”的方式存储对象，提供了更为简单和高效的搜索方式。集合工具类 Collections 提供了面向集合的各种静态方法，使得对集合的操作更为简单。Properties 类实现了对属性文件的读取，有利于应用程序的可配置编程。

7.1 集合简介

Java集合类是为表示和操作集合而规定的一种统一的标准体系结构，包含了实现集合的一组类和接口。Java集合中不能保存基本类型的数据，只能保存对象或者对象的引用。存入集合的基本类型数据都会通过自动装箱技术被转换为对应的包装类型。Java中的集合类提供了一套设计优良的接口和类，使程序员可以方便地操作成批的数据或对象元素。

在java. util包中提供了一些集合类，常用的有List、Set、Map，其中List和Set实现了Collection接口，Java集合框架中部分常用集合类的继承(或实现)关系如图7-1所示。

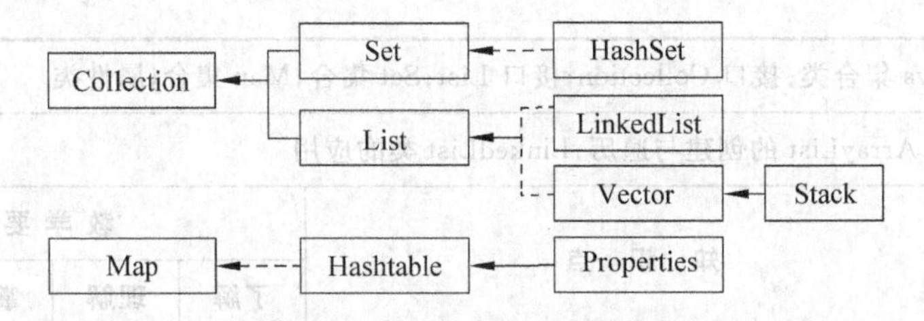

图7-1 Java集合架构中部分常用集合类型的继承(或实现)关系

Java集合框架的作用是动态地保存对象，Collection接口、List接口、Set接口和Map接口的主要特征如下。

(1) Collection接口：是List接口和Set接口的父接口，通常情况下不直接使用。

(2) List接口：实现了Collection接口，List接口允许在集合中存储重复对象，按照对象的插入顺序排列。List接口有3种具体的实现：ArrayList、LinkedList和Vector。

(3) Set接口：实现了Collection接口，Set接口要求必须保证集合中元素的唯一性，按照自身内部的排序规则排列。Set接口有两种具体实现：HashSet和TreeSet。

(4) Map接口：一组以“键-值对”(key-value)方式存储的元素。Map中的每一个元素都包括键和值两个部分，键和值共同构成Map集合中的一个元素，它们之间是一一对应的关系。键(key)则是值的一个标签信息，不可以重复，而值(value)对应的是实际需要存储的对象，可以重复。通过键对象可以快速定位值对象，从而避免用户程序中复杂的遍历查找操作。Map接口的具体实现主要包含HashTable。

Collection接口与Map接口集合元素存储方式如图7-2所示。

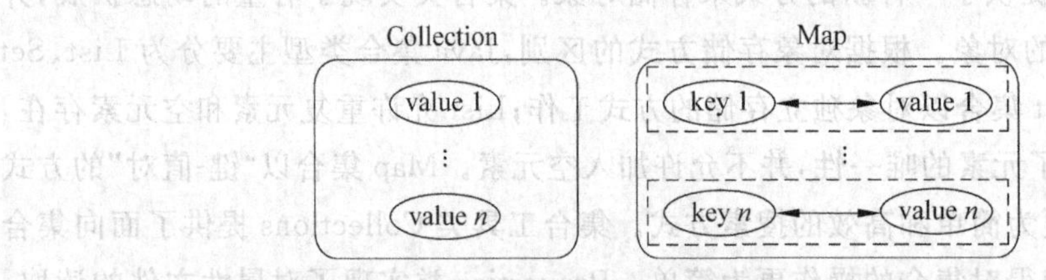

图7-2 Collection接口与Map接口集合元素存储方式对比

和对象数组一样，Java集合中存储的是对象的引用，而不是对象本身，即集合中每一个元素保存的都是某个对象在内存中的地址。Java集合一个很重要的特点是对于加入到集合中的对象没有类型限制，它只保存对 Object 的引用，即任何对象被存储到集合中，集合都会自动地将其向上转型为 Object 类型。因为 Object 是所有类的共同基类，因此这种类型转换是安全的。集合的这种特点使得它可以存储任何类型的对象，但是也带来了一个无法避免的缺陷：类型丢失。任何类型的对象被存储到集合中，它原有的具体类型就丢失了，而变成了它们共同的父类型 Object。

【例 7-1】 请分析下面的程序是否能够正确运行。

```
//Example7_1.java
import  java.util.*;
public class Example7_1 {
  public static void main(String[] args) {
    List cats=new ArrayList();
    for (int i=0; i <7; i++)
      cats.add(new Cat(i));
    cats.add(new Dog(7));
    for (int i=0; i <cats.size(); i++)
      System.out.println(((Cat) cats.get(i)).id);
  }
}
class Cat {
  public int id;
  public Cat(int id){
    this.id=id;
  }
}
class Dog {
  public int id;
  public Dog(int id){
    this.id=id;
  }
}
```

程序运行结果如图 7-3 所示。

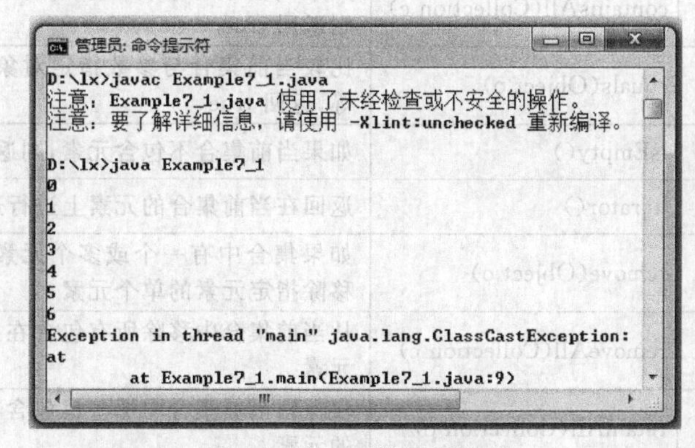

图 7-3 例 7-1 的运行结果

源程序分析：

(1) 程序没有编译错误，能够正确通过编译生成字节码文件，但程序在运行过程中会抛出 java. lang. ClassCastException 异常。

(2) 这个异常是类型转换异常，产生这个异常的原因是由于第 9 行在遍历集合的过程中对集合中的每个元素做了强制类型转换，把元素从集合默认的 Object 类型转换为具体类型 Cat。当对第 7 行向集合中加入的 Dog 对象进行类型转换时，由于 Dog 与 Cat 之间没有父子类关系，从而造成 Dog 类型向 Cat 类型的类型转换失败。

(3) 上述情况是由于集合元素的类型丢失而造成的。如果 Cat 和 Dog 之间确实不存在继承关系，那么就应该在定义集合对象时限定元素类型，以避免 Dog 对象加入到集合之中。Java 采用泛型方式对集合对象元素类型进行限制，如 List<Cat>表示存储到 List 集合中的元素必须是 Cat 类或其子类。

7.2 接口 Collection

Collection 接口是集合层次结构中的根接口，是 List 接口和 Set 接口的父接口，通常情况下不被直接使用。Collection 接口表示一组对象，这些对象也称为 Collection 的元素。一些 Collection 允许有重复的元素，而另一些则不允许；一些 Collection 是有序的，而另一些则是无序的。Collection 接口中定义了若干抽象方法来对应对集合的普遍性操作，如表 7-1 所示。

表 7-1 Collection 接口中的常用方法及功能

返回值	方法名	说明
boolean	add(Object o)	向 collection 集合中加入指定的元素
boolean	addAll(Collection c)	将参数指定集合中的所有元素都添加到当前集合中
void	clear()	移除当前集合的所有元素
boolean	contains(Object o)	如果当前集合中包含参数指定的元素，则返回 true
boolean	containsAll(Collection c)	如果当前集合包含参数指定集合中的所有元素，则返回 true
boolean	equals(Object o)	比较当前集合与参数指定对象是否相等，如果相等，返回 true
boolean	isEmpty()	如果当前集合不包含元素，则返回 true
Iterator	iterator()	返回在当前集合的元素上进行迭代的迭代器
boolean	remove(Object o)	如果集合中有一个或多个元素，则从当前集合中移除指定元素的单个元素
boolean	removeAll(Collection c)	从当前集合中移除所有包含在指定集合中的所有元素
boolean	retainAll(Collection c)	仅保留当前集合中那些也包含在参数指定集合中的元素

续表

返回值	方法名	说明
int	size()	返回当前集合中的元素个数
Object[]	toArray()	返回包含当前集合中所有元素的数组

【例 7-2】 Collection 集合的应用举例。

```
//Example7_2.java
import  java.util.*;
public class Example7_2 {
  public static void main(String[] args) {
    Collection <Number>data=new ArrayList <Number> ();
    Collection <Float>fdata=new ArrayList <Float> ();
    for(int i=0;i<9;i++)
      data.add(i);
    System.out.println("data="+data);
    fdata.add(3.5f);
    fdata.add(8.8f);
    data.addAll(fdata);
    System.out.println("data="+data);
    System.out.println("data.size="+data.size());
  }
}
```

程序运行结果如图 7-4 所示。

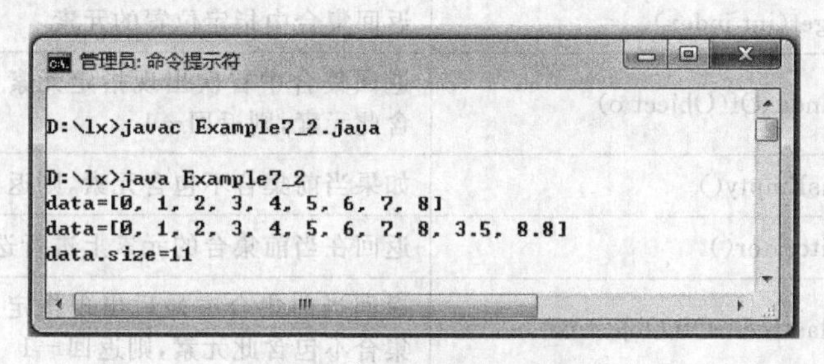

图 7-4 例 7-2 的运行结果

7.3 接口 List

接口 List 为列表类型,列表的主要特征是以线性方式存储对象。List 包括接口 List 以及接口 List 的所有实现类。

接口 List 是 Collection 的子接口,是有序的 Collection 集合。使用接口 List 可以对集合中每个元素的插入位置进行精确的控制。用户可以根据元素的整数索引(在集合中的位置)访问元素,并搜索集合中的元素。

List 中的索引从 0 开始计数。第一个被存放到 List 集合中的元素索引为 0,第二个索引为 1,以此类推。List 集合中的最后一个元素的索引可以使用 size()-1 来表示。接口 List 具有以下特点。

(1) List 是一个由若干单个元素所构成的集合。

(2) List 集合中可以存储重复的元素。

(3) List 集合中可以存储 null 元素。

接口 List 继承了 Collection 接口中定义的所有方法,并进行了扩展。它提供了在集合中插入和移动元素的相关方法,如表 7-2 所示。

表 7-2 接口 List 的主要方法

返回值	方法名	说明
boolean	add(Object o)	向集合中加入指定的元素
void	add(int index, Object o)	在集合的指定位置 index 处插入指定元素 o
boolean	addAll(Collection c)	将参数指定集合中的所有元素都添加到当前集合中
boolean	addAll(int index,Collection c)	将指定集合中的所有元素都插入到集合中的指定位置
boolean	contains(Object o)	如果当前集合中包含参数指定的元素,则返回 true
boolean	containsAll(Collection c)	如果当前集合包含参数指定集合中的所有元素,则返回 true
boolean	equals(Object o)	比较当前集合与参数指定对象是否相等
Object	get(int index)	返回集合中指定位置的元素
int	indexOf(Object o)	返回集合中首次出现指定元素的索引,如果不包含此元素,则返回−1
boolean	isEmpty()	如果当前集合不包含元素,则返回 true
Iterator	iterator()	返回在当前集合的元素上进行迭代的迭代器
int	lastIndexOf(Object o)	返回当前集合中最后出现指定元素的索引,如果集合不包含此元素,则返回−1
Object	remove(int index)	移除集合中指定位置的元素
boolean	remove(Object o)	从当前集合中移除指定元素的单个实例(如果存在的话)
boolean	removeAll(Collection c)	移除当前集合中那些也包含在参数指定集合中的所有元素
boolean	retainAll(Collection c)	仅保留当前集合中那些也包含在参数指定集合中的元素
Object	set(int index, Object o)	用指定元素替换集合中指定位置的元素
int	size()	返回当前集合中的元素个数

续表

返回值	方法名	说明
List	subList(int fromIndex, int toIndex)	返回集合中指定的 fromIndex(包括)和 toIndex(不包括)之间的部分视图
Object[]	toArray()	返回包含当前集合中所有元素的数组

【例 7-3】 接口 List 的应用举例。

```
//Example7_3.java
import  java.util.*;
public class Example7_3 {
  public static void main(String[] args) {
    List <Integer>number=new ArrayList <Integer> ();
    for(int i=0;i<9;i++)
      number.add(i);
    System.out.println("number="+number);
    number.add(3,15);
    System.out.println("number="+number);
    System.out.println("number.get(1)="+number.get(1));
    System.out.println("number.lastIndexOf(7)="+number.lastIndexOf(7));
    number.remove(5);
    System.out.println("number="+number);
  }
}
```

程序运行结果如图 7-5 所示。

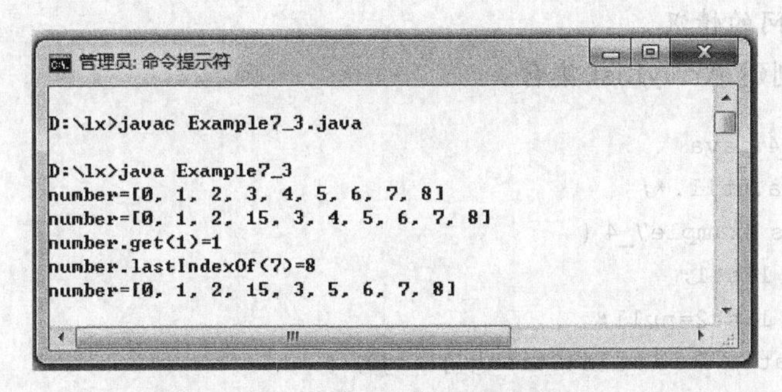

图 7-5 例 7-3 的运行结果

List 接口的最常用实现类有 ArrayList 和 LinkedList,下面分别介绍这两个类。

7.3.1 类 ArrayList

类 ArrayList 实现了接口 List。它的底层采用了基于数组的数据结构来保存对象,因此能够高效地实现集合元素的随机访问;但缺点在于插入和删除操作时效率较低。ArrayList 类实现了 List 接口中的所有方法,具体请参见表 7-2。

1. ArrayList 集合的创建

创建 ArrayList 集合的方式和创建其他类实例的方式类似,都是通过 new 运算符调用其构造方法来完成。例如:

```
ArrayList list=new ArrayList();
```

ArrayList 类对构造方法进行了重载,如表 7-3 所示。

表 7-3 类 ArrayList 的构造方法

构造方法	说明
ArrayList()	构造一个初始容量为 10 的空列表
ArrayList(Collection c)	构造一个包含参数指定集合的元素的集合,这些元素是按照指定集合的迭代器返回它们的顺序排列的
ArrayList(int initialCapacity)	构造一个具有指定初始容量的空集合

ArrayList 集合的创建分为两个部分:定义和初始化。初始化可以在集合被定义时同时完成,也可以在需要时完成(即惰性初始化)。由于集合采用上转型技术,所以在定义集合时可以将 ArrayList 上转为 List 或 Collection。下述创建集合的方法都是合法的。

```
ArrayList list=new ArrayList();
List list=new ArrayList();
Collection list=new ArrayList();
```

注意:使用父类型来表示子类型时,子类型中扩展的方法不会暴露出来,因此会造成这些方法无法访问的情况。

【例 7-4】 创建 ArrayList 集合。

```
//Example7_4.java
import  java.util.*;
public class Example7_4 {
  ArrayList list1;
  ArrayList list2=null;
  public static void main(String[] args) {
      Example7_4 jt=new Example7_4();
      ArrayList list3=new ArrayList();
       //使用 list3 集合,初始化集合 List1
      jt.list1=new ArrayList(list3);
        //使用 list1 集合的子集初始化集合 list2
      jt.list2=new ArrayList(jt.list1.subList(0, 0));
  }
}
```

程序运行结果如图 7-6 所示。

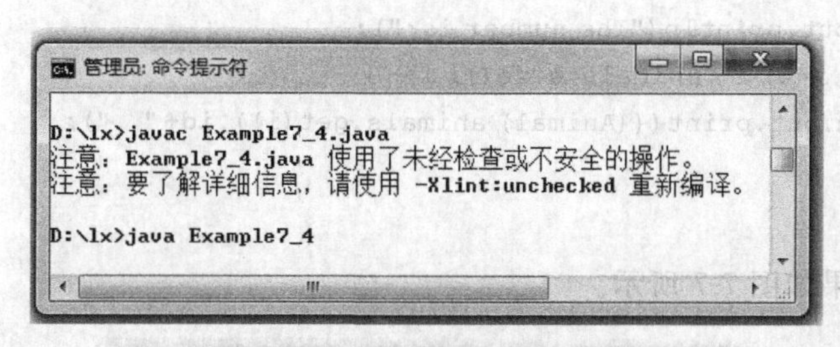

图 7-6 例 7-4 的运行结果

源程序分析：

如果按照上述方式来创建集合，则根据集合类型丢失的特点，集合中保存的是 Object 的引用。那么在从集合中取元素并做类型转换时，则有可能出错；而这些错误在程序编译时并不会被检查，在程序运行时则会抛出异常（比如例 7-1）。

因此对集合中的元素进行类型声明是有必要的。可以通过下面的方式来限定集合元素的数据类型，即泛型。

泛型是在 JDK 5 中推出的，其主要目的是可以建立具有类型安全的集合框架，如链表、散列映射等数据结构。一般使用格式如下：

```
集合类型<元素类型>  集合对象=new 构造方法<元素类型>();
```

【例 7-5】 泛型的应用举例。

```
//Example7_5.java
import java.util.*;
class Animal{
  public int id;
  public Animal(int id){
    this.id=id;
  }
}
class Dog extends Animal{
  public int id;
  public Dog(int id) {
    super(id);
    this.id=id;
  }
}

public class Example7_5{
  public static void main(String[] args) {
    List<Animal>animals=new ArrayList<Animal>();
    for (int i=0;i <7; i++)
      animals.add(new Animal(i));
    animals.add(new Dog(7));
```

```
        System.out.println("The number is:");
        for (int i=0; i <animals.size(); i++)
          System.out.print(((Animal) animals.get(i)).id+"  ");
      }
    }
```

程序运行结果如图 7-7 所示。

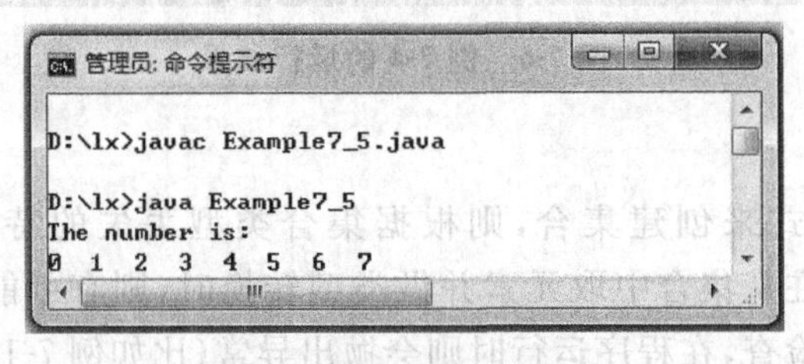

图 7-7 例 7-5 的运行结果

源程序分析：

对比例 7-1 和本例，区别在于本例语句“List＜Animal＞ animals ＝ new ArrayList＜Animal＞()；”限定了集合中的元素类型必须是 Animal 类型，Dog 是 Animal 的子类，Dog 可以直接存放到 Animal 集合中。

2. ArrayList 集合的访问

对集合的访问主要包含两个方向的操作：存储对象到集合以及从集合中取出元素。参见表 7-2，ArrayList 通过实现 List 接口中的 add(Object o)和 get(int index)方法来对应这两个操作。向 ArrayList 集合中添加和获取元素如图 7-8 所示。

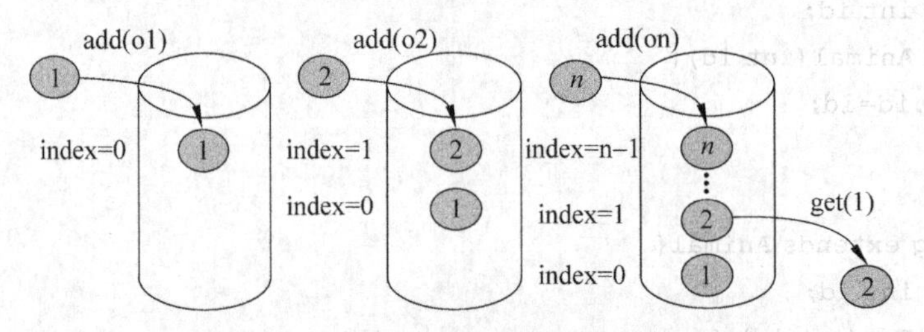

图 7-8 向 ArrayList 集合中添加和获取元素

注意：ArrayList 保存元素的顺序是用户向其中添加元素的顺序。第一个被添加元素的索引是 0，第二个被添加元素的索引是 1，依次类推。获取元素时需要传入索引参数来指定将要被取出的元素在集合中的位置。

3. ArrayList 集合的遍历

集合的遍历有 3 种方式：传统的 for 循环、增强的 for 循环和迭代器。具体选用哪种方式遍历集合，可根据实际情况来决定。

【例 7-6】 使用传统的 for 循环实现 ArrayList 集合的遍历。

```
//Example7_6.java
import java.util.*;
public class Example7_6 {
  public static void main(String[] args) {
    List<Integer>list=new ArrayList<Integer>();
    int k=0;
    for(int i=0;i<10;i++) list.add(i);
    System.out.println("使用 for 循环遍历集合元素:");
    for(int i=0;i<list.size();i++){
      k=list.get(i);
      System.out.print(k+" ");
    }
  }
}
```

程序运行结果如图 7-9 所示。

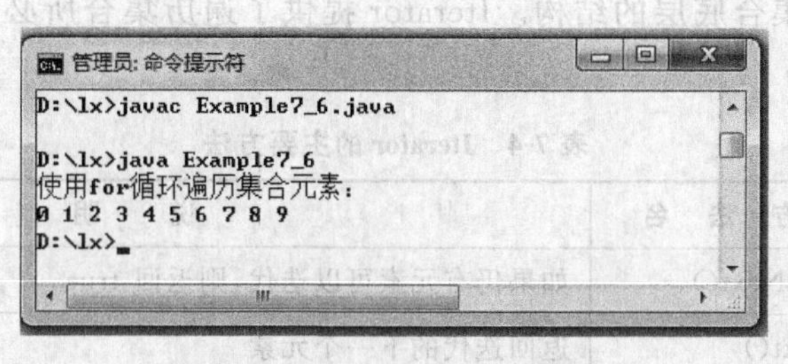

图 7-9 例 7-6 的运行结果

源程序分析:

第 5 行定义并初始化集合。第 7 行,使用自动装箱技术,通过循环向集合中加入整型对象。第 9 行～第 11 行: 使用 for 循环遍历集合,打印集合中的每一个元素到控制台,其中第 10 行使用了自动拆箱技术。

【例 7-7】 使用增强的 for 循环(for-each 语句)实现 ArrayList 集合的遍历。

```
//Example7_7.java
import java.util.*;
class Cat{
  private int age;
  public Cat(int age){ this.age=age; }
  public int getAge(){ return this.age; }
}
public class Example7_7{
  public static void main(String[] args) {
    List<Cat>cats=new ArrayList<Cat>();
    for(int i=0;i<10;i++) cats.add(new Cat(i));
    System.out.println("使用 for-each 语句遍历 ArrayList 集合元素:");
    for(Cat cat:cats)
```

```
        System.out.print(cat.getAge()+" ");
    }
}
```

程序运行结果如图 7-10 所示。

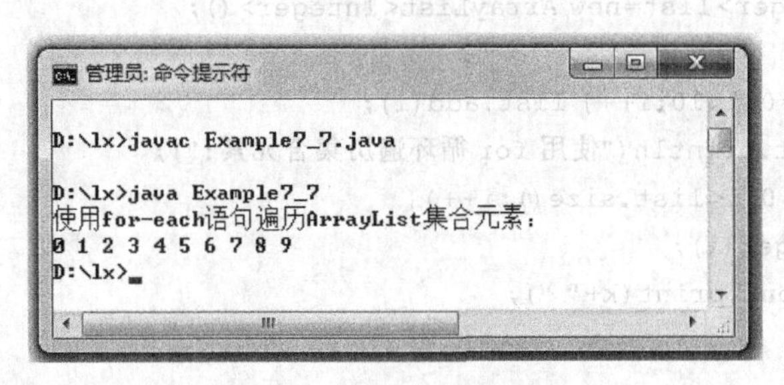

图 7-10　例 7-7 的运行结果

Iterator 是对集合进行迭代的迭代器。迭代器的工作是遍历并选择集合中的对象，而用户不必关心该集合底层的结构。Iterator 提供了遍历集合所必需的方法，如表 7-4 所示。

表 7-4　Iterator 的主要方法

返 回 值	方 法 名	说 明
boolean	hasNext()	如果仍有元素可以迭代，则返回 true
Object	next()	返回迭代的下一个元素
void	remove()	从迭代器指向的集合中移除迭代器返回的最后一个元素

【例 7-8】 使用迭代器 Iterator 实现 ArrayList 集合的遍历。

```
//Example7_8.java
import java.util.*;
class Cat{
  private int age;
  public Cat(int age){ this.age=age; }
  public int getAge(){ return this.age; }
}
public class Example7_8{
  public static void main(String[] args) {
    List<Cat>cats=new ArrayList<Cat>();
    for(int i=0;i<10;i++) cats.add(new Cat(i));
    Cat cat=null;
    Iterator ite=cats.iterator();
    System.out.println("使用迭代器 Iterator 遍历 ArrayList 集合元素:");
    while(ite.hasNext()){
      cat=(Cat)ite.next();
      System.out.print(cat.getAge()+" ");
```

```
    }
    //限定迭代器中的元素类型
    Iterator<Cat>ite1=cats.iterator();
    System.out.println("\n使用限定迭代器 Iterator 元素类型的方式遍历 ArrayList
集合元素:");
    while(ite1.hasNext()){
      cat=ite1.next();
      System.out.print(cat.getAge()+" ");
    }
  }
}
```

程序运行结果如图 7-11 所示。

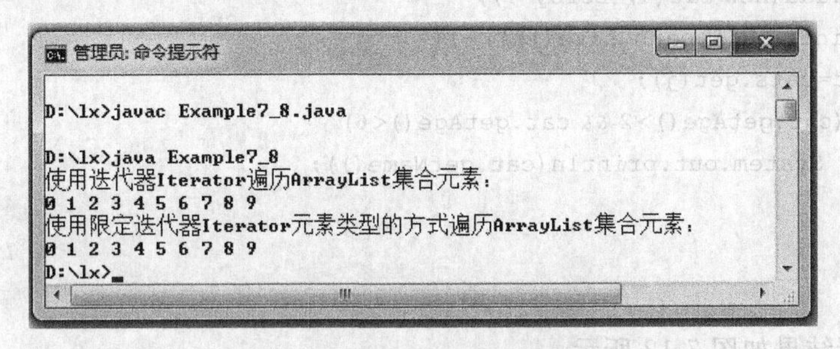

图 7-11　例 7-8 的运行结果

源程序分析:

语句"Iterator ite = cats.iterator();"用于获取当前集合的迭代器对象;接下来的循环语句"while(ite.hasNext()){…}"使用迭代器对象遍历集合;语句"Iterator<Cat> ite1=cats.iterator();"用于获取迭代器对象时限定元素类型,从而避免在迭代时对元素做类型转换。

【例 7-9】 请分析下面程序的输出结果。

```
//Example7_9.java
import java.util.*;
class Cat {
  private int age;
  private String name;
  public Cat(int age,String name) {
    this.age=age;
    this.name=name;
  }
  public int getAge() {
    return this.age;
  }
  public String getName(){
    return this.name;
```

```
    }
  }
  public class Example7_9{
    public static void main(String[] args) {
      List<Cat>cats=new ArrayList<Cat> ();
      Cat cat=null;
      cats.add(new Cat(2,"Carr"));
      cats.add(new Cat(1,"Scott"));
      cats.add(new Cat(3,"Pretty"));
      cats.add(new Cat(5,"Babi"));
      cats.add(new Cat(7,"Ruby"));
      cats.add(new Cat(6,"Riki"));
      cats.add(new Cat(4,"Derby"));
      for(int j=0;j<cats.size();j++){
        cat=cats.get(j);
        if(cat.getAge()>2 && cat.getAge()<6)
            System.out.println(cat.getName());
      }
    }
  }
```

程序运行结果如图 7-12 所示。

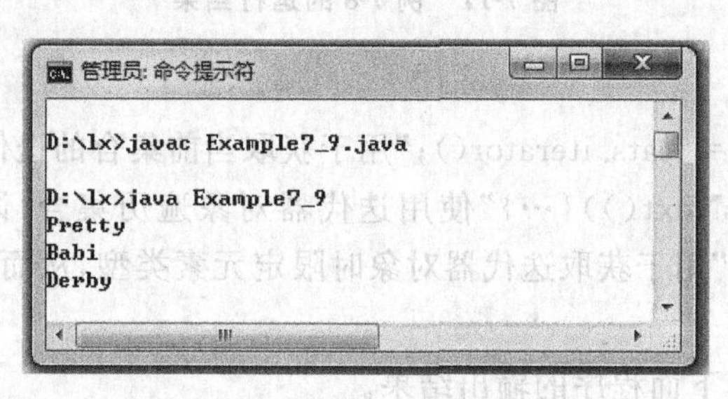

图 7-12　例 7-9 的运行结果

源程序分析：

语句“for(int j＝0;j＜cats. size();j＋＋){…}”用于遍历集合；语句“cat ＝ cats. get(j);”用于取出集合中的元素；语句“if(cat. getAge()＞2 && cat. getAge()＜6)”用于测试当前对象的 age 属性值是否在指定范围以内；语句“System. out. println(cat. getName());”用于打印满足条件的对象元素的 name 属性。

7.3.2 LinkedList 类

LinkedList 类作为 List 接口的另一种实现，与 ArrayList 类最大的不同之处在于采用了链表作为底层数据结构。它对顺序访问进行了优化，向 LinkedList 集合中插入和移出元素的开销比较小，但随机访问则相对较慢。LinkedList 与 ArrayList 的优势与缺陷具有互补性，应该根据实际情况来选择采用合适的集合。

LinkedList 类不仅实现了 List 接口中定义的方法,而且还提供了一些扩展方法。这些方法允许将 LinkedList 用作堆栈、队列或双端队列。除了 List 接口中定义的方法,LinkedList 中的主要扩展方法如表 7-5 所示。

表 7-5 LinkedList 中的主要扩展方法

返回值	方法名	说明
void	addFirst(E o)	将给定元素插入此列表的开头
void	addLast(E o)	将给定元素追加到此列表的结尾
Object	element()	找到但不移除此列表的头(第一个元素)
Object	getFirst()	返回此列表的第一个元素
Object	getLast()	返回此列表的最后一个元素
boolean	offer(E o)	将指定元素添加到此列表的末尾(最后一个元素)
Object	peek()	找到但不移除此列表的头(第一个元素)
Object	poll()	找到并移除此列表的头(第一个元素)
Object	remove()	找到并移除此列表的头(第一个元素)
Object	removeFirst()	移除并返回此列表的第一个元素
Object	removeLast()	移除并返回此列表的最后一个元素

1. 使用 LinkedList 模拟栈

栈通常是指"后进先出"的集合。最后入栈的元素,第一个被弹出栈。LinkedList 具有能够直接实现栈的所有功能方法,因此可以直接将 LinkedList 作为栈使用。

【例 7-10】 使用 LinkedList 模拟栈。

```
//Example7_10.java
import java.util.*;
public class Example7_10{
  private LinkedList list=new LinkedList();
  public void push(Object v){list.addFirst(v);}
  public Object top() {return list.getFirst();}
  public Object pop() {return list.removeFirst();}
  public static void main(String[] args) {
    Example7_10 stack=new Example7_10();
    for(int i=0;i<10;i++)
      stack.push(new Integer(i));
    System.out.println(stack.top());
    System.out.println(stack.top());
    System.out.println(stack.pop());
    System.out.println(stack.pop());
    System.out.println(stack.pop());
```

```
    }
}
```

程序运行结果如图 7-13 所示。

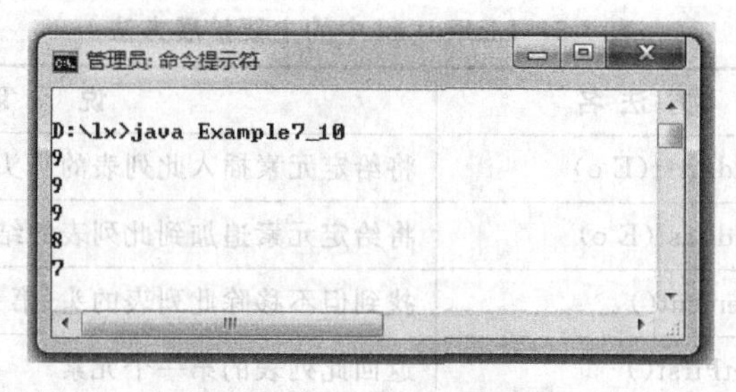

图 7-13　例 7-10 的运行结果

源程序分析：

push()方法模拟的是压栈操作；top()方法模拟的是取栈顶元素操作；pop()方法模拟的是出栈操作。

2. 使用 LinkedList 模拟队列

队列是一个先进先出的集合，即从集合的一端放入对象，从另一端取出。因此对象放入集合的顺序与取出的顺序是相同的。LinkedList 提供了方法以支持队列的行为。

【例 7-11】　使用 LinkedList 模拟队列。

```
//Example7_11.java
import java.util.*;
public class Example7_11{
  private LinkedList list=new LinkedList();
  public void put(Object v){
    list.addFirst(v);
  }
  public Object get(){
    return list.removeLast();
  }
  public boolean isEmpty(){
    return list.isEmpty();
  }
  public static void main(String[] args){
    Example7_11 queue=new Example7_11();
    for(int i=0;i<10;i++)
      queue.put(Integer.toString(i));
    System.out.println("使用 LinkedList 模拟队列,队列中的元素如下:");
    while(! queue.isEmpty())
      System.out.print(queue.get()+" ");
  }
}
```

程序运行结果如图 7-14 所示。

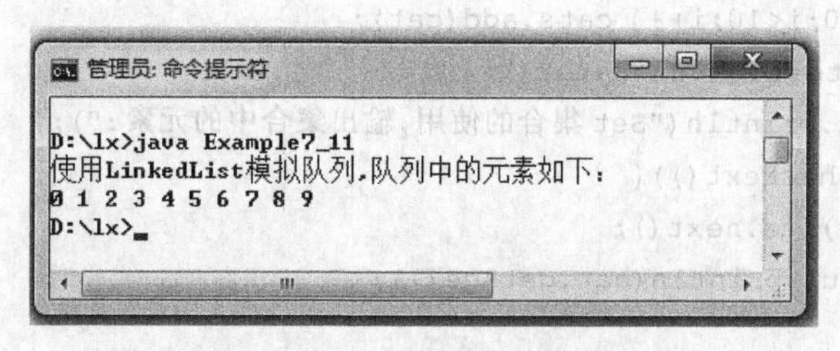

图 7-14 例 7-11 的运行结果

源程序分析：

put()方法模拟入队操作；get()方法模拟出队操作；isEmpty()方法用于判定队列是否为空。

7.4 Set 集合

Set 集合为集类型，集是最简单的一种集合，存放于集中的对象不按特定方式排列，只是简单地把对象加入集合中，在集中不能存放重复对象。Set 包括 Set 接口以及 Set 接口的所有实现类。

Set 接口实现了 Collection 接口，所以 Set 接口拥有 Collection 接口提供的所有常用方法。Set 不保存重复的元素。加入 Set 的 Object 必须定义 equals()方法以确保对象的唯一性，同时 Set 接口不保证维护元素的次序。

Set 集合提供了两种默认实现。

(1) HashSet：为快速查找而设计的一种基于散列结构的 Set 实现，存入 HashSet 的对象必须定义 HashCode()。

(2) TreeSet：底层为树结构的一种有序的 Set 实现，可以从 TreeSet 中提取出一种有序的元素序列。如果要使用 TreeSet 来维护元素的次序，则必须实现 Comparable 接口，并且定义 compareTo()方法。

【例 7-12】 Set 集合的使用。

```
//Example7_12.java
import java.util.*;
class Cat{
  private int age;
  public Cat(int age){ this.age=age; }
  public int getAge(){ return this.age; }
}

public class Example7_12{
  public static void main(String[] args){
    Set<Cat>cats=new HashSet<Cat>();
```

```
        Cat cat=new Cat(1);
        for(int i=0;i<10;i++) cats.add(cat);
        Iterator ite=cats.iterator();
        System.out.println("Set 集合的使用,输出集合中的元素:");
        while(ite.hasNext()){
          cat=(Cat)ite.next();
          System.out.println(cat.getAge());
        }
    }
}
```

程序运行结果如图 7-15 所示。

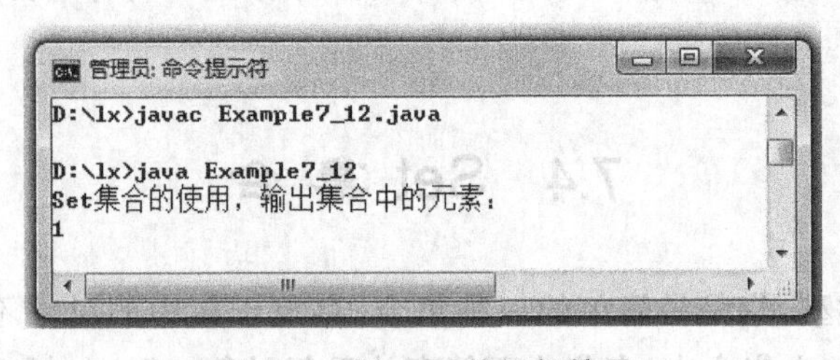

图 7-15　例 7-12 的运行结果

源程序分析：

语句“Set<Cat> cats = new HashSet<Cat>();”声明集合是 Set 类型，由于 Set 集合不允许存储重复的元素，因此重复元素都会被 Set 集合忽略。对于每一个对象而言，Set 只接受其一份实例。对比例 7-8，可以发现迭代器 Iterator 屏蔽了集合的底层结构，不管是 List 还是 Set 类型的集合，都可以用相同的方式来遍历。

7.5 Map 集合

Map 集合为映射类型，映射与集和列表有明显的区别，映射中的每个对象都是成对存在的。映射中存储的每个对象都有一个相应的键(key)对象，在检索对象时必须通过相应的键对象来获取值(value)对象，所以要求键对象必须是唯一的。

Map 集合使用“键-值对”来存储元素。从概念上讲，它类似于 ArrayList，只是不再使用数字作为索引来查找对象，而是以另一个对象来进行查找。Java 类库提供了几种类型的 Map，主要包括 HashMap、TreeMap 和 LinkedHashMap 等。它们的行为特性各不相同，主要表现在效率、键-值对的保存及呈现次序和判定“键”等价的策略等方面。

HashMap 是一种常用的 Map 类型的集合。它使用“散列码”来取代对“键”的缓慢搜索。散列码是通过将对象的某些信息进行转换而生成的。由于在基类 Object 中定义了 hashCode()方法，因此所有 Java 对象都能产生散列码。HashMap 正是使用对象的散列码进行快速查询，从而显著提高性能。在 HashMap 集合中，每一个元素都是键-值映射的结果。在集合中键必须具有唯一性，而值可以重复。

Map 包括 Map 接口以及 Map 接口的所有实现类，Map 接口定义了若干方法来实现对 Map 集合的操作与管理，如表 7-6 所示。

表 7-6 Map 接口中的主要方法

返回值	方法名	说明
void	clear()	从此映射中移除所有映射关系
boolean	containsKey(Object key)	如果此映射包含指定键的映射关系，则返回 true
boolean	containsValue(Object o)	如果此映射为指定值映射一个或多个键，则返回 true
Set<Map.Entry<K,V>>	entrySet()	返回此映射中包含的映射关系的 set 视图
boolean	equals(Object o)	比较指定的对象与此映射是否相等
Object	get(Object key)	返回此映射中映射到指定键的值
boolean	isEmpty()	如果此映射不包含键-值映射关系，则返回 true
Set<K>	keySet()	返回此映射中所包含的键的 set 视图
Object	put(K key, V value)	在此映射中关联指定值与指定键
void	putAll(Map m)	将指定映射的所有映射关系复制到此映射中，这些映射关系将替换此映射目前针对指定映射的所有键的所有映射关系
Object	remove(Object key)	如果此映射中存在该键的映射关系，则将其删除
int	size()	返回此映射中的键-值映射关系数
Collection<V>	values()	返回此映射所包含的值的 collection 视图

1. HashMap 集合的创建

HashMap 集合的创建仍然通过 new 运算符调用 HashMap 的构造方法来完成。可以像 ArrayList 中限定元素类型一样分别限定 Map 集合中键和值的数据类型。HashMap 对构造方法进行了重载，从而为用户创建 Map 集合提供了更多的选择，如表 7-7 所示。

表 7-7 HashMap 的构造方法

构造方法	说明
HashMap()	构造一个具有默认初始容量（16）和默认加载因子（0.75）的空 HashMap
HashMap(int initialCapacity)	构造一个带指定初始容量和默认加载因子（0.75）的空 HashMap
HashMap(int initialCapacity, float loadFactor)	构造一个带指定初始容量和加载因子的空 HashMap
HashMap(Map m)	构造一个映射关系与指定 Map 相同的 HashMap

创建 HashMap 对象的一般格式：

```
HashMap map=new HashMap ( );
Map map=new HashMap ( );                    //向上转型
Map<键类型,值类型>map=new HashMap <键类型,值类型>();
                                           //强制限定键值类型
```

2. Map 集合的访问

对 Map 集合的操作包括存入元素到集合和从集合中取出元素。由于 Map 集合中的每一个元素都是一个键值映射，因此在存入元素时除了将要存入的值对象，必须有与此值对象映射的键对象，如图 7-16 所示。put(K key, V value)方法用于向 Map 集合中存入参数所指定的映射关系，get(Object key)方法用于根据参数所指定的键对象搜索对应的值对象。

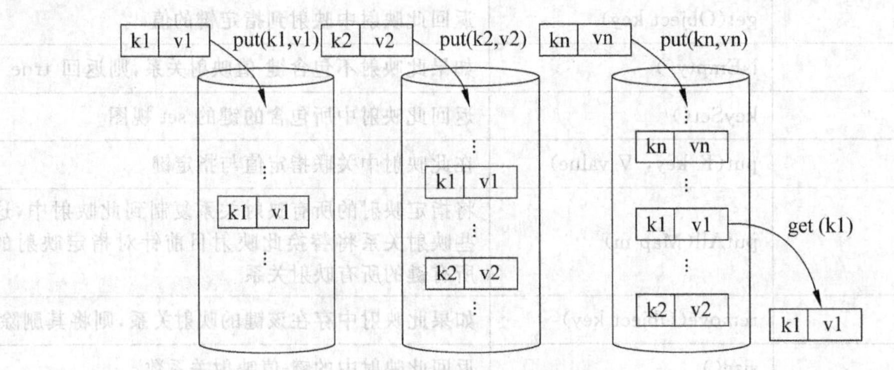

图 7-16 Map 集合的访问

【例 7-13】 访问 HashMap 集合中的元素。

```
//Example7_13.java
import java.util.*;
class Cat{
  private String name;
  private int age;
  public Cat(String name,int age){
    this.name=name;
    this.age=age;
  }
  public String getName(){ return this.name; }
  public int getAge (){ return this.age; }
  public String toString(){
    return getName()+" ,"+getAge();
  }
}
```

```
public class Example7_13{
  public static void main(String[] args){
    Map <String,Cat>cats=new HashMap<String,Cat>();
    cats.put("Jetty",new Cat("Jetty",1));
    cats.put("Carr",new Cat("Carr",3));
    Cat cat=cats.get("Carr");
    System.out.println(cat);
  }
}
```

程序运行结果如图 7-17 所示。

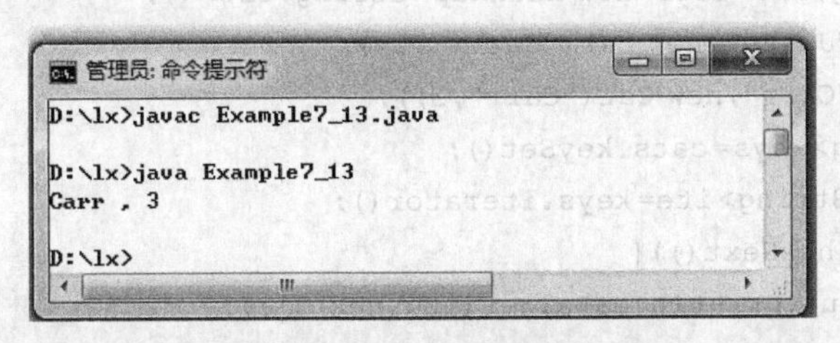

图 7-17　例 7-13 的运行结果

源程序分析：

主函数 main()中的第 1 行用于创建 Map 集合，限定映射关系中键值的数据类型。第 2 行和第 3 行用于向集合中添加映射关系。第 4 行根据键从 Map 集合中找到与之映射的值。

3. Map 集合的遍历

Map 集合的遍历不同于 List 集合。可以通过以下两种方法来遍历 Map 集合：①通过键集遍历；②转换为映射项集合遍历。

通过键集遍历的基本思路如下。

(1) 取得 Map 的键集。

(2) 遍历键集，获取每一个键。

(3) 根据键获取原始 Map 集合中对应的值。

使用键集遍历 Map 如图 7-18 所示。

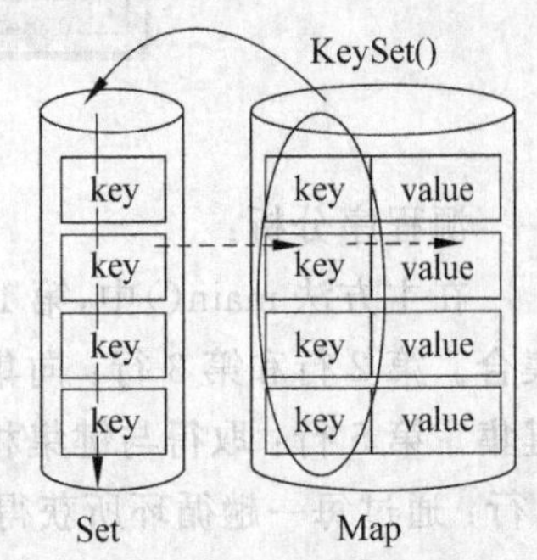

图 7-18　使用键集遍历 Map

【例 7-14】 Map 集合的遍历。

```
  //Example7_14.java
import java.util.*;
class Cat{
  private String name;
  private int age;
  public Cat(String name,int age){
    this.name=name;
    this.age=age;
```

```
    }
    public String getName(){ return this.name; }
    public int getAge (){ return this.age; }
    public String toString(){
      return getName()+" , "+getAge();
    }
  }

public class Example7_14{
  public static void main(String[] args){
    Map<String,Cat>cats=new HashMap<String,Cat>();
    cats.put("Jetty",new Cat("Jetty",1));
    cats.put("Carr",new Cat("Carr",3));
    Set<String>keys=cats.keySet();
    Iterator<String>ite=keys.iterator();
    while(ite.hasNext()){
      System.out.println(cats.get(ite.next()));
    }
  }
}
```

程序运行结果如图 7-19 所示。

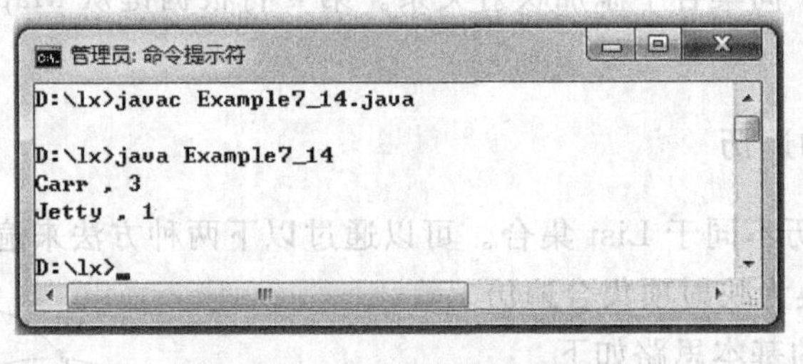

图 7-19 例 7-14 的运行结果

源程序分析：

在主方法 main()中，第 1 行：采用限定键值元素类型的方式定义并初始化 HashMap 集合。第 2 行和第 3 行：向集合中添加映射关系(键-值对)。第 4 行：获取 Map 集合的键集。第 5 行：取得与键集相关的迭代器对象。第 6 行：通过迭代器对象遍历键集。第 7 行：通过每一趟循环所获得的键到原始 Map 集合中取得与之对应的值。

Map 集合中每一个元素都是一个键和值的直接映射构成。通常把这种映射关系称为一个映射项。Java 提供了 Map. Entry 接口来描述映射项。在 Map. Entry 接口中定义了相关的方法来操纵一个映射项所包含的数据。通过 getKey()方法和 getValue()方法可以很方便地获取每一个映射项包含的 key 值和 value 值，如表 7-8 所示。

表 7-8 Map.Entry 接口的主要方法

返回值	方法名	说明
Object	getKey()	返回与此项对应的键
Object	getValue()	返回与此项对应的值
Object	setValue(V value)	用指定的值替换与此项对应的值

映射项的存在使得可以把原始的 Map 集合转化为映射项集合，如图 7-20 所示。表 7-6中的 entrySet()方法实现了这项转换工作。因此，对 Map 的遍历转换为对一个 Set 类型的映射项集合的遍历。

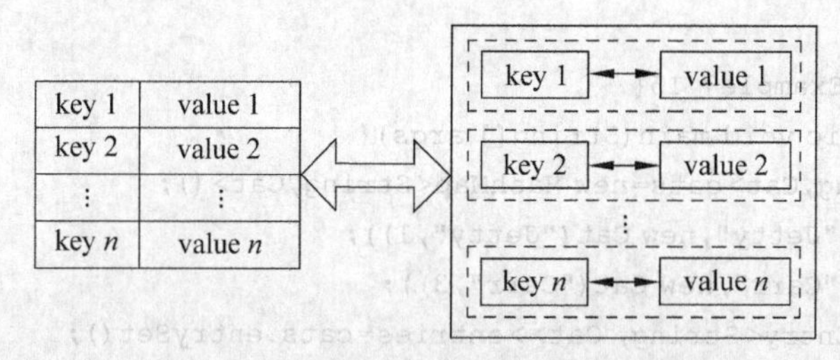

图 7-20 Map 集合转化为映射项集合

通过映射项集合遍历 Map 集合的基本思路如下。

(1) 使用 Map 接口提供的 entrySet()方法将 Map 集合转换为一个映射项集合。

(2) 获取映射项集合的迭代器对象。

(3) 通过迭代器对象遍历 Set 类型的映射项集合。

(4) 在每一次迭代过程中将取得的元素保存到 Map.Entry 类型的变量中。

(5) 通过 Map.Entry 接口提供的 getKey()和 getValue()方法获取当前映射项的 key 和 value 值。

采用映射项遍历 Map 集合如图 7-21 所示。

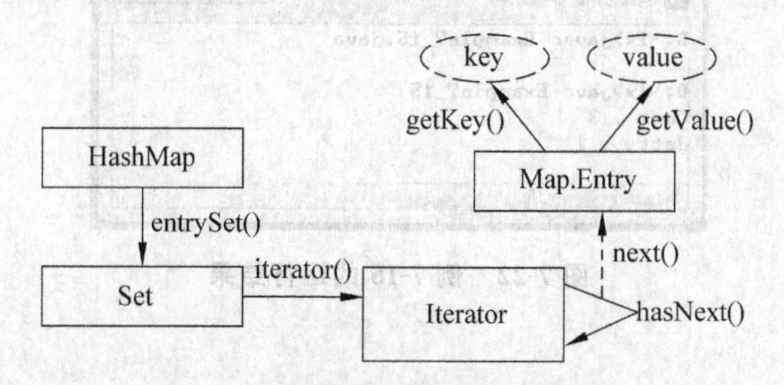

图 7-21 采用映射项遍历 Map 集合

【例 7-15】 映射项集合遍历 Map 集合。

```
//Example7_15.java
import java.util.*;
class Cat{
  private String name;
```

```
    private int age;
    public Cat(String name,int age){
      this.name=name;
      this.age=age;
    }
    public String getName(){ return this.name; }
    public int getAge (){ return this.age; }
    public String toString(){
      return getName()+" , "+getAge();
    }
  }

  public class Example7_15{
    public static void main(String[] args){
      Map<String,Cat>cats=new HashMap<String,Cat>();
      cats.put("Jetty",new Cat("Jetty",1));
      cats.put("Carr",new Cat("Carr",3));
      Set<Map.Entry<String, Cat>>entries=cats.entrySet();
      Iterator<Map.Entry<String, Cat>>ite=entries.iterator();
      Map.Entry<String, Cat>entry=null;
      while(ite.hasNext()){
        entry=ite.next();
          System.out.println(entry.getValue());
      }
    }
  }
```

程序运行结果如图 7-22 所示。

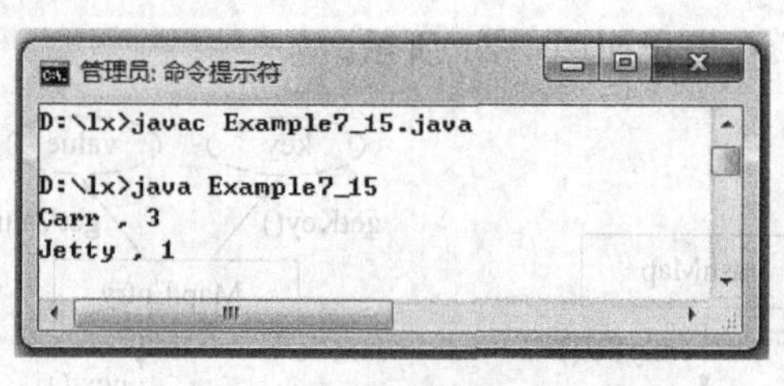

图 7-22　例 7-15 的运行结果

源程序分析：

在主方法 main()中，第 4 行：将 Map 集合转换为映射项集合。第 5 行：取得映射项集合的迭代器对象。第 6 行：定义了一个映射项变量。第 7 行：通过迭代器对象遍历映射项集合。第 8 行：保存每一次迭代所取得的映射项。第 9 行：将映射项对应的 value 值打印到控制台。

【例 7-16】 借助 Map 集合对反复使用的对象进行缓存。

```
//Example7_16.java
```

```
import java.util.*;
public class Example7_16{
  private static Map<String,A>map=new HashMap<String,A>();
   static{
     addObject("B", new B());
     addObject("C", new C());
     addObject("D", new D());
     }
  private static A getObject(String type){
     return map.get(type);
  }
  private static void addObject(String type,A a){
     map.put(type, a);
  }
  public static void main(String[] args) {
     Scanner scanner=new Scanner(System.in);
     A a=null;
     while(scanner.hasNext()){
       a=getObject(scanner.next());
       if(a! =null) a.work();
     }
  }
}
  abstract class A{
     public abstract void work();
  }
  class B extends A{
     public void work(){
       System.out.println("B is working.");
  }
}
  class C extends A{
     public void work(){
       System.out.println("C is working.");
     }
}
  class D extends A{
     public void work(){
       System.out.println("D is working.");
  }
}
```

程序运行结果如图 7-23 所示。

```
B
B is working.
C
C is working.
D
D is working.
```

图 7-23 例 7-16 的运行结果

源程序分析：

上面程序的目的是希望借助Map集合对反复使用的对象进行缓存，从而有效地利用内存资源。第4行：创建Map集合。第18行～第20行：在集合中查找是否存在已创建好的对象。第21行～第23行：向集合中添加新的对象。如果需要动态地向集合中添加对象，可利用Java的反射技术来实现。

7.6 属性类 Properties

将程序中易变部分分离，提高程序的可扩展性是软件设计的一个重要思想。参数化和外部化易变信息，实现可配置式编程是Java领域的常用编程方法。属性文件是一种常用的配置文件，它保存数据的一般格式如下：

属性键=属性值(应该尽量避免在其中出现空格)

例如：

```
//config.properties
key_1=value_1
key_2=value_2
key_3=value_3
⋮
key_n=value_n
```

Java提供了专门用于操纵属性文件的类Properties。Properties通过继承HashTable间接实现了Map接口，因此Properties保存数据的方式和Map集合相同，都是以键-值对的方式存储；并且可以像访问Map集合一样访问属性类，从而方便地读取属性文件及其相关属性。

属性类Properties提供了以下构造方法用以创建Properties对象，如表7-9所示。

表7-9 Properties的构造方法

构造方法	说明
Properties()	创建一个无默认值的空属性列表
Properties(Properties defaults)	创建一个带有指定默认值的空属性列表

Properties提供了以下成员方法用于对属性文件进行相关操作，如表7-10所示。

表7-10 Properties的主要方法

返回值	方法	说明
String	getProperty(String key)	用指定的键在此属性列表中搜索属性
String	getProperty(String key, String defaultValue)	用指定的键在属性列表中搜索属性
void	load(InputStream inStream)	从输入流中读取属性列表(键和元素对)

续表

返回值	方法	说明
Enumeration	propertyNames()	返回属性列表中所有键的枚举,如果在主属性列表中未找到同名的键,则包括默认属性列表中不同的键

1. 读取属性文件

应用程序的属性文件一般存放在当前工程的类路径下,因此可以通过类加载器ClassLoader提供的getResourceAsStream(String name)方法来从类路径搜索并把属性文件转换为一个字节输入流对象(InputStream);然后通过Properties类提供的load(InputStream inStream)方法即可完成属性文件的加载工作。

【例7-17】 请编写程序读取文件bean.properties。

```
//属性文件为bean.properties,存放的路径是D:/lx/com/config
A=com.beans.A
B=com.beans.B
C=com.beans.C

//源文件Example7_17.java,存放的路径是D:/lx
import java.io.*;
import java.util.*;
public class Example7_17{
  private static final String configFile="com/config/bean.properties";
  static Properties prop=new Properties();
  public static void main(String[] args) {
    try{
      prop.load (Example7_17.class.getClassLoader().getResourceAsStream
(configFile));
    }
    catch (IOException e) {
    e.printStackTrace();
    }
    System.out.println("正在练习读取属性文件bean.properties!");
  }
}
```

程序运行结果如图7-24所示。

源程序分析:

在主类Example7_17中,第1行:定义常量保存属性文件相对于Classpath的路径。第2行:实例化属性类。第4行~第6行:读取配置文件。

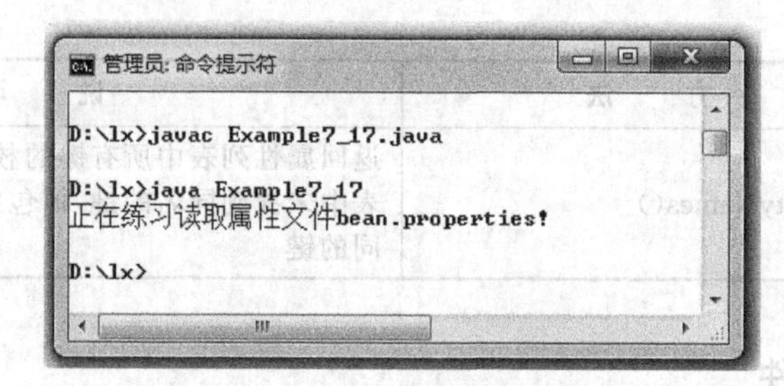

图 7-24 例 7-17 的运行结果

2. 读取属性值

属性对象是一个属性集合，每一个属性由属性键和属性值两部分构成。可以通过 getProperty(String key)方法获取具体属性的值，参数即该值对应的键。对于每一条具体属性，等号左侧是属性键，等号右侧是对应的属性值。

【例 7-18】 请编写程序使得用户可以输入键值查询例 7-17 中的属性文件。

```
//Example7_18.java
import java.io.*;
import java.util.*;
public class Example7_18{
  private static final String configFile="com/config/bean.properties";
  private static Properties prop=new Properties();
  static{
    try{  prop.load(Example7_18.class.getClassLoader().getResourceAsStream
(configFile));
    }
    catch (IOException e){
    e.printStackTrace();
    }
}
  public static void main(String[] args) {
    System.out.println("请输入键名:");
    Scanner scanner=new Scanner(System.in);
    while(scanner.hasNext()){
      System.out.println(prop.getProperty(scanner.next()));
    }
  }
}
```

程序运行结果如图 7-25 所示。

源程序分析：

语句 static{…}：使用静态程序区，它将在类被加载时执行。语句“Scanner scanner=new Scanner(System.in);”：创建与标准输入键盘关联的扫描器对象。语句 while(scanner.

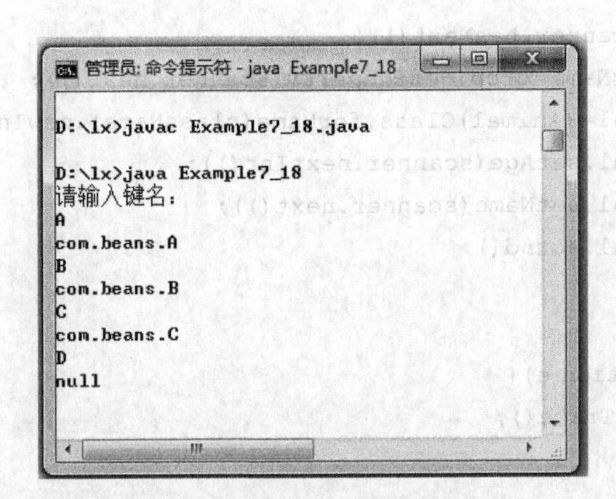

图 7-25 例 7-18 的运行结果

hasNext())：扫描键盘是否还有下一个输入。循环体语句：把用户输入的数据作为属性键去属性对象中搜索属性值,并打印到控制台。

属性文件与属性类配合 Java 的反射技术可以动态创建对象,为应用程序提供更好的可扩展性。

【例 7-19】 属性文件与属性类配合 Java 的反射技术来动态创建对象。

```
//属性文件的路径:com/config/bean2.properties
C=Cat
D=Dog

//Example7_19.java
import java.io.*;
import java.util.*;
public class Example7_19{
  private static final String configFile="com/config/bean2.properties";
  private static Properties prop=new Properties();
  static{
    try{
      prop.load(Example7_19.class.getClassLoader().getResourceAsStream
(configFile));
    }
    catch (IOException e) {
    e.printStackTrace();
    }
  }
  public static void main(String[] args) {
    Scanner scanner=new Scanner(System.in);
    Animal animal=null;
    String className=null;
    try{
```

```
            while (scanner.hasNext()){
                className=prop.getProperty(scanner.next());
                animal=(Animal)Class.forName(className).newInstance();
                animal.setAge(scanner.nextInt());
                animal.setName(scanner.next());
                animal.sound();
            }
        }
        catch (Exception e){
        e.printStackTrace();
        }
    }
}
abstract class Animal{
    protected int age;
    protected String name;
    public int getAge() {
    return age;
    }
    public void setAge(int age) {
    this.age=age;
    }
    public String getName() {
    return name;
    }
    public void setName(String name) {
    this.name=name;
    }
    public abstract void sound();
}
class Cat extends Animal{
    public void sound(){
        System.out.println(getName()+":喵喵.");
    }
}
class Dog extends Animal{
    public void sound(){
        System.out.println(getName()+":汪汪.");
    }
}
```

程序运行结果如图 7-26 所示。

源程序分析：

主类中语句 static{…}：加载属性文件。主方法 main()中语句“className＝prop.

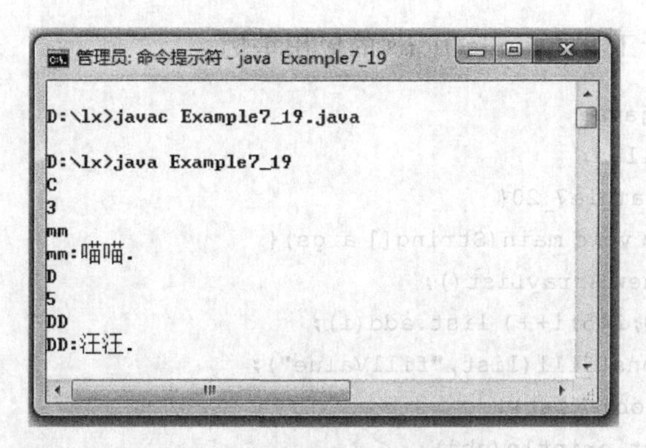

图 7-26 例 7-19 的运行结果

getProperty(scanner.next());"：在属性对象中根据用户输入的键查找与之对应的属性值。语句"animal = (Animal)Class.forName(className).newInstance();"：通过反射创建实例，并作向下转型。语句"animal.setAge(scanner.nextInt());"和"animal.setName(scanner.next());"：通过属性的 getter()方法将用户输入作为值赋给相关属性。语句"animal.sound();"：调用合适对象的 sound()方法，此处是 Java 多态性的一个良好体现。

7.7 集合工具

Collections 提供了集合框架中支持的各种方法。这些方法都是静态方法，可以直接通过类名调用。Collections 中的方法主要包括排序、混序、查找、填充、逆序和求极值等，如表 7-11 所示。

表 7-11 Collections 的主要方法

返回值	方法	说明
void	sort(List list)	对指定列表按升序进行排序
int	binarySearch(List list, Object key)	使用二进制搜索算法来搜索指定列表，以获得指定对象
void	reverse(List list)	反转指定列表中元素的顺序
void	shuffle(List list)	随机更改指定列表的序列
void	swap(List list, int i, int j)	在指定列表的指定位置处交换元素
void	fill(List list, Object obj)	使用指定元素替换指定列表中的所有元素
void	copy(List dest, List src)	将所有元素从一个列表复制到另一个列表
Object	min(Collection col)	返回给定 collection 的最小元素
Object	max(Collection col)	返回给定 collection 的最大元素
boolean	replaceAll(List list, Object oldval, Object newval)	使用另一个值替换列表中出现的所有某一指定值

【例 7-20】 集合工具类 Collections 的应用举例。

```
//Example7_20.java
import java.util.*;
public class Example7_20{
  public static void main(String[] args){
    List list=new ArrayList();
    for(int i=0;i<5;i++) list.add(i);
      Collections.fill(list,"fillValue");
    for(Object obj:list){
      System.out.println(obj);
    }
  }
}
```

程序运行结果如图 7-27 所示。

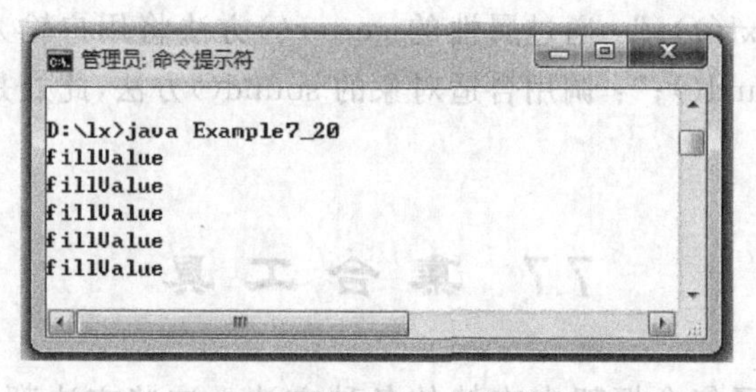

图 7-27 例 7-20 的运行结果

源程序分析：

语句"Collections. fill(list,"fillValue");"：使用集合工具类 Collections 的静态方法 fill()填充集合元素。语句"for(Object obj: list){…}"：使用增强的 for 循环遍历集合元素并打印。

【例 7-21】 对集合元素排序，并求该集合中的最大值和最小值。

```
//Example7_21.java
import java.util.*;
public class Example7_21{
  final static int size=6;
  public static void Test(List list){
    Collections.shuffle(list);
    System.out.println(list);
    int loc=Collections.binarySearch(list,new Integer(3));
    System.out.println(loc);
    Collections.sort(list);
    System.out.println(list);
    System.out.println(Collections.min(list));
    System.out.println(Collections.max(list));
```

```
    }
    public static void main(String[] args){
      ArrayList list=new ArrayList(size);
      for(int i=0;i<size;i++){
        list.add(new Integer(i));
      }
      Test(list);
    }
  }
```

程序运行结果如图 7-28 所示。

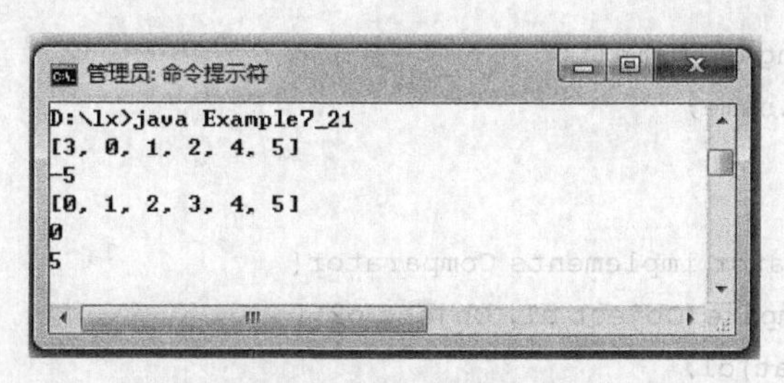

图 7-28 例 7-21 的运行结果

源程序分析：

第 6 行：对参数指定的集合进行混序。第 8 行：通过二分查找值为 3 的元素。第 10 行：根据元素的自然顺序对集合进行排序。第 12 行：打印集合中的最小值。第 13 行：打印集合中的最大值。

在上例中通过调用集合工具类 Collections 的 sort(Collection c)方法对集合做了排序操作。但对于那些系统没有提供默认排序规则的元素则无法直接调用 sort(Collection c)方法进行排序。可以通过实现 Comparable 或 Comparator 接口定义自己的比较器类来实现集合元素排序。

【例 7-22】 使用自定义比较器对集合元素进行排序。

```
//Example7_22.java
import java.util.*;
public class Example7_22{
  public static void main(String[] args){
    List<Cat>cats=new ArrayList<Cat>();
    cats.add(new Cat(3,"Carr"));
    cats.add(new Cat(5,"Scott"));
    cats.add(new Cat(1,"Babi"));
    cats.add(new Cat(6,"Fiki"));
    cats.add(new Cat(2,"Derby"));
    Collections.sort(cats,new CatComparator());
    for(Cat cat:cats)
      System.out.println(cat.getName());
    }
```

```
}
class Cat{
    private int age;
    private String name;
    public Cat(int age,String name){
      this.age=age;
      this.name=name;
    }
    public int getAge(){
      return this.age;
    }
    public String getName(){
    return this.name;
    }
}
class CatComparator implements Comparator{
  public int compare(Object o1, Object o2){
    Cat cat1=(Cat)o1;
    Cat cat2=(Cat)o2;
    if(cat1.getAge()>cat2.getAge()) return 1;
    if(cat1.getAge()<cat2.getAge()) return -1;
    return 0;
  }
}
```

程序运行结果如图 7-29 所示。

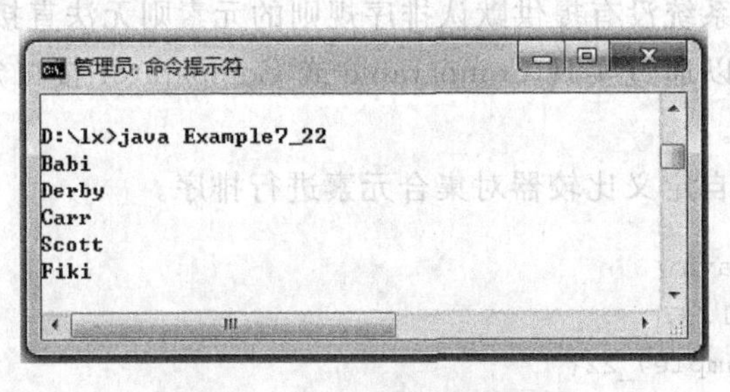

图 7-29　例 7-22 的运行结果

源程序分析：

第 11 行：使用自定义比较器对集合元素进行排序。第 12 行～第 13 行：打印已经排序后的集合元素。第 30 行：实现 Comparator 接口，定义自定义比较器类。第 31 行：实现接口中定义的比较方法；第 32 行和第 33 行：将参数向下转型为具体类型。第 34 行～第 36 行：根据 cat 对象的 age 属性进行比较，比较的原则是从小到大。

7.8 向量类 Vector 和枚举类 Enumeration

在早期的 Java 版本中并没有集合的概念，它提供了简单的向量类 Vector 和枚举类 Enumeration 来实现可扩展的对象存储容器和迭代容器的方法。对于这些旧的容器，在编写程序时不应该再使用，但有必要了解它们。

7.8.1 向量类 Vector

在 Java 1.1 中，Vector 是唯一可以自动扩展的对象序列。它与前面提到的 ArrayList 非常类似，都可以用于实现动态数组。Vector 类提供了构造方法来产生其实例，如表 7-12 所示。

表 7-12 Vector 的构造方法

构造方法	说明
Vector()	构造一个空向量，使其内部数据数组的大小为 10，其标准容量增量为 0
Vector(Collection c)	构造一个包含指定集合中的元素的向量，这些元素按其集合的迭代器返回元素的顺序排列
Vector(int initialCapacity)	使用指定的初始容量和等于 0 的容量增量构造一个空向量
Vector(int initialCapacity, int capacityIncrement)	使用指定的初始容量和容量增量构造一个空的向量

选择合适的构造方法可以创建出 Vector 容器实例，它能够根据创建时所指定的策略或默认策略实现动态扩展。向量类 Vector 同时还提供了若干成员方法来操作容器，如表 7-13所示。

表 7-13 Vector 的主要成员方法

返回值	方法	说明
boolean	add(E o)	将指定元素追加到此向量的末尾
void	add(int index, E element)	在此向量的指定位置插入指定的元素
boolean	addAll(Collection c)	将指定 Collection 中的所有元素追加到此向量的末尾，按照指定集合的迭代器所返回的顺序追加这些元素
int	capacity()	返回此向量的当前容量
void	clear()	从此向量中移除所有元素
boolean	contains(Object elem)	测试指定的对象是否为此向量中的组件
Enumeration<E>	elements()	返回此向量的组件的枚举

续表

返 回 值	方 法	说 明
void	ensureCapacity(int minCapacity)	增加此向量的容量(如有必要),以确保其至少能够保存最小容量参数指定的组件数
Object	firstElement()	返回此向量的第一个组件(位于索引 0 处的项)
Object	get(int index)	返回向量中指定位置的元素
int	indexOf(Object elem)	搜索给定参数的第一个匹配项,使用 equals()方法测试相等性
int	indexOf(Object elem, int index)	搜索给定参数的第一个匹配项,从 index 处开始搜索,并使用 equals()方法测试其相等性
boolean	isEmpty()	测试此向量是否包含组件
Object	lastElement()	返回此向量的最后一个组件
Int	lastIndexOf(Object elem)	返回指定的对象在此向量中最后一个匹配项的索引
Object	remove(int index)	移除此向量中指定位置的元素
boolean	remove(Object o)	移除此向量中指定元素的第一个匹配项,如果向量不包含该元素,则元素保持不变
void	removeRange(int fromIndex, int toIndex)	从此 List 中移除其索引位于 fromIndex(包括)与 toIndex(不包括)之间的所有元素
int	size()	返回此向量中的组件数

【例 7-23】 Vector 类的使用。

```
//Example7_23.java
import java.util.*;
class Cat{
  private String name;
  private int age;
  public Cat(String name,int age){
    this.name=name;
    this.age=age;
  }
  public String getName(){ return this.name; }
  public int getAge (){ return this.age; }
  public String toString(){
    return getName()+" , "+getAge();
  }
}
public class Example7_23{
  public static void main(String[] args) {
    Vector<Cat>cats=new Vector<Cat>();
    cats.add(new Cat("Jetty",1));
    cats.add(new Cat("Carr",3));
```

```
    for(int i=cats.size()-1;i>=0;i--){
        System.out.println(cats.get(i));
    }
  }
}
```

程序运行结果如图 7-30 所示。

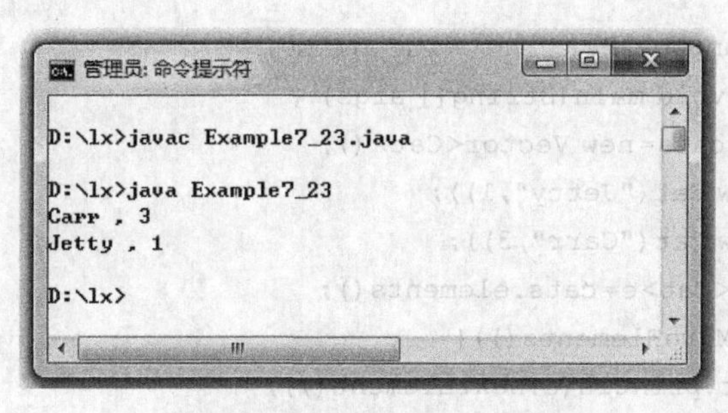

图 7-30 例 7-23 的运行结果

源程序分析：

Main()方法中的第 1 行：创建向量类容器，限定元素类型为 Cat。第 2 行和第 3 行：使用 add(Object o)方法向向量类容器中添加对象。for 循环的功能是逆序取出并打印容器中的元素。

7.8.2 枚举类 Enumeration

枚举类 Enumeration 类似于 Iterator 迭代器，它的主要作用是对向量类容器进行迭代。可以通过类 Vector 提供的实例方法 elements()来获取与容器相关的枚举类对象。Enumeration 提供了以下方法来完成遍历容器的工作，如表 7-14 所示。

表 7-14 Enumeration 的主要成员方法

返回值	方法	说明
boolean	hasMoreElements()	测试此枚举是否包含更多的元素
Object	nextElement()	如果此枚举对象至少还有一个可提供的元素，则返回此枚举的下一个元素

【例 7-24】 枚举类 Enumeration 的使用。

```
//Example7_24.java
import java.util.*;
class Cat{
  private String name;
  private int age;
  public Cat(String name,int age){
    this.name=name;
    this.age=age;
```

```
    }
    public String getName(){ return this.name; }
    public int getAge (){ return this.age; }
    public String toString(){
      return getName()+" , "+getAge();
    }
  }
public class Example7_24{
    public static void main(String[] args) {
      Vector<Cat> cats=new Vector<Cat>();
      cats.add(new Cat("Jetty",1));
      cats.add(new Cat("Carr",3));
      Enumeration<Cat> e=cats.elements();
      while(e.hasMoreElements()){
        System.out.println(e.nextElement());
      }
    }
}
```

程序运行结果如图 7-31 所示。

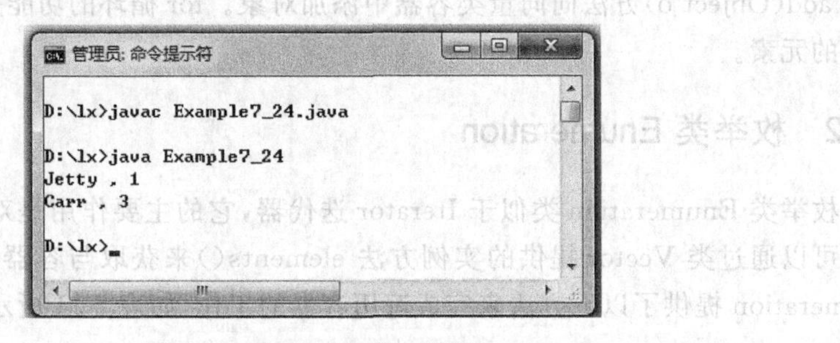

图 7-31　例 7-24 的运行结果

源程序分析：

main()方法中的第 1 行：创建向量类容器，限定元素类型为 Cat。第 2 行和第 3 行：使用 add(Object o)方法向向量类容器中添加对象。第 4 行：通过 elements()方法取得与向量类相关的枚举类对象。第 5 行～第 7 行：通过枚举类对象逐次取出并打印容器中的元素。

7.9　本 章 小 结

本章学习了如下内容。

(1) Java 集合框架中主要的类和接口及其关系。

(2) List 集合的创建、访问和遍历方法。

(3) Set 集合的创建、访问和遍历方法。

(4) Map 集合的创建、访问和遍历方法。

(5) 属性类和集合工具类的用法。

(6) 向量类 Vector 和枚举类 Enumeration 的应用。

习　题

1. 请简要描述 Java 集合框架的接口和类以及它们之间的关系。

2. 如何理解 Java 集合的缺陷？请说明如何克服这种缺陷。

3. 编写程序：删除 List 集合中的重复元素。

4. 编写程序：打开一个文本文件 data.txt，将每行作为一个 String 读入，并将那个 String 对象存入一个 List 中，然后按相反的顺序打印出 List 中的所有元素。

5. 编写程序：读取文件或数据库中的数据存入 Map 集合，并将 Map 集合中的数据全部打印到控制台。

第8章 chapter 8

输入流与输出流

教学重点	流;输入与输出类;标准输入与输出;文件管理				
教学难点	类 InputStream 和类 OutputStream;类 RandomAccessFile;标准输入与输出的重定向				
教学内容和教学目标	知识点	教学要求			
		了解	理解	掌握	熟练掌握
	流的概念、字节流和字符流		√		
	类 InputStream 和类 OutputStream				√
	类 Reader 和类 Writer				√
	类 FilterInputStream 和类 FilterOutputStream				√
	标准输入与输出的重定向				√
	类 File				√
	类 RandomAccessFile				√

Java 语言提供的输入与输出处理功能可以实现对文件的读写、网络数据传输等操作。Java 语言的输入与输出含义比较广泛,包括键盘、显示器、文件、网络等。本章将着重介绍 Java 语言标准类库输入、输出及其使用方法。

8.1 流

如前所述,对于一门程序设计语言来说,为程序员开发一个合理方便的输入与输出系统是一项十分艰巨的任务,原因在于输入与输出需要处理的数据比较复杂、类型多样。为了满足这种多样化的数据输入与输出方式,就很有可能需要设计一个非常复杂的输入与输出系统。

Java 使用流(Stream)作为输入与输出的主导思想,数据的输入与输出都用流来表示,主要有两个流——输入流(InputStream)和输出流(OutputStream)。

8.1.1 流的概念

Java 语言的输入与输出通过使用类库 java.io 包中的类来实现,这个包下主要是完成输入与输出的流类。

在程序设计中,流(Stream)是一个类的对象,指的是线性的输入与输出数据流。Java语言采用流式输入与输出方式。流式输入与输出是一种常见的输入与输出方式,其基本思想是数据的获得和发送都是顺序进行的,有先后顺序,先来的先获取或发送,后来的后处理。同时这种数据可以是二进制的代码流,也可以是经过某种处理的特殊代码流。

在 Java 输入与输出类库中,不同的流类用来处理不同形式的输入与输出。

8.1.2 字节流

字节流是由字节组成的,字符流是由字符组成的。字节流是最基本的,字节流类有两个:基本输入流 InputStream 和基本输出流 OutputStream,其他所有输入与输出流类都是 InputStream 和 OutputStream 的子类。字节流主要用在处理二进制数据,它是按字节来处理的,主要子类有 FileInputStream/FileOutputStrea、DataInputStream/DataOutputStream 和 BufferedInputStream/BufferedOutputStream。

8.1.3 字符流

前面简单介绍了字节流,字节流主要是按字节的方式来处理数据。但实际使用过程中很多的数据是文本,所以又提出了字符流的概念。字符流是按虚拟机的 encode 来处理数据的。它要求数据从字节流转化为字符流。字符流的两个基类是 Reader/Writer。常用的子类有 InputStreamReader/OutputStreamWriter、FileReader/FileWriter 和 Bufferedreader/BufferedWriter。

注意:在读写文件需要对内容按行处理,比如,比较特定字符,处理某一行数据时一般会选择字符流。只是读写文件,和文件内容无关的,一般选择字节流。

8.2 输入与输出类

通过前面的学习,我们知道 Java 语言中有一套完整的输入与输出系统,输入与输出类都放在了 java. io 包中。下面具体地学习 Java 中与输入输出相关的类。

8.2.1 类 InputStream 和类 OutputStream

System 类有 3 个属性:其中一个是 in,它是 InputStream 对象,主要处理键盘或其他输入设备输入的数据信息;另外两个是 out 和 err,它们是 OutputStream 对象,out 主要将数据输出显示到显示器或者其他显示设备,err 主要输出错误信息。下面学习这 3 个属性所涉及的两个类:InputStrem 和 OutputStream。

1. 类 InputStrem

类 InputStrem 被封装在 java. io 包下,是字节输入流的所有类的超类。使用时 InputStream 的子类的应用程序必须始终提供返回下一个输入字节的方法。

1）类 InputStrem 的构造方法

```
public InputStrem()
```

该类只有一个没有参数的构造方法。

2）类 InputStream 的常用方法

(1) close()：用于关闭此输入流并且释放与该流关联的所有系统资源。

(2) mark(int readlimit)：用于标记此输入流中当前的位置。

(3) int read()：用于从输入流读取下一个数据字节，返回值在 0～255 之间的 int 值。

(4) long skip(long n)：用于跳过和放弃此输入流中的 n 个数据字节，参数 n 为跳过的字节数。

2. 类 OutputStream

类 OutputStream 是输出字节流的所有类的超类。使用时 OutputStream 子类的应用程序必须始终提供至少一种可写入一个输出字节的方法。

1）类 OutputStream 的构造方法

```
public OutputStream()
```

该类只有一个没有参数的构造方法。

2）类 OutputStream 的常用方法

(1) close()：用于关闭此输出流并释放与此流有关的所有系统资源，被关闭的流不能执行输出操作，也不能重新打开。

(2) flush()：用于刷新此输出流并强制写出所有缓冲的输出字节，如果此输出流的实现已经缓冲了以前写入的任何字节，则调用此方法指示应将这些字节立即写入它们预期的目标。

(3) write(int b)：用于将指定的字节写入此输出流，写入的是参数级别的低 8 位，高位被忽略了。

【例 8-1】 InputStrem 和 OutputStream 类应用举例。

```
//InOutStreamTest.java
import java.io.*;
public class InOutStreamTest {
    public static void main(String[] args) throws IOException {
        System.out.println("please input number between 0 and 9");
        int b=System.in.read();
        int sum=b - '0';
        System.out.println("sum="+sum);
    }
}
```

程序运行结果如图 8-1 所示。

源程序分析：

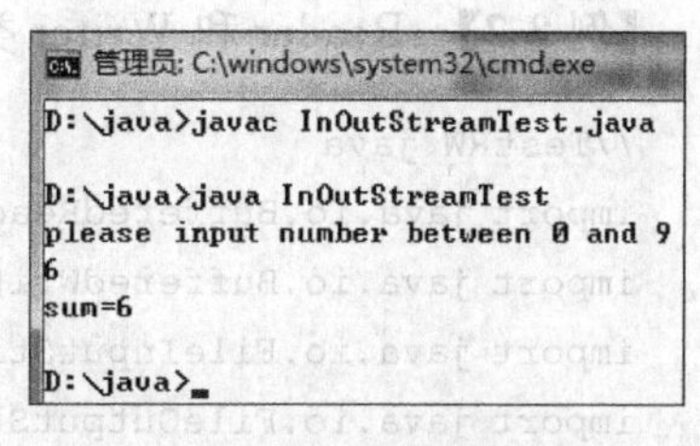

图 8-1 例 8-1 的运行结果

例 8-1 执行后，首先在命令行给出提示信息，根据提示信息输入 0～9 之间的数字，输入的是 6，因为 in 所读取到的是所输入数字的 ASCII 值，如果不减掉字符'0'，输出的结果就是 6 的 ASCII 码值 54，我们想得到输入的数字 6，因此减字符'0'，字符'0'的 ASCII 码值是 48。

8.2.2 类 Reader 和类 Writer

之前介绍的输入与输出类主要是针对字节流的，但是实际的应用过程中经常读写的是基于字符的数据流，处理字符的数据流类主要有类 Reader 和类 Writer。

1. 类 Reader

该类是用于读取字符流的抽象类。

1) 类 Reader 的构造方法

(1) Reader()：创建一个新的字符流 reader，其重要部分将同步其自身的 reader。

(2) Reader(Object lock)：创建一个新的字符流 reader，其重要部分将同步给定的对象。

2) Reader 类的常用方法

(1) close()：用于关闭当前的流。

(2) mark(int readAheadLimit)：用于标记流中的当前位置。

(3) int read()：用于读取单个字符。

(4) boolean ready()：用于判断当前流是否准备读取。

(5) reset()：用于重置当前的流。

(6) long skip(long n)：用于跳过字符，参数 n 为跳过的字符数。

2. 类 Writer

Writer 类与 Reader 类都是处理字符流的类，该类是处理写入字符流的抽象类，它提供的方法与 OutputStream 相近。

1) Writer 类的构造方法

(1) Writer()：创建一个新的字符流 writer，其关键部分将同步 writer 自身。

(2) Writer(Object lock)：创建一个新的字符流 writer，其关键部分将同步给定的对象。

2) Writer 类的常用方法

(1) Writer append(char c)：用于将指定字符追加到此 writer。

(2) close()：用于关闭当前的流，关闭前要先刷新它。

(3) flush()：刷新当前的流。

(4) write(int c)：用于写入单个字符，写入的字符被写入到低 16 位，高 16 位被忽略。

【例 8-2】 Reader 和 Writer 类应用举例。

```
//TestRW.java
import java.io.BufferedReader;
import java.io.BufferedWriter;
import java.io.FileInputStream;
import java.io.FileOutputStream;
import java.io.InputStreamReader;
import java.io.OutputStreamWriter;
public class TestRW {
    public static void main(String[] args) throws Exception {
        FileOutputStream fos=new FileOutputStream("test.txt");
        OutputStreamWriter osw=new OutputStreamWriter(fos);
        BufferedWriter bw=new BufferedWriter(osw);
        bw.write("www.qq.com");
        bw.close();
        FileInputStream fis=new FileInputStream("test.txt");
        InputStreamReader isr=new InputStreamReader(fis);
        BufferedReader br=new BufferedReader(isr);
        System.out.println(br.readLine());
        br.close();
    }
}
```

程序运行结果如图 8-2 和图 8-3 所示。

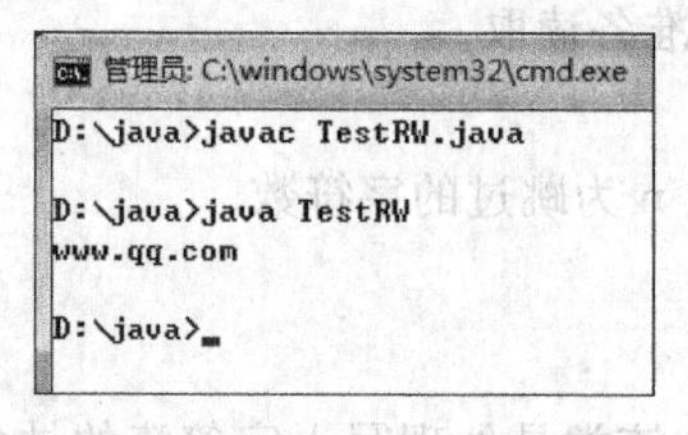

图 8-2 例 8-2 的运行结果

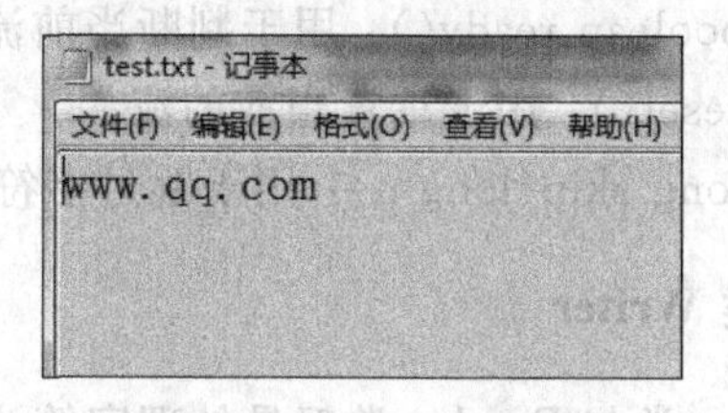

图 8-3 test.txt 中的内容

源程序分析:

本例能够实现文件写入和读取操作。方法 readline()可以读取一整行数据;文本文件和 Java 源程序要放在一个文件夹下,初始状态 test.txt 文件没有内容,程序运行后 www.qq.com 被写入到 test.txt 中,同时在命令行也把写入的数据读出。

8.2.3 类 FilterInputStream 和类 FilterOutputStream

1. 类 FilterInputStream

类 FilterInputStream 包含其他一些输入流,它将这些流用作其基本数据源,它可以直接传输数据或提供一些额外的功能。类 FilterInputStream 本身只是简单地重载那些将所有请求传递给所包含输入流的 InputStream 的所有方法。FilterInputStream 的子类可进一步重载这些方法中的一些方法,并且还可以提供一些额外的方法和字段。

1) FilterInputStream 的构造方法

FilterInputStream(InputStream in):将参数 in 分配给字段 this. in,以便记住它供以后使用,通过这种方式创建一个 FilterInputStream 对象。

2) FilterInputStream 类的常用方法

由于类 FilterInputStream 是 InputStream 类的子类,所以该类中的方法与 InputStream 类比较相似,在这里就不阐述了,可以参见 InputStream 类的方法。

2. 类 FilterOutputStream

此类是过滤输出流的所有类的超类。这些流位于已存在的输出流之上,它们将已存在的输出流作为其基本数据接收器,但可能直接传输数据或提供一些额外的功能。类 FilterOutputStream 本身只是简单地重载那些将所有请求传递给所包含输出流的 OutputStream 的所有方法。FilterOutputStream 的子类可进一步地重载这些方法中的一些方法,并且还可以提供一些额外的方法和字段。

1) FilterInputStream 的构造方法

FilterOutputStream(OutputStream out):创建一个构建在指定基础输出流之上的输出流过滤器。

2) 类 FilterOutputStream 的常用方法

由于 FilterOutputStream 类是 OutputStream 类的子类,所以该类中的方法与类 OutputStream 比较相似,在这里就不阐述了,可以参见类 OutputStream 的方法。

过滤流类的使用在这里就不举例了。

8.2.4 常见的输入与输出类

对于输入和输出的使用,在不同的环境下它们的使用情况也有所不同,下面列出一些常用的输入与输出类,如表 8-1～表 8-4 所示。

表 8-1 常见的字节输入类

类　名	解　释
InputStream	字节输入流。表示字节输入流的所有类的超类
AudioInputStream	音频输入流。具有指定音频格式和长度的输入流
ByteArrayInputStream	包含一个内部缓冲区,该缓冲区存储从流中读取的字节
FileInputStream	文件输入流。从文件系统中的某个文件中获取输入字节
FilterInputStream	过滤输入流。直接传输数据或提供一些额外的功能
ObjectInputStream	对象输入流。对以前使用 ObjectOutputStream 写入的基本数据和对象进行反序列化
PipedInputStream	管道输入流。传送输入流会提供要写入传送输出流的所有数据字节

续表

类　　名	解　　释
SequenceInputStream	表示其他输入流的逻辑串联
StringBufferInputStream	字符串缓冲输入流。在该流中读取的字节由字符串内容提供

表 8-2　常见的字符输入类

类　　名	解　　释
Reader	读取字符流。用于读取字符流的抽象类
BufferedReader	字符读取缓冲流。字符输入流中读取文本，缓冲各个字符
CharArrayReader	此类实现一个可用作字符输入流的字符缓冲区
FilterReader	用于读取已过滤的字符流的抽象类
InputStreamReader	是字节流通向字符流的桥梁
PipedReader	传送的字符输入流
StringReader	字符串的字符流

表 8-3　常见的字节输出类

类　　名	解　　释
OutputStream	字节输出流。此抽象类是表示输出字节流的所有类的超类
ByteArrayOutputStream	此类实现了一个输出流，其中的数据被写入一个字节数组
FileOutputStream	文件输出流。文件输出流是用于将数据写入 File 或 FileDescriptor 的输出流
FilterOutputStream	过滤输出流。此类是过滤输出流的所有类的超类
ObjectOutputStream	对象输出流。Java 对象的基本数据类型和图形写入 OutputStream
PipedOutputStream	管道输出流。传送输出流可以连接到传送输入流，以创建通信管道

表 8-4　常见的字符输出类

类　　名	解　　释
Writer	写入字符流。写入字符流的抽象类
BufferedWriter	将文本写入字符输出流，缓冲各个字符
CharArrayWriter	实现一个可用作 Writer 的字符缓冲区
FilterWriter	用于写入已过滤的字符流的抽象类
OutputStreamWriter	字符流通向字节流的桥梁
PipedWriter	传送的字符输出流
PrintWriter	向文本输出流打印对象的格式化表示形式
StringWriter	用其回收在字符串缓冲区中的输出来构造字符串

注意：在使用过程中要根据具体情况使用字节流、字符流和过滤流，如果输入与输出涉及文件夹或者文件，要注意文件和源程序的路径。

8.3　标准输入与输出

8.3.1　标准输入与输出

类 System 是一个不可扩展的类，被 final 关键字修饰，不能被实例化，在 java.lang 包下。通过前面的学习，我们已经简单地了解了标准的输入与输出 System.in 和 System.out，这里再进一步巩固。

标准输入 System.in 是 InputStream 类型，是由键盘输入或者由主机环境或输入一个指定的信息。我们可以通过 InputStream 的 read()方法获取从键盘输入的信息。

标准输出 System.out 是 PrintStream 类型，是显示器输出或者由主机环境或用户指定的另一个输出目标，输出信息到显示台上。PrintStream 中提供了两个常用的输出方法：print()和 println()方法，这两个方法几乎可以对各类输出进行操作，其中 print()方法可以连续地输出，而 println()方法提供了一个换行符"\n"。

【例 8-3】 标准输入与输出举例。

```
import java.util.Scanner;
public class TestMax {
    public static void main(String[] args) {
        Scanner in=new Scanner(System.in);
        double a;
        double b;
        System.out.println("请输入第一个整数：");
        a=in.nextDouble();
        System.out.println("请输入第二个整数：");
        b=in.nextDouble();
        if (a <b) {
            System.out.println("你输入的最大数为："+b);
            System.out.println("你输入的最小数为："+a);
        } else {
            System.out.println("你输入的最大数为："+a);
            System.out.println("你输入的最小数为："+b);
        }
    }
}
```

程序运行结果如图 8-4 所示。

源程序分析：

该程序是一个简单的输入与输出例子，程序执行后依次根据提示输入两个整数，然后判断两个数哪个是大的，哪个是小的。

```
管理员: C:\windows\system32\cmd.exe
D:\java>javac TestMax.java

D:\java>java TestMax
请输入第一个整数:
23
请输入第二个整数:
34
你输入的最大数为:  34.0
你输入的最小数为:  23.0

D:\java>_
```

图 8-4　例 8-3 的运行结果

8.3.2 标准输入与输出的重定向

在操作计算机的过程中，人们习惯把键盘输入视为标准输入，把显示器输出视为标准的输出。这里重定向指的是改变输入或者输出的方式，即将标准的输入与输出指定为其他的输入与输出的方法。类 System 提供了 3 个方法用于重定向。

(1) setErr(PrintStream err)：重新定义一个“标准”错误输出流 err。

(2) setIn(InputStream in)：重新定义一个“标准”输入流 in。

(3) setOut(PrintStream out)：重新定义一个“标准”输出流 out。

【例 8-4】 标准输出重定向举例。

```
import java.io.FileOutputStream;
import java.io.PrintStream;
public class Test1 {
  public static void main(String[] args) throws Exception {
    PrintStream ps=new PrintStream(new FileOutputStream("test.txt"));
    System.setOut(ps);
    System.out.println("Hello World!");
  }
}
```

【例 8-5】 标准输入重定向举例。

```
import java.util.Scanner;
public class Test2 {
    public static void main(String[] args) throws Exception {
    FileInputStream fis=new FileInputStream("test.txt");
    System.setIn(fis);
    Scanner sc=new Scanner(System.in);
    while (sc.hasNextLine()) {
        System.out.println(sc.nextLine());
    }
  }
}
```

例 8-4 和例 8-5 的程序运行结果如图 8-5～图 8-7 所示。

```
管理员: C:\windows\system32\cmd.exe
D:\java>javac Test1.java

D:\java>java Test1

D:\java>
```

图 8-5 例 8-4 的运行结果

图 8-6 test.txt 文件中的内容

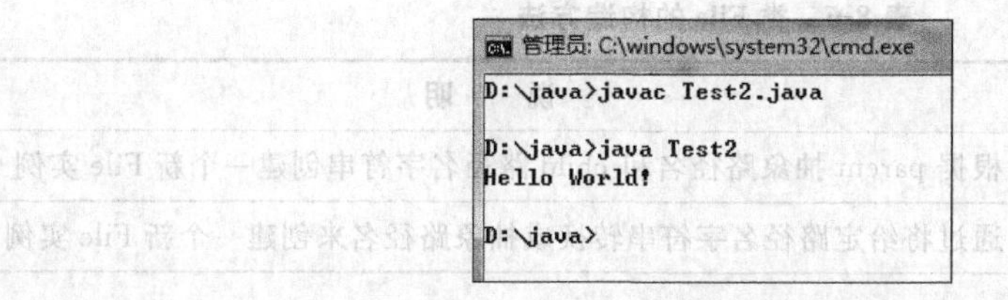

图 8-7 例 8-5 的运行结果

注意:标准输出往往是带缓存的,而标准出错没有缓存(默认设置,可以改)。

8.4 文件管理

文件是计算机存储数据的一种重要的形式,常用的办公软件如 Word 就可以实现文件的操作。在 Java 中文件的操作是跟输入与输出紧密联系在一起的。常用的文件有两种:一种是文本文件,比如编写的 Java 源程序的代码;另一种是二进制文件,比如 Java 源文件编译后生成的. class 文件。两者的区别是文本文件可以看懂,但是二进制文件打开后不一定能看懂。

8.4.1 类 File

Java 语言提供了一个功能强大的文件处理类 File。类 File 在 java. io 包下,该类提供了一些对文件的目录、目录下的文件等相关的操作,比如创建、删除、查询、修改等,有点类似操作系统中的"资源管理器"。下面学习 File 类的相关知识。

1. File 类的属性

类 File 有 4 个常用属性,如表 8-5 所示。

表 8-5 File 类的属性

属 性 名	说 明
pathSeparator	与系统有关的路径分隔符字符,UNIX 系统上,此字段为":";在 Microsoft Windows 系统上,它为";"
pathSeparatorChar	与系统有关的默认路径分隔符字符,UNIX 系统上,此字段为":";在 Microsoft Windows 系统上,它为";"
separator	与系统有关的默认名称分隔符,在 UNIX 系统上,此字段的值为"/";在 Microsoft Windows 系统上,它为"\\"
separatorChar	与系统有关的默认名称分隔符,在 UNIX 系统上,此字段的值为"/";在 Microsoft Windows 系统上,它为"\\"

2. 类 File 的构造方法

类 File 的构造方法如表 8-6 所示。

表 8-6　类 File 的构造方法

构 造 方 法	说　明
File(File parent, String child)	根据 parent 抽象路径名和 child 路径名字符串创建一个新 File 实例
File(String pathname)	通过将给定路径名字符串转换成抽象路径名来创建一个新 File 实例
File (String parent, String child)	根据 parent 路径名字符串和 child 路径名字符串创建一个新 File 实例
File(URI uri)	通过将给定的 file(URL url):通过将给定的文件的 URL(统一资源定位符,见 10.1 节)转换成一个抽象路径名来创建一个新的 File 实例

3. 类 File 的常用方法

类 File 的常用方法如表 8-7 所示。

表 8-7　类 File 的常用方法

方　法	说　明
boolean canRead()	是否可以读取此路径名的文件
boolean canWrite()	是否可以修改此路径名的文件
int compareTo(File pathname)	比较两个路径名
boolean createNewFile()	创建一个新的空文件
boolean delete()	删除此路径的目录或文件
boolean equals(Object obj)	判断路径名与给定对象是否相等
boolean exists()	判断此路径名的目录和文件是否存在
File getAbsoluteFile()	获取绝对路径名
String getAbsolutePath()	获取绝对路径名字符串
File getCanonicalFile()	获取一个完整路径名,类似 getAbsoluteFile()
String getCanonicalPath()	获取一个完整路径名字符串,类似 getAbsolutePath()
String getName()	获取此路径文件或目录名称
String getPath()	获取字符串类型的此路径名
boolean isAbsolute()	判断此路径是否为绝对路径
boolean isDirectory()	判断此路径文件是否为一个目录
boolean isFile()	判断此路径文件是否为一个文件
boolean isHidden()	判断此路径文件是否隐藏
long length()	此路径名文件的长度
boolean renameTo(File dest)	重命名此路径名对应的文件
String toString()	返回字符串形式的此路径名

续表

方　法	说　明
URL toURI()	构造一个此路径名或将此路径名转化为一个 URL
boolean mkdir()	创建目录
File[] listFiles()	获取目录下的文件列表

【例 8-6】 文件类的使用举例,创建文件及文件夹。

```
import java.io.*;
public class CreateFile {
    public static void main(String args[]) {
        try {
            File dir=new File("D:\\java\\file");
            if (! dir.exists()) {
                dir.mkdirs();
            }
            File file=new File(dir, "test1.txt");
            if (! file.exists()) {
                file.createNewFile();
            }
        } catch (Exception e) {
            e.printStackTrace();
        }
    }
}
```

程序运行结果如图 8-8 所示。

源程序分析:

该程序执行后,通过 File()方法在指定路径下建立一个 file 文件夹,在 file 文件夹下建立一个文件 test1. txt。

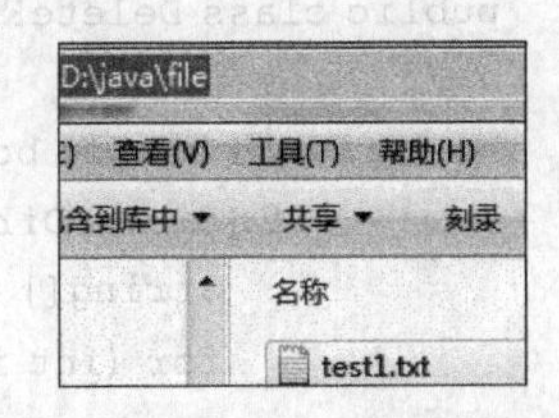

图 8-8　例 8-6 的运行结果

文件和文件夹已经创建好了,下面还要对文件进行一些操作,下面的例子是查询前面刚刚建立好的文件 File 的相关信息。

【例 8-7】 查询文件及文件夹应用举例。

```
import java.io.*;
public class QueryFile {
    static void fun(File file) {
        System.out.println("Test result :");
        System.out.println("Exist?         "+file.exists());
        System.out.println("Name:          "+file.getName());
        System.out.println("Path:          "+file.getPath());
        System.out.println("Parent:        "+file.getParent());
        System.out.println("Is file?       "+file.isFile());
```

```
        System.out.println("Is directory? "+file.isDirectory());
        System.out.println("Is hidden?    "+file.isHidden());
        System.out.println("Can read?     "+file.canRead());
        System.out.println("Can write?    "+file.canWrite());
        System.out.println("Length:       "+file.length());
        System.out.println();
    }
    public static void main(String args[]) {
        File file=new File("file");
        File file1=new File("file", "test1.txt");
        fun(file);
        fun(file1);
    }

}
```

```
D:\java>javac QueryFile.java

D:\java>java QueryFile
Test result :
Exist?          true
Name:           File
Path:           File
Parent:         null
Is file?        false
Is directory?   true
Is hidden?      false
Can read?       true
Can write?      true
Length:         0

Test result :
Exist?          true
Name:           test1.txt
Path:           File\test1.txt
Parent:         File
Is file?        true
Is directory?   false
Is hidden?      false
Can read?       true
Can write?      true
Length:         0
```

图 8-9 例 8-7 的运行结果

程序运行结果如图 8-9 所示。

源程序分析：

本例的程序用来查询已经建立好的 file 文件夹和该文件夹下面的 test1. txt 文件的属性，包括判断是否存在、名称、路径、是否隐藏、是否文件、可读、可写等。

下面通过程序来实现文件的删除操作。

【例 8-8】 文件删除演示示例。

```
import java.io.File;

public class DeleteFile {

    private static boolean deleteDir(File dir) {
        if (dir.isDirectory()) {
            String[] children=dir.list();
            for (int i=0; i<children.length; i++) {
                boolean success=deleteDir(new File(dir, children
[i]));
                if (!success) {
                    return false;
                }
            }
        }
        return dir.delete();
    }
    public static void main(String[] args) {
        String file="file";
        boolean success=deleteDir(new File(file));
        if (success) {
```

```
                System.out.println("删除成功: "+file);
            } else {
                System.out.println("删除失败:"+file);
            }
        }
    }
}
```

程序运行结果如图 8-10 所示。

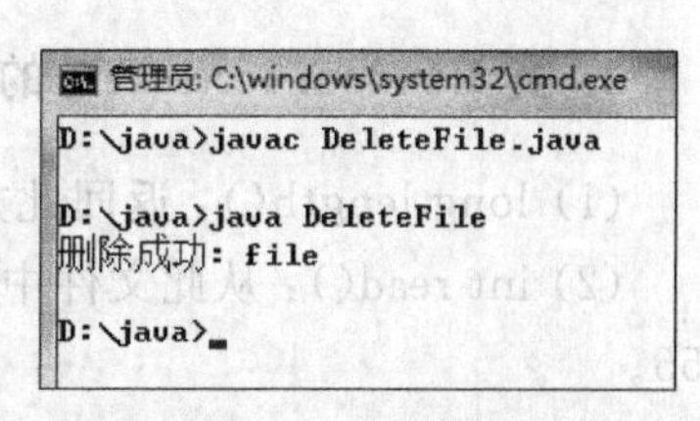

图 8-10 例 8-8 的运行结果

源程序分析：

该程序在执行过程中首先通过 isDirectory()方法判断要删除的是一个文件夹还是一个文件，删除后原来 D 盘 java 文件夹下的 file 文件被删除。

8.4.2 文件读写操作

对文件的读写可以有两个选择：一种是基于字节的读写操作；另一种是基于字符的读写操作。前面已经介绍了文件读写操作，在此就不再举例。

8.4.3 类 RandomAccessFile

一般情况下，读写操作都是按照顺序进行的，但有时需要在文件的特定位置开始读写操作，之前的输入与输出操作无法完成的功能。Java 语言提供了类 java.io.RandomAccessFile 完成这一特殊的操作，此类的实例支持对随机存取文件的读取和写入。类 RandomAccessFile 不是 InputStream 和 OutputStream 的子类，而是几乎完全独立于其他输入与输出类库之外的类，RandomAccessFile 类在实现任意位置读写操作之外，还实现了 DataInput 和 DataOutput 接口，支持字节数据、字符数据和 Java 所提供的基本数据类型的读写操作。

1. 类 RandomAccessFile 的构造方法

(1) RandomAccessFile(File file, String mode)：创建从中读取和向其中写入的随机存取文件流。

(2) RandomAccessFile(String name, String mode)：创建从中读取和向其中写入的随机存取文件流，该文件具有指定名称。

这两个构造方法的参数含义如下：File 参数指定需要访问的文件；mode 参数指定用以打开文件的访问模式，具体值的含义如表 8-8 所示。

表 8-8 mode 参数含义表

取 值	说 明
r	以只读方式打开。如果该文件尚不存在，则尝试创建该文件
rw	文件读写。如果该文件尚不存在，则尝试创建该文件

续表

取 值	说 明
rws	文件读写。对于 rw,还要求对文件的内容或元数据的每个更新都同步写入到基础存储设备
rwd	文件读写。对于 rw,还要求对文件内容的每个更新都同步写入到基础存储设备

2. 类 RandomAccessFile 的常用方法

(1) long length():返回此文件的长度。

(2) int read():从此文件中读取一个数据字节。以整数形式返回此字节,范围在0～255。

(3) seek(long pos):设置到此文件开头测量到的文件指针偏移量,在该位置发生下一个读取或写入操作。偏移量的设置可能会超出文件末尾。偏移量的设置超出文件末尾不会改变文件的长度。只有在偏移量的设置超出文件末尾的情况下对文件进行写入才会更改其长度。

(4) write(int b):向此文件写入指定的字节,从当前文件指针开始写入。

【例 8-9】 RandomAccessFile 类的使用举例。

```
import java.io.*;
public class RandomAccessFileTest {
    public static void main(String[] args) {
        try{
            RandomAccessFile raf=new RandomAccessFile(
                    "D:/java/test.txt", "rw");
            raf.writeChar('a');
            raf.writeChar('b');
            raf.writeChar('c');
            raf.close();

            RandomAccessFile raf1=new RandomAccessFile(
                    "D:/java/test.txt", "rw");
            raf1.seek(2);
            raf1.writeChar('d');
            raf1.close();

            RandomAccessFile raf2=new RandomAccessFile(
                    "D:/java/test.txt", "rw");
            for (int i=0; i<3; i++) {
                System.out.println(raf2.readChar());
            }

        }catch (IOException e) {
            e.printStackTrace();
```

```
        }
    }
}
```

程序运行结果如图 8-11 所示。

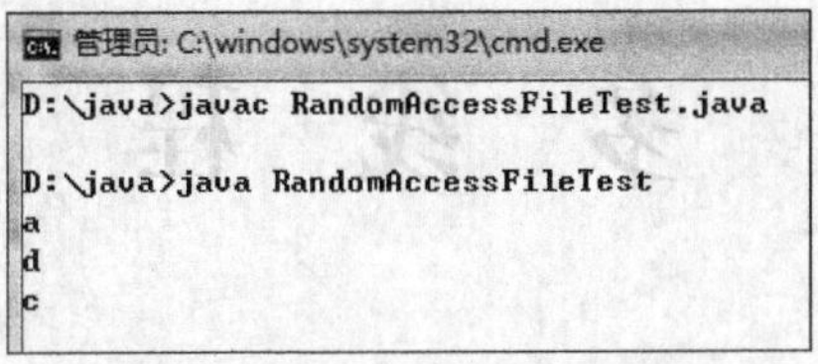

```
管理员: C:\windows\system32\cmd.exe
D:\java>javac RandomAccessFileTest.java

D:\java>java RandomAccessFileTest
a
d
c
```

图 8-11 例 8-9 的运行结果

源程序分析：

以上是一个 RandomAccessFile 例子，程序执行过程中首先通过 writeInt()方法向路径下的 test1.txt 文件中写入 a、b、c 三个数字，然后通过 seek()方法找到第 2 个字节的位置，在下个位置写入整数 d，最后输出，结果是 a、d、c。

注意：文件操作中的绝对路径和相对路径，涉及的字节和字符操作。

8.5 本章小结

本章学习了如下内容。

(1) 流的概念、字节流和字符流的含义。

(2) 字节流对应的类 InputStream 和类 OutputStream。

(3) 处理字符的数据流类主要有类 Reader 和类 Writer。

(4) 类 FilterInputStream 和类 FilterOutputStream。

(5) 类 System 的使用。

(6) 类 File 的使用。

(7) 随机存取文件的读取和写入类 RandomAccessFile。

习 题

1. 简述字节流和字符流的概念。

2. 什么是标准输入与输出的重定向？

3. 如何创建文件，实现简单的查询、删除等操作？

4. 编写一个程序，要求从控制台写入 5 个数，然后通过字符流写入一个文件 text1.txt 中。

5. 编写一个程序，要求从控制台写入 5 个数，然后通过数据流写入一个文件 text2.txt 中。

6. 编写一个程序，在任意目录下创建目录：root、root\sun1、root\sun2，然后分别在 sun1 下建立文件 test1.txt，在 sun2 下建立 test2.txt。

第9章 chapter 9

多线程

教学重点	多线程的基本概念;线程的创建;线程的生命周期;线程的优先级;线程的常用方法				
教学难点	使用 Runnable 接口;线程的同步				
教学内容和教学目标	**知识点**	**教学要求**			
		了解	**理解**	**掌握**	**熟练掌握**
	多线程的概念		√		
	类 Thread 的应用				√
	使用 Runnable 接口				√
	线程的生命周期			√	
	线程的优先级		√		
	线程的常用方法			√	
	线程的同步				√

9.1 多线程的概念

Java 语言的一大特性就是支持多线程。多线程是指一个应用程序中同时存在几个执行体,按几条不同的执行线索共同工作的情况。虽然执行线程给人一种几个事件同时发生的感觉,但这只是一种错觉,因为计算机在任何时刻只能执行那些线程中的一个。为了建立这些线程同步执行的感觉,JVM 快速地把控制从一个线程切换到另一个线程,多线程的执行过程如图 9-1 所示。

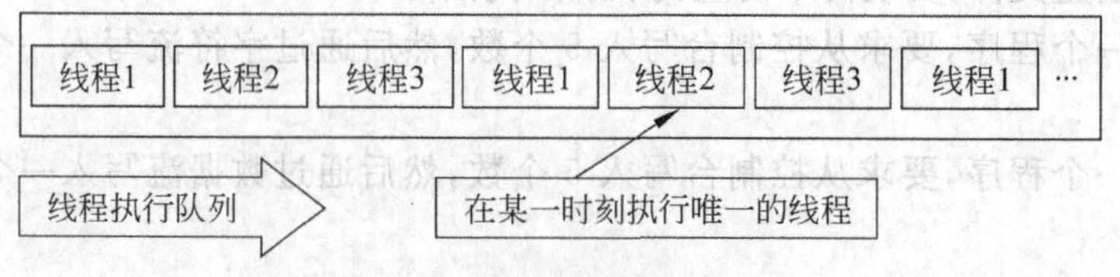

图 9-1 多线程的执行过程

现在的操作系统都支持多线程,许多其他程序语言也支持多线程,但使用这些语言中的多线程必须调用一个附加的程序包。而Java语言本身就有支持多线程的包(java.lang.Thread包),其思想是将一个虚拟的CPU封装在java.lang.Thread包中,每个线程的代码通过Thread类和虚拟的CPU打交道,而Java虚拟机占用一个进程,同时运行许多虚拟的CPU,多个虚拟CPU之间的协调不需要编码,这使多线程编程更加容易。

特别是在网络编程中,很多功能是可以并发执行的。比如网络传输速度较慢,用户输入速度较慢,就可以用两个独立的线程去完成这些功能,而不影响正常的显示或其他功能。多线程是与单线程比较而言的,单线程程序的工作原理是:主程序有一个消息循环,不断从消息队列中读入消息来决定下一步所要做的事情,一般是一个子函数,只有等这个子函数执行完返回后,主程序才能接收另外的消息来执行。比如子函数功能是在读一个网络数据,或读一个文件,只有等读完这些数据或文件才能接收下一个消息。在执行这个子函数过程中什么也不能干。但往往读网络数据和等待用户输入有很多时间处于等待状态,多线程利用这个特点将任务分成多个并发任务后,就可以解决这个问题。

每个Java应用程序都有一个默认的主线程。Java的应用程序总是从主类的main()方法开始执行。当JVM加载代码,发现main()方法之后,就会启动一个线程,这个线程称为"主线程",该线程负责执行main()方法。接着,在main()方法的执行中再创建其他线程,这就称为程序中的其他线程。

9.2 线程的创建

在Java中实现多线程有两种方法:继承Thread和实现Runnable接口。使用Thread子类创建线程的优点是:可以在子类中增加新的成员变量,使线程具有某种属性,也可以在子类中新增加方法,使线程具有某种功能。但是,Java语言不支持多继承,Thread类的子类不能再扩展其他的类。而实现Runnable接口来创建线程就可以弥补上述的缺点,这种方法比较灵活,在实现Runnable接口的同时还可以继承其他类。

9.2.1 继承Thread类创建线程

在Java语言中,用Thread类或子类创建线程对象。

1. Thread类的构造方法

1) public void Thread()

该构造方法是默认的,没有参数。例如:

```
Thread thread1=new Thread();
```

2) public void Thread(Runnable simple)

该构造方法的功能是:实现Runnable接口的类的实例对象,是将线程的业务逻辑交由参数所传递的Runnable对象去实现。参数是Runnable类型的参数。例如:

```
Thread thread2=new Thread(simple);
```

其中，simple 是实现 Runnable 接口的对象。

3) public void Thread(String name)

该构造方法的功能是：创建带名称的线程。形参是 String 类型的，作为新创建的线程对象的名称。例如：

```
Thread thread3=new Thread("ThreadName");
```

4) public void Thread(Runnable simple, String name)

该构造方法的功能是：接收 Runnable 对象和线程名称的字符串。例如：

```
Thread thread4=new Thread (simple, "ThreadName");
```

2. 线程的创建

在 Java 语言中，要实现线程功能，可以继承 java. lang. Thread 类，这个类已经具备了创建和运行线程的所有必要框架。编写 Thread 类的子类时，需要重载父类的 run()方法，其目的是规定线程的具体操作，否则线程什么也不做，因为父类的 run()方法中没有任何操作语句。实例化自定义的 Thread 类，使用 start()方法来启动线程。当 JVM 将 CPU 使用权切换给线程时，如果线程是 Thread 的子类创建的，该类中的 run()方法就立刻执行。

3. 应用举例

【例 9-1】 创建两个线程模拟两只兔子共享主线程提供的胡萝卜。一只兔子在吃胡萝卜的过程中，主动休息片刻，让另一只兔子吃胡萝卜，而不是等到被强制中断吃胡萝卜。当胡萝卜被吃光时，两只兔子进入死亡状态。

```
//Example9_1.java
public class Example9_1
{  public  static void main(String args[])
  {  Carrot  carrot=new Carrot();
      int size=10;
      carrot.setSize(size);
      Rabbit  rabbitw=new Rabbit("小白兔",1000,carrot) ;
      Rabbit  rabbitg=new Rabbit("小灰兔",1000,carrot);
    System.out.println("胡萝卜的大小是:"+size+"克.");
      rabbitw.start();
      rabbitg.start();
  }
}
class Carrot
{
  int size;  //胡萝卜的大小
  public void setSize(int n)
```

```
    { size=n;
    }
    public int getSize()
    { return size;
    }
    public void lost(int m)
    { if(size-m>=0)
        size=size-m;
    }
  }
  class Rabbit extends Thread
  { int timeLength;        //线程休眠的时间长度
    Carrot carrot;
    Rabbit(String s,int timeLength,Carrot carrot )
    { setName(s);
        //调用 Thread类的方法 setName()为线程起个名字
      this.timeLength=timeLength;
      this.carrot=carrot;
    }
  public void run()
    { while(true)
       {
         int n=2;
         System.out.println(getName()+"吃"+n+"克胡萝卜.");
         carrot.lost(n);
     System.out.println(getName()+"发现还剩"+carrot.getSize()+"克胡萝卜.");
         try {  sleep(timeLength);
             }
           catch(InterruptedException e){}
         if(carrot.getSize()<=0){
             System.out.println(getName()+"进入死亡状态.");
             return;
         }
       }
    }
  }
```

```
管理员: 命令提示符

D:\lx>javac Example9_1.java

D:\lx>java Example9_1
胡萝卜的大小是: 10克.
小白兔吃2克胡萝卜.
小灰兔吃2克胡萝卜.
小白兔发现还剩8克胡萝卜.
小灰兔发现还剩6克胡萝卜.
小灰兔吃2克胡萝卜.
小灰兔发现还剩4克胡萝卜.
小白兔吃2克胡萝卜.
小白兔发现还剩2克胡萝卜.
小灰兔吃2克胡萝卜.
小灰兔发现还剩0克胡萝卜.
小白兔吃2克胡萝卜.
小白兔发现还剩0克胡萝卜.
小白兔进入死亡状态.
小灰兔进入死亡状态.
```

图 9-2 例 9-1 的运行结果

程序运行结果如图 9-2 所示。

源程序分析：

(1) 线程(兔子)执行 Rabbit 类的 run()方法的过程中调用 lost()方法，在调用 lost()方法之前或之后有可能立刻被强制中断，特别是双核系统的计算机。

(2) 建议读者仔细分析程序的运行结果，以便理解 JVM 轮流执行线程的机制。

9.2.2 使用 Runnable 接口

通过实现 Runnable 接口类作为一个线程的目标对象，这种方法用 Runnable 目标对象初始化 Thread 类，通常使用的构造方法如下：

```
Thread(Runnable target)
```

该构造方法中的参数是一个 Runnable 类型的接口，因此，在创建线程对象时必须向构造方法的参数传递一个实现 Runnable 接口类的实例，该实例对象称为所创线程的目标对象。

当线程调用 start()方法后，一旦轮到它来享用 CPU 资源，目标对象就会自动调用 Runnable 接口中的 run()方法，继续执行 run()方法中的内容。

1. 实现 Runnable 接口的类的定义

```
class  类名  implements Runnable
{
    …
    public  void start()
    {
    if(runner==null)
      {
        runner=new Thread(this);
        runner.start();
      }
    }
    ⋮
      public  void run()
    {
    //这里是线程运行时的代码
    }
    ⋮
      private  Thread  runner;
}
```

2. 应用举例

【例 9-2】 创建两个线程模拟两只兔子共享房间中的胡萝卜。一只兔子在吃胡萝卜的过程中，主动休息片刻，让另一只兔子吃胡萝卜，而不是等到被强制中断吃胡萝卜。当胡萝卜被吃光时，两只兔子进入死亡状态。

```
//Example9_2.java
public class Example9_2
{  public  static void main(String args[])
```

```
  {
    House house=new House();
    house.setCarrot(10);
    Thread rabbitw,rabbitg;
    rabbitw=new Thread(house);
    rabbitw.setName("小白兔");
    rabbitg=new Thread(house);
    rabbitg.setName("小灰兔");
    rabbitw.start();
    rabbitg.start();
  }
}
class House implements Runnable
{  int carrot;          //用 carrot 模拟胡萝卜的大小
  Thread attachThread;
public void setCarrot(int n)
  {  carrot=n;
  }
public void run()
  { int m=2;
    while(true)
      {
        if(carrot<=0){
          System.out.println(Thread.currentThread().getName()+"进入死亡状态.");
          return;
        }
       System.out.println(Thread.currentThread().getName()+"吃"+m+"克胡萝卜.");
        carrot=carrot-m;
        System.out.println(Thread.currentThread().getName()+"发现还剩"+carrot+"克胡萝卜.");
        try {  Thread.sleep(1000);
            }
        catch(InterruptedException e){}

      }
  }
}
```

```
管理员: 命令提示符
D:\lx>javac Example9_2.java

D:\lx>java Example9_2
小白兔吃2克胡萝卜.
小灰兔吃2克胡萝卜.
小白兔发现还剩8克胡萝卜.
小灰兔发现还剩6克胡萝卜.
小白兔吃2克胡萝卜.
小白兔发现还剩4克胡萝卜.
小灰兔吃2克胡萝卜.
小灰兔发现还剩2克胡萝卜.
小白兔吃2克胡萝卜.
小白兔发现还剩0克胡萝卜.
小灰兔吃2克胡萝卜.
小灰兔发现还剩-2克胡萝卜.
小白兔进入死亡状态.
小灰兔进入死亡状态.
```

图 9-3　例 9-2 的运行结果

程序运行结果如图 9-3 所示。

源程序分析：

(1) 本例与例 9.1 不同，使用 Thread 类创建两个兔子线程，房间是线程的目标对象，房间中的胡萝卜被两只兔子共享。

(2) Thread.currentThread().getName():用来获取当前的线程的对象名。

(3) Thread.sleep(1000):当前的线程对象让出 CPU,处于休息状态。

9.2.3 在线程中启动其他线程

在前面的例子中都是主线程启动其他线程,实际上也可以在任何一个线程中启动另一个线程。

【例 9-3】 小白兔自己独享一会胡萝卜后,才让小灰兔来吃胡萝卜。

```
//Example9_3.java
public class Example9_3
{  public  static void main(String args[])
  {  House house=new House();
     house.setCarrot(10);
     Thread rabbitw,rabbitg;
     rabbitw=new Thread(house);
     rabbitw.setName("小白兔");
     rabbitg=new Thread(house);
     rabbitg.setName("小灰兔");
     house.setAttachThread(rabbitg);
     rabbitw.start();      //小白兔先吃
  }
}

class House implements Runnable
{  int carrot=10;          //用 carrot 模拟胡萝卜的大小
  Thread attachThread;
   public void setCarrot(int n)
   {  carrot=n;
   }
   public void setAttachThread(Thread t)
   {  attachThread=t;
   }
 public void run()
   { int m=2;
     while(true)
       {
          if(carrot<=0){
           System.out.println(Thread.currentThread().getName()+"进入死亡
状态.");
           return;
         }
        System.out.println(Thread.currentThread().getName()+"吃"+m+"克胡
萝卜.");
```

```
        carrot=carrot-m;
      System.out.println(Thread.currentThread().getName()+"发现还剩"+carrot
+"克胡萝卜.");
        if(carrot<=4){
          try {   attachThread.start();   //启动小灰兔
              }
          catch(Exception e){}
          }
        try {   Thread.sleep(1000); }
          catch(InterruptedException e){}
        }
    }
  }
```

程序运行结果如图 9-4 所示。

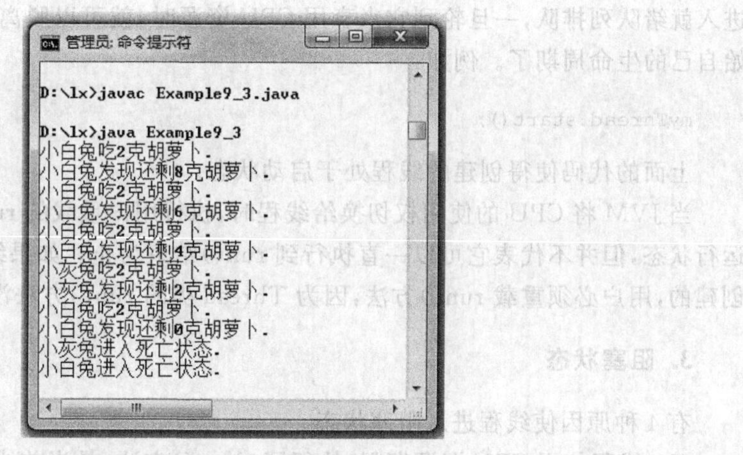

图 9-4 例 9-3 的运行结果

9.3 线程的生命周期

通过前面的学习已经初步掌握如何编写多线程的程序,包括建立线程、启动线程以及决定线程需要完成的任务,本节学习线程的生命周期。

新建的线程在它的完整生命周期中主要经历以下 4 种状态,各状态之间的关系如图 9-5所示。

1. 创建状态

当实例化一个 Thread 类及其子类的对象时,新生的线程对象处于新建状态,此时它已经有了相应的内存空间和其他资源。例如:

```
Thread myThread=new  MyThread ();
```

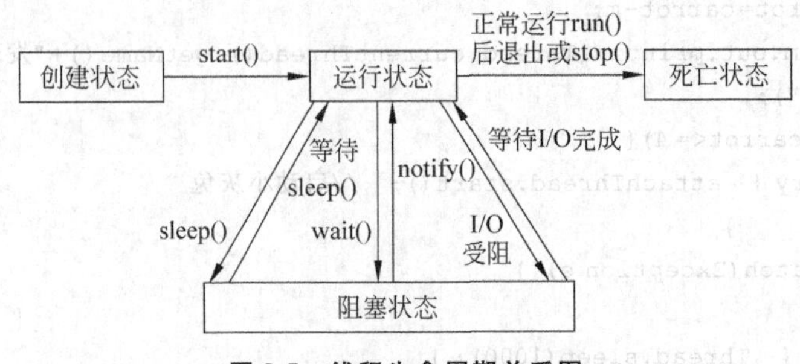

图 9-5 线程生命周期关系图

其中,新创建的 MyThread 类是 Thread 的子类,新创建的线程是 myThread。

2. 运行状态

线程创建之后就具备了运行的条件,调用 start()方法将启动线程,使之从创建状态进入就绪队列排队,一旦轮到它来享用 CPU 资源时,就可以脱离创建它的主线程独立开始自己的生命周期了。例如:

```
myThread.start();
```

上面的代码使得创建的线程处于启动状态。

当 JVM 将 CPU 的使用权切换给线程时,执行用户重载的 run()方法,此时线程进入运行状态,但并不代表它可以一直执行到 run()结束为止。如果线程是由 Thread 的子类创建的,用户必须重载 run()方法,因为 Thread 类的 run()方法没有具体的内容。

3. 阻塞状态

有 4 种原因使线程进入阻塞状态。

(1) 线程使用 CPU 资源期间,执行了 sleep()方法,是当前线程进入休眠状态。具体用法如下:

```
public void sleep(int millsecond)
```

该方法的功能是使运行状态的线程放弃 CPU 资源,休眠一段时间。休眠时间的长短由 sleep()方法的参数决定,millsecond 是毫秒。

如果线程在休眠时被打断,JVM 就抛出 InterruptedException 异常。因此,必须在 try-catch 语句块中调用 sleep()方法。例如:

```
myThread.start();
try{
    myThread.sleep(500);
}catch(InterruptedException e){}
```

如果线程调用 sleep()方法,我们不能调用任何方法让它脱离阻塞状态,只能等待其休眠时间,自动脱离阻塞状态。

(2) 线程使用 CPU 资源期间,执行某个操作进入阻塞状态,如线程正在等待 I/O 操作完成。进入阻塞状态时线程不能进入排队队列，只有当引起阻塞的原因消除时，线程才能重新进到队列中排队等待 CPU 资源。

(3) 线程使用 CPU 资源期间，线程调用了 wait()方法，使得当前线程进入阻塞状态。若线程想重新回到运行状态，可以用 notify()方法或 notifyAll()方法通知该线程，使线程重新进到队列中排队等待 CPU 资源。wait()方法、notify()方法、notifyAll()方法在9.4.2节介绍。

(4) JVM 将 CPU 资源从当前线程切换给其他线程，使本线程让出 CPU 的使用权处于阻塞状态。

4. 死亡状态

当 run()方法执行完毕，线程就变成死亡状态。以前 Thread 类中存在一个停止线程的 stop()方法，不过现在这个方法不用了，因为容易使程序进入不稳定状态。

【例 9-4】 用 Thread 子类创建两个线程，模拟两只小兔轮流出现。

```
//Example9_4.java
import java.io.*;
public class Example9_4
{  public  static void main(String args[])
   {  Rabbitw rabbit1=new Rabbitw();
      Rabbitg rabbit2=new Rabbitg();
      rabbit1.start();
      rabbit2.start();
      for(int i=1;i<=6;i++)
      {  System.out.println("我是主线程");
      }
   }
}
class Rabbitw extends Thread
{  public void run()
   {  for(int i=1;i<=8;i++)
      {
           System.out.println("我是小白兔线程");
      }
      try{
            Thread.sleep (1000);
          }catch(InterruptedException e){}
   }
}
class Rabbitg extends Thread
{  public void run()
   {  for(int i=1;i<=8;i++)
      {  System.out.println("我是小灰兔线程");
```

```
        }
        try{
            Thread.sleep (2000);
          }catch(InterruptedException e){}
    }
}
```

程序运行结果如图 9-6 所示。

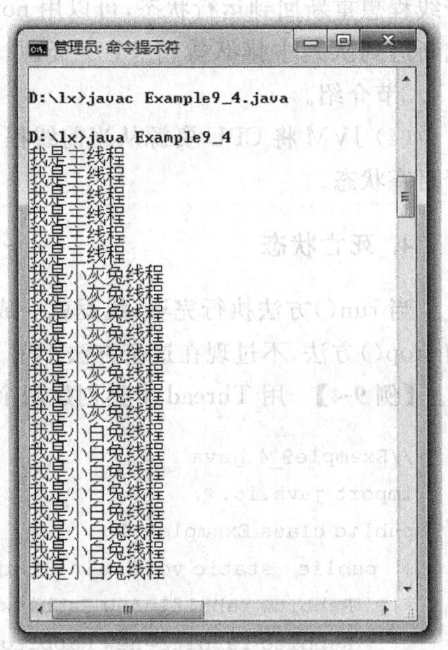

图 9-6　例 9-4 的运行结果

源程序分析：

(1) JVM 首先将 CPU 资源给主线程。

主线程在使用 CPU 资源时执行了：

```
Rabbitw rabbit1=new Rabbitw();
        Rabbitg rabbit2=new Rabbitg();
        rabbit1.start();
        rabbit2.start();
```

JVM 知道有 3 个线程，分别是主线程、rabbit1 和 rabbit2。

(2) JVM 在 rabbit1 和 rabbit2 之间切换，输出结果如图 9-7 所示。

(3) 最后让主线程占用 CPU 资源，输出结果如图 9-8 所示。

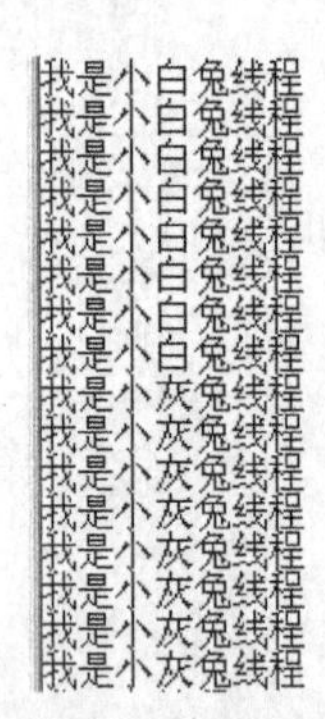

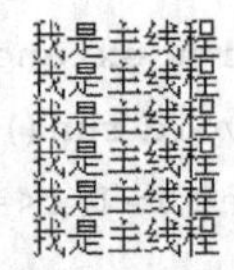

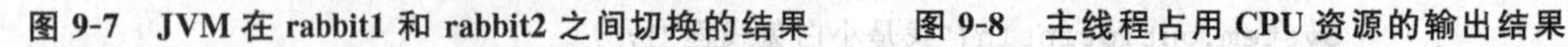

图 9-7　JVM 在 rabbit1 和 rabbit2 之间切换的结果　　图 9-8　主线程占用 CPU 资源的输出结果

注意：上述程序在不同的计算机运行或同一台计算机反复运行的结果不尽相同，输出结果依赖于当前的 CPU 资源的使用情况。

9.4　线程的优先级

在 Java 语言中，线程优先级分为 10 个级别，每个 Java 线程的优先级都在常数 1～10 之间，默认值为 5。

线程的优先级可以通过 setPriority(int grade)方法调整。getPriority()返回线程的优先级。

注意：有些操作系统只能识别 3 个级别：1、5、10。

Java 调度器的任务是使高优先级的线程能始终运行。一旦时间片有空闲，则使具有相同优先级的线程以轮流的方式顺序使用时间片。例如，有线程 1、线程 2、线程 3、线程 4，线程 1 和线程 2 的级别高于线程 3 和线程 4，那么，Java 调度器首先以轮流的方式执行线程 1 和线程 2，一直等到线程 1、线程 2 都执行完毕进入死亡状态，才会在线程 3 和线程 4 之间轮流切换。

在实践编程时，不提倡使用线程的优先级来保证算法的正确执行。应假设线程在任何时刻都有可能被剥夺 CPU 资源的使用权，这样的多线程代码才是正确的。

9.5 线程的常用方法

在 9.3 节中，我们学习了几个跟线程生命周期相关的方法，本节将详细介绍线程常用的方法。

1. start()

该方法的功能是启动线程，使之从新建状态进入就绪队列排队，一旦轮到它来享用 CPU 资源时，就可以脱离创建它的线程独立开始自己的生命周期。

2. run()

无论是 Thread 类的 run()方法还是 Runnable 接口中的 run()方法，功能都是用来定义线程对象被调度之后所执行的操作，都是系统自动调用而用户程序不得引用的方法。系统的 Thread 类中，run()方法没有具体内容，所以用户程序需要创建自己的 Thread 类的子类，并重载 run()方法来覆盖原来的 run()方法；用户程序实现 Runnable 接口的类就可以成为线程，该类必须重载 run()方法。当 run()方法执行完毕，线程就变成死亡状态。

3. sleep(long millsecond)

该方法的功能是使运行状态线程放弃 CPU 资源，休眠一段时间。休眠时间的长短由 sleep()方法的参数决定，millsecond 是毫秒。如果线程在休眠时被打断，JVM 就抛出 InterruptedException 异常。因此，必须在 try-catch 语句块中调用 sleep()方法。

4. isAlive()

该方法的功能是确定一个线程的运行状态，判断一个线程是否是处于活动状态。一般格式如下：

```
public boolean isAlive()
```

该方法的返回值是 true 或 false。例如：

```
thread1.isAlive();
```

其中,thread1 是线程对象,该语句的功能是判断线程 thread1 的状态。

注意:

(1) 线程处于"新建"状态时,线程调用 isAlive()方法返回 false。

(2) 当一个线程调用 start()方法,并占有 CUP 资源后,该线程的 run()方法就开始运行,在线程的 run()方法结束之前,即没有进入死亡状态之前,线程调用 isAlive()方法返回 true。

(3) 当线程进入"死亡"状态后(实体内存被释放),线程仍可以调用方法 isAlive(),这时返回的值是 false。

5. currentThread()

该方法的功能是返回当前正在使用 CPU 资源的线程。一般格式如下:

```
public static Thread  currentThread()
```

该方法是 Thread 类中的类方法,可以用类名调用。

6. interrupt()

该方法的功能是经常用来"吵醒"休眠的线程。当一些线程调用 sleep()方法处于休眠状态时,一个占有 CPU 资源的线程可以让休眠的线程调用 interrupt()方法"吵醒"自己,即导致休眠的线程发生 InterruptedException 异常,从而结束休眠状态,重新排队等待 CPU 资源。

【例 9-5】 有两个线程:daughter 和 mother,其中 daughter 周末准备玩一个小时再写作业,mother 在输出 3 句"写作业"后,吵醒休眠的线程 daughter。

```
//Example9_5.java
public class Example9_5
{  public static void main(String args[])
    {  Lx lx=new Lx();
       lx.daughter.start();
       lx.mother.start();
    }
}
class Lx implements Runnable
{  Thread  daughter,mother;
   Lx()
    {  mother=new Thread(this);
       daughter=new Thread(this);
       mother.setName("妈妈");
       daughter.setName("宝贝");
    }
public void run()
    {  if(Thread.currentThread()==daughter)
```

```
        { try{  System.out.println(daughter.getName()+"正在玩耍,不写作业");
                Thread.sleep(1000*60*60);
              }
              catch(InterruptedException e)
              { System.out.println(daughter.getName()+"被妈妈叫回来了");
              }
           System.out.println(daughter.getName()+"写作业");
        }
    else if(Thread.currentThread()==mother)
        {
           for(int i=1;i<=3;i++)
              { System.out.println("写作业!");
                try{ Thread.sleep(500);
                   }
                catch(InterruptedException e){}
              }
           daughter.interrupt();            //叫回来 daughter
        }
      }
    }
```

程序运行结果如图 9-9 所示。

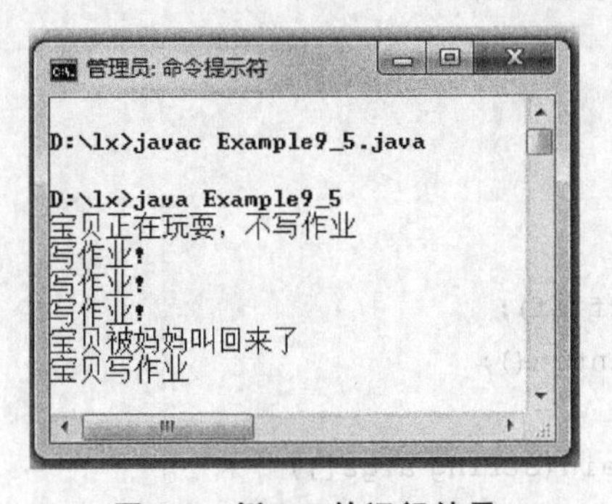

图 9-9 例 9-5 的运行结果

9.6 线程的同步

编写多线程程序时,要考虑多线程共享资源的情况,以免发生冲突。正如现实生活中"多个人同时在一个窗口购买火车票",此时就需要控制,否则容易阻塞。

为了避免多线程共享资源时发生冲突的情况,在操作系统课程中我们学习过解决的办法,就是在线程使用资源时给该资源上一把锁,其他线程若想使用这个资源必须等到锁解除为止,解锁的同时另一个线程使用该资源并为这个资源上锁,如图 9-10 所示。为了处理这种共享资源竞争,可以使用同步机制。

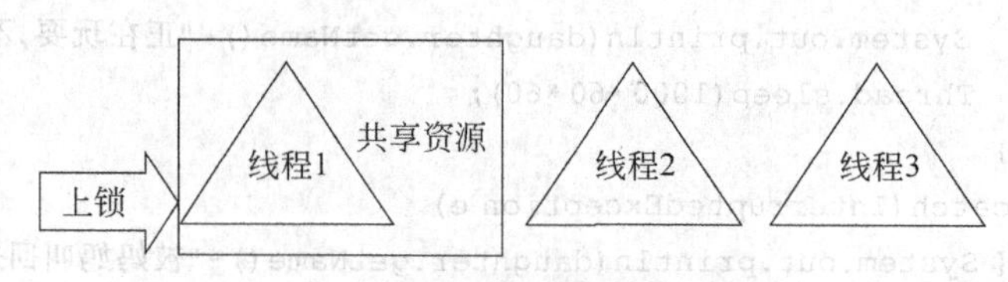

图 9-10 线程为共享资源上锁

9.6.1 线程的同步

同步机制是指两线程同时操作一个对象时，应该保持对象数据的统一性和整体性。Java 语言提供 synchronized 关键字来修饰方法。此方法是通常是修改数据的方法，当一个线程 A 使用这个方法时，其他线程想使用这个方法时就必须等待，直到线程 A 使用完该方法。

【例 9-6】 创建两个线程同时调用 Printlx 类的 printzf()方法，把 printzf()方法修饰为同步方法，分析运行结果。

```
//Example9_6.java
public class Example9_6 extends Thread
{
  private char zf;
  public Example9_6(char ch)
  {
    zf=ch;
  }
  public void run()
  {
     Printlx.printzf(zf);
     System.out.println();
  }
public static void main(String args[])
    {
     Example9_6  print1=new  Example9_6('你');
     Example9_6  print2=new  Example9_6('好');
     print1.start();
     print2.start();
    }
}
  class  Printlx
  {
   public static synchronized void printzf(char zf)
    {
     for(int i=0;i<=6;i++)
     {
```

```
                try{ Thread.sleep(500);
                   }
                  catch(InterruptedException e){}
                System.out.print(zf);
              }
          }
      }
```

程序运行结果如图 9-11 所示。

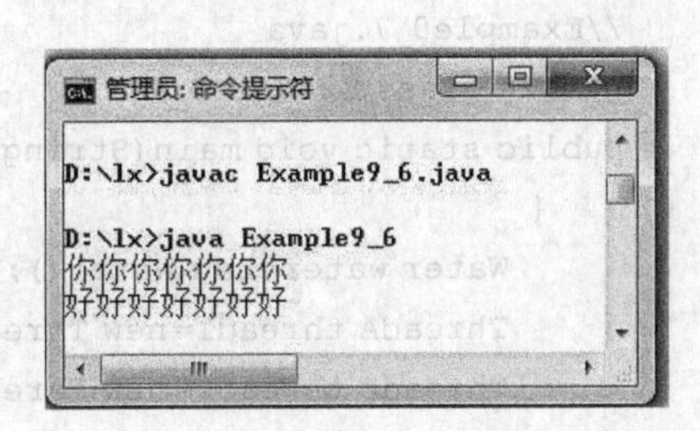

图 9-11 例 9-6 的运行结果

程序说明：

(1) 本程序中的同步方法是 printzf()方法，该方法的功能是让线程 A 和线程 B 输出字符，当其中的一个线程使用该方法时，另一个线程只能是等待，等到该线程执行完，才轮到另一个线程执行同步方法。

(2) 思考：将 printzf()方法的 synchronized 修饰符去掉，分析程序的运行结果。

9.6.2 在同步方法中使用 wait()、notify()和 notifyAll()方法

当一个线程正在使用一个同步方法时，其他线程就不能使用这个方法。然而，有时执行的任务可能有一定的联系，这样就需要使这些线程进行交互。例如，对暖气片的操作有“进水”和“排水”，这两个行为各代表一个线程，当暖气片中水满时，“进水”操作不能进行，当暖气片中没有水时，“排水”操作不能进行。

在 Java 语言中，用于线程通信的方法是前文提到的 wait()、notify()和 notifyAll()方法，这 3 个方法都是 Object 类中的 final 方法，被所有的类继承，且不允许重载方法。

1. wait()方法

该方法的功能是中断方法的执行，使本线程等待，暂时让出 CPU 的使用权，并允许其他线程使用这个同步方法。例如，线程 A 表示“进水”，线程 B 表示“排水”，共享对象为 water 这两个线程对暖气片有访问权，假设线程 B 想“排水”，但暖气片中没有水，这时只好等待。代码如下：

```
if(water.isEmpty)        //如果暖气中没有水
{
  water.wait();          //线程等待
}
```

2. notify() 和 notifyAll()方法

notify()的功能是通知由于使用这个同步方法而处于等待中的线程的某一个结束等待。notifyAll()方法的功能是通知所有的由于使用这个同步方法而处于等待的线程结

束等待，遵循的原则是“先中断先继续”的原则。例如：

```
water.notify();
```

【例 9-7】 模拟上文中提到的暖气片的“进水”和“排水”。创建线程 A 和线程 B 分别实现进水和排水，再创建 Water 类和暖气片对象，顺序启动线程 B 进行排水，然后启动线程 A 进行进水。

```
//Example9_7.java
public class Example9_7{
public static void main(String args[])
   {
     Water water=new Water();
     ThreadA thread1=new ThreadA(water);
     ThreadB thread2=new ThreadB(water);
     thread1.start();
     thread2.start();
   }
}

class  ThreadA extends Thread
{
  Water water;
  public ThreadA(Water water)
  {
    this.water=water;
  }
  public void run()
  {
     System.out.println("开始进水…");
     for(int i=1;i<=4;i++)
     {
         try{ Thread.sleep(500);
         }
           catch(InterruptedException e){}
         System.out.print(i+"分钟");
       }
     water.setWater(true);
       System.out.println("进水完成,水已注满!");
       synchronized(water)  //同步块
{
         water.notify();
       }
  }
}
```

```
class  ThreadB extends Thread
{
  Water water;
  public ThreadB(Water water)
  {
    this.water=water;
  }
  public void run()
  {
      System.out.println("启动排水…");
      if(water.isEmpty())
      {
        synchronized(water) //同步块
{
          try{ System.out.println("暖气中没有水,排水等待中…");
                water.wait();
              }
            catch(InterruptedException e){}
      }
    }
    System.out.println("开始排水…");
    for(int i=4;i>=1;i--)
    {
        try{ Thread.sleep(500);
              }
            catch(InterruptedException e){}
        System.out.print(i+"分钟");
    }
    water.setWater(false);
    System.out.println("排水完成!");
  }
}

  class  Water
  {
    boolean water=false;
    public boolean isEmpty(){
      return water? false:true;
  }
  public void  setWater(boolean has){
      this.water=has;
  }
}
```

程序运行结果如图 9-12 所示。

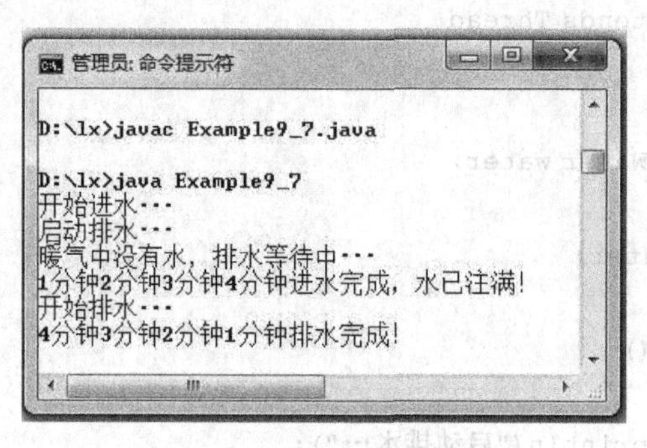

图 9-12　例 9-7 的运行结果

源程序说明：

(1) 同步块的使用。Java 语言中同步的设定不只应用于同步方法，也可以设置程序的某个代码段块为同步区域，例如，本程序的

```
synchronized(water)  //同步块
{
  water.notify();
}
```

跟使用同步方法的功能一样，注意练习会用。

(2) 本程序是学习同步的使用，熟悉 wait()和 notify()方法的用法。

9.7 本章小结

本章学习了如下内容：

(1) 多线程的概念。

(2) 线程的创建。

(3) 线程的生命周期。

(4) 多线程的优先级。

(5) 线程的同步。

习　题

1. 线程的创建方式有哪些？
2. 简述线程的生命周期。
3. 编程实现左右手轮流写字。
4. 编程处理“买火车票问题”中的同步问题。
5. 在什么地方 wait()方法、notify()方法及 notifyAll()方法可以被使用？

第10章 chapter 10

Java的网络应用

	知识点	教学要求			
教学重点	URL的使用;Socket通信;UDP数据报通信				
教学难点	客户端套接字;服务器端套接字;多线程Client/ Server程序				
	知　识　点	**了解**	**理解**	**掌握**	**熟练掌握**
教学内容和教学目标	URL的组成和类URL			√	
	类URLConnection				√
	Socket通信的一般步骤			√	
	客户端套接字				√
	服务器端套接字				√
	Client/Server程序				√
	多线程Client/Server程序			√	
	UDP数据报通信				√

Java的网络应用是通过包java.net中声明的类和接口来实现的,以流为基础的通信方式,使应用程序通过数据流查看网络。包java.net提供以数据包为基础的传输方式,实现独立数据包的数据传输,通常用于传输音频和视频。本章将讨论如何创建和操纵套接字以及如何实现数据包和数据流的传输。

10.1 URL的使用

URL(Uniform Resource Locator)是统一资源定位符的简称。它用于完整地描述Internet上网页和其他资源的地址的一种标识方法。Internet上的每一个网页都具有一个唯一的名称标识,通常称之为URL地址,这种地址可以是本地磁盘,也可以是局域网上的某一台计算机,更多的是Internet上的站点。

10.1.1 URL 的组成和类 URL

1. URL 的组成

URL 的一般格式如下：

协议:资源地址

URL 由两部分组成：协议部分和资源地址部分，中间用冒号分隔。协议部分表示获取资源所使用的传输协议，如 http、ftp、telnet、file 等；资源地址部分必须是资源的完整地址，包括主机名、端口号、文件名等，它的一般格式如下：

```
host: port / file-info
```

其中，host 是网络中计算机的域名或 IP 地址，port 是该计算机用于监听服务的端口号，file-info 是网络所要求的资源，如包含存放路径的文件。

下面是两个 URL 的例子：

https：//www. baidu. com/

http：//www. tup. tsinghua. edu. cn/index. html

2. 类 URL

类 URL 是 java. net 包中一个重要的类，使用 URL 创建对象的应用程序称为客户端程序。

1）类 URL 的构造方法

(1) public URL(String spec)。

该构造方法使用字符串初始化一个 URL 对象。例如：

```
try {
    URL rul=new URL("http://www.sina.com.cn");
catch(MalformedURLException e){
    System.out.println("Bad URL:"+url);
}
```

(2) public URL(String protocol，String host，String file)。

该构造方法使用协议、地址、资源创建一个 URL 对象。

2）类 URL 的常用方法

(1) public final Object getProtocol( )：返回该 URL 对象的协议名。

(2) public String getHost( )：返回该 URL 对象的主机名。

(3) public int getPort( )：返回该 URL 对象的端口号。

(4) public String getFile( )：返回该 URL 对象的文件名。

(5) public String getRef( )：返回该 URL 对象在文件中的引用标签。

(6) public String toString( )：获取代表 URL 对象的字符串。

【例 10-1】 URL 对象的创建及使用应用举例。

```
//Example10_1.java
import java.net. *;
import java.io.*;
public class Example10_1{
  public static void main(String args[]){
    try{
       URL url = new URL ("http://www. tsinghua. edu. cn/publish/newthu/index.
html");
      System.out.println("the Protocol: "+url.getProtocol());
      System.out.println("the hostname: "+url.getHost());
      System.out.println("the port: "+url.getPort());
      System.out.println("the file:"+url.getFile());
      System.out.println(url.toString());
      }
    catch(MalformedURLException e) {
      System.out.println(e);
    }
  }
}
```

程序运行结果如图 10-1 所示。

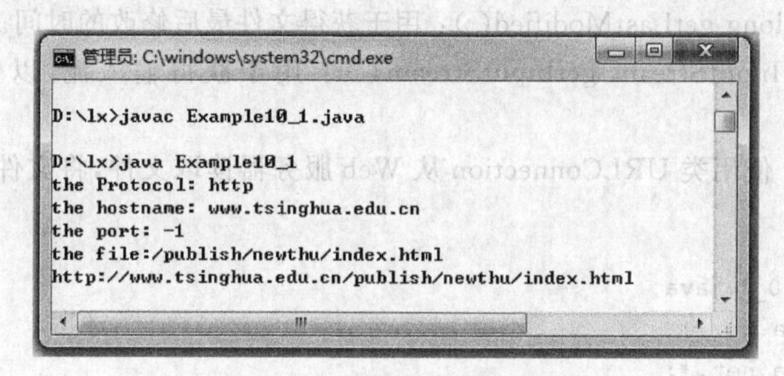

图 10-1　例 10-1 的运行结果

源程序说明：

本例的第 7 行先实例化一个 URL 对象 url，然后在第 8～11 行分别调用了 URL 对象的常用方法：getProtocol()、getHost()、getPort()和 getFile()，分别取得了与 URL 相应的协议、主机名、端口和文件；如果 URL 地址不对，在第 14 行抛出 MalformedURLException 异常。

10.1.2 类 URLConnection

类 URLConnection 是 java. net 包中的抽象类，代表与 URL 指定的数据源的动态连接，类 URLConnection 提供比 URL 类更强的服务器交互控制。URLConnection 允许用

POST 或 PUT 和其他 HTTP 请求方法将数据送回服务器。

1. 使用 URLConnection 对象的一般步骤

(1) 创建一个 URL 对象。

(2) 调用 URL 对象的 openConnection()方法创建这个 URL 的 URLConnection 对象。

(3) 配置 URLConnection。

(4) 读首部字段。

(5) 获取输入流并读数据。

(6) 获取输出流并写数据。

(7) 关闭连接。

当然并不需要完成所有步骤。例如,可以接收 URL 类的默认设置,则可不设置 URLConnection;有时仅需从服务器读取数据,不需要向服务器发送数据,则可省去获取输出流并写数据这一步。

2. 类 URLConnection 的常用方法

(1) public int getContentLength( ):用于获得文件的长度。

(2) public String getContentType( ):用于获得文件的类型。

(3) public long getDate( ):用于获得文件创建的时间。

(4) public long getLastModified( ):用于获得文件最后修改的时间。

(5) public InputStream getInputStream( ):用于获得输入流,以便读取文件的数据。

【例 10-2】 使用类 URLConnection 从 Web 服务器读取文件,将文件的信息打印到屏幕。

```
//Example10_2.java
import java.io.*;
import java.net.*;
import java.util.Date;
public class Example10_2{
  public static void  main(String args[]) throws Exception{
    System.out.println("starting…");
    int c;
    URL url=new URL("http://www.baidu.com");
    URLConnection  urlcon=url.openConnection();
    System.out.println("the date is :"+new Date(urlcon.getDate()));
    System.out.println("content_type :"+urlcon.getContentType());
    InputStream in=urlcon.getInputStream();
    while (((c=in.read())!=-1))
    {
      System.out.print((char)c);
```

```
    }
  in.close();
  }
}
```

程序运行结果如图 10-2 所示。

```
管理员: C:\windows\system32\cmd.exe
D:\lx>javac Example10_2.java

D:\lx>java Example10_2
starting----
the date is :Sun Mar 06 08:57:26 CST 2016
content_type :text/html
<!DOCTYPE html><!--STATUS OK-->
<html>
<head>
        <meta http-equiv="content-type" content="text/html;charset=utf-8">
        <meta http-equiv="X-UA-Compatible" content="IE=Edge">
        <link rel="dns-prefetch" href="//s1.bdstatic.com"/>
        <link rel="dns-prefetch" href="//t1.baidu.com"/>
        <link rel="dns-prefetch" href="//t2.baidu.com"/>
        <link rel="dns-prefetch" href="//t3.baidu.com"/>
        <link rel="dns-prefetch" href="//t10.baidu.com"/>
        <link rel="dns-prefetch" href="//t11.baidu.com"/>
        <link rel="dns-prefetch" href="//t12.baidu.com"/>
        <link rel="dns-prefetch" href="//b1.bdstatic.com"/>
        <title>???????????????????° ±???é??</title>
        <link href="http://s1.bdstatic.com/r/www/cache/static/home/css/index.css
" rel="stylesheet" type="text/css" />
        <!--[if lte IE 8]><style index="index" >#content{height:480px\9}#m{top:2
60px\9}</style><![endif]-->
        <!--[if IE 8]><style index="index" >#u1 a.mnav,#u1 a.mnav:visited{font-f
amily:simsun}</style><![endif]-->
```

图 10-2 例 10-2 的运行结果

源程序说明：

本例的第 9 行实例化了一个 URL，接着调用 URL 对象的 openConnection()方法返回一个 URLConnection 对象 urlcon；然后分别调用了类 URLConnectin 的常用方法，返回了 URL 的一些基本信息，如 getDate()返回日期，getContentType()返回文件类型 text/html，getInputStream()获得输入流；接着通过输入流取得文件(in. read())，并输出(System. out. println())，这样可以看到一个网页源代码文件。因此，在 IE 中查看源代码文件，就是通过这种方法实现的。

10.2 Socket 通信

Socket 也称为套接字，是指在一个特定编程模型下，进程间通信链路的端点。本节将应用 Java 的 Socket 来实现网络上两个程序之间的通信。实现 Socket 通信需要 java. net 包中的两个类，分别是类 Socket 和类 ServerSocket，代表网络通信的两端：客户端和服务器端。

10.2.1 Socket 通信的一般步骤

在 Java 语言中，TCP/IP Socket 连接是用 java. net 包中的类实现的。客户端和服务器端所发生的动作及涉及的类和方法如图 10-3 所示。

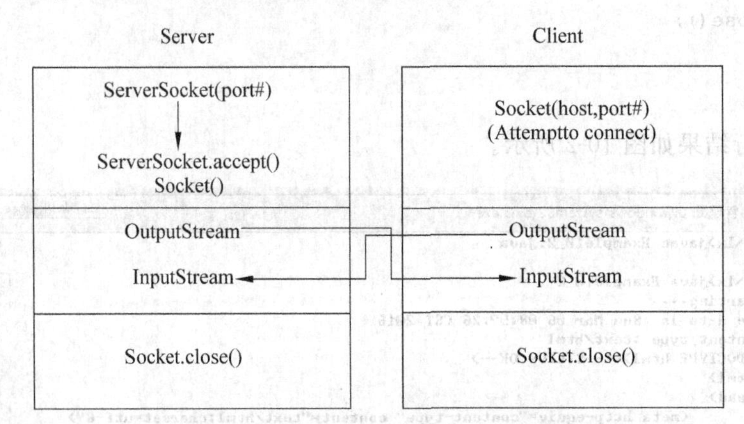

图 10-3 Socket 通信客户/服务器模型

由图 10-3 可知，服务器分配一个端口号，监听端口是否有连接请求。如果客户端请求一个连接，服务器使用 accept()方法打开 Socket 连接；客户端在 host 的 port 端口建立连接；服务器端和客户端使用 InputStream 和 OutputStream 进行通信。

Socket 通信的一般步骤如下。

(1) 创建 Socket 对象。

(2) 建立与套接字的连接。

(3) 获取 Socket 的输入/输出流，并进行读写操作。

(4) 关闭 Socket。

10.2.2 客户端套接字

1. 客户端的构造方法

1) public Socket(String hostName, int port)

功能：创建一个本地主机与给定名称的主机和端口的套接字连接，可引发 UnknownHostException 异常或 IOException 异常。

2) public Socket(InetAddress address, int port)

功能：用已存在的 InetAddress 对象和端口创建一个套接字，可以引发 IOException 异常。

2. 客户端的常用方法

使用下面的方法，可以在任何时候检查套接字的地址和与之有关的端口信息。

(1) InetAddress getInetAddress( )：返回与该 Socket 对象相关的 InetAddress。

(2) int getPort( )：返回与该 Socket 对象连接的远程端口。

(3) int getLocalPort( )：返回与该 Socket 连接的本地端口。

3. 流的获取方法和关闭方法

一旦 Socket 对象被创建，可检查与之相连的输入流和输出流。流的获取方法和关闭方法如下。

(1) public InputStream getInputStream( )：返回与调用套接字有关的 InputStream 类。

(2) public OutputStream getOutputStream( )：返回与调用套接字有关的 OutputStream 类。

(3) void close( )：关闭 InputStream 和 OutputStream。

【例 10-3】 查询服务器所在主机和客户端的 IP 地址以及端口号。

【问题描述】 创建一个应用程序，通过端口 80 连接到 Web 服务器，该程序显示服务器所在主机和客户机的 IP 地址以及端口号。该程序以主机名为参数，在显示连接信息之后断开连接。为了建立连接，首先必须建立一个恰当的 Socket 对象，再使用该对象和 InetAddress 类的相应方法显示所需要的信息。

```
//Example10_3.java
import java.net.*;
import java.io.*;
public class Example10_3 {
  public static void main(String[] args){
   try{
       Socket connection=new Socket("www.jlau.edu.cn",80);
       System.out.println("建立连接:");
       System.out.println("本地连接信息:");
       System.out.println("\t 地址:"+connection.getLocalAddress());
       System.out.println("\t 端口:"+connection.getLocalPort());
       System.out.println("远程连接信息:");
       System.out.println("\t 地址:"+connection.getInetAddress());
       System.out.println("\t 端口:"+connection.getPort());
       connection.close();
       }
    catch(UnknownHostException e1){
       System.err.println("未知主机:"+"www.jlau.edu.cn");
    }
    catch(IOException e2){
       System.err.println("IOException:"+e2);
    }
  }
}
```

程序运行结果如图 10-4 所示。

图 10-4　例 10-3 的运行结果

源程序说明：

本程序获得上网时主机的地址，成功连接了 www.jlau.edu.cn 网站，该网站的 IP 地址为 202.198.0.16，所使用的端口号是 80，而本地计算机使用的是一个"随机"的端口号 49822。所以，当不同的用户执行这个程序时，端口号不一定相同。

本程序功能简单，但复杂的连接工作是由 Socket 自动完成的，客户端程序只是简单地从服务器端接收信息。

10.2.3　服务器端套接字

服务器端使用类 ServerSocket 监听指定的端口，端口可以随意指定(建议使用大于 1024 的端口)，等待客户端连接请求，当客户端连接后，数据交换开始；完成双向通信后，关闭连接。

1. 类 ServerSocket 的构造方法

(1) ServerSocket(int port)：在指定端口创建队列长度为 50 的服务器套接字。

(2) ServerSocket(int port, int maxQueue)：在指定端口创建一个最大队列长度为 maxQueue 的服务器套接字。

(3) ServerSocket(int port, int maxQueue, InetAddress localAddress)：在指定端口创建一个最大队列长度为 maxQueue 的服务器套接字，在多地址主机上，localAddress 指定该套接字约束的 IP 地址。

例如，创建 ServerSocket 对象，代码如下：

```
try{
        ServeSocket serverForClient=new ServeSocket(2517);
}
catch(IOException e){
        System.err.println(e);
}
```

2. 类 ServerSocket 的 accept()方法

accept()：将客户端的套接字和服务器端的套接字连接起来，例如：

```
try{
    Socket sc=serverForClient.accept();
}
catch(IOException e){
    System.err.println(e);
}
```

另外，accept()是阻塞性方法，该方法调用后将等待客户端的请求，直到有客户端启动并请求连接到相同的端口。若客户端和服务器端连接，可各自使用相应的输入输出流进行操作。

【例 10-4】 服务器端套接字的应用举例。

```
//Example10_4.java
import java.net.*;
import java.io.*;
public class Example10_4 {
public static void main(String args[]){
  ServerSocket server=null;
  Socket socket1;
  String sendString="Hello World!";
  OutputStream s1out;
  DataOutputStream dos;
                          //服务器在端口 5432 上开辟新的服务
  try {
    server=new ServerSocket(5432);
     }
  catch (IOException e) { }
                          //执行循环监听程序至永远
  while (true){
    try{
                          //等待监听连接
    socket1=server.accept();
                          //通过 Socket 取得数据流
        s1out=socket1.getOutputStream();
        dos=new DataOutputStream (s1out);
                          //将数据流统一编码为 UTF
        dos.writeUTF(sendString);
                          //关闭连接
        s1out.close();
        socket1.close();
```

```
        }
      catch (IOException e) { }
    }
  }
}
```

源程序说明：

本例表示服务器在5432端口提供服务，一直等待客户的请求，如果客户发出请求，服务器端将发出提示信息，显示“Hello World!”，关闭客户端连接，停止数据传输。

10.2.4 Client/Server程序

在客户端/服务器端(Client/Server)开发模式中，服务器端(Server)能够提供共享资源的任何东西，如计算服务器提供计算功能，打印服务器管理多个打印机，磁盘服务器提供联网的磁盘空间以及Web服务器用来存储网页；而客户端(Client)是任何有权访问特定服务器的实体。

客户端和服务器端之间的连接就像电灯和电源插头的连接，房间的电源插座是服务器，电灯是客户。因此，服务器是永久的资源，在访问服务器后，客户可以自由地“拔去插头”。

【例 10-5】 Client/Server程序应用举例。

【问题描述】 通过一个Client/Server程序，了解其运行原理和过程。该程序将实现“回显”功能，即当客户端向服务器端发送消息的时候，服务器会将客户发送的内容原文显示，实现“回显”功能。

```
//服务器端代码 Example10_5.java
import java.io.*;
import java.net.*;
public class Example10_5{
  public static void main(String args[]) throws Exception{
    ServerSocket server=null;
                              //输出肯定使用打印流
    PrintStream out=null;
                              //服务器肯定也要接收输入
    BufferedReader buf=null;
    server=new ServerSocket(8888);
    Socket client=null;
    while (true){
                              //不断接收内容
      client=server.accept();
                              //准备好向客户端输出内容
      out=new PrintStream(client.getOutputStream());
                              //而且客户端要有输入给服务器端
      buf=new BufferedReader(new InputStreamReader(client.getInputStream()));
```

```
      out.println("您好！欢迎登录:http://www.jlau.edu.cn");
      out.println("输入 quit 表示退出");
                                //一个用户要发很多的信息
      while (true){
                                //接收客户端发送来的内容
        String str=buf.readLine();
        if (str==null){
          break;
        }
        else{
                                //如果输入的是 bye 则表示系统退出
          if ("quit".equals(str)){ break;
                                //可以对用户发来的信息进行回应
          out.println("ECHO:"+str);
        }
      }
    out.close();
    buf.close();
    client.close();
    }
  }
}
//客户端代码 EchoClient.java
import java.io.*;
import java.net.*;
public class EchoClient{
  public static void main(String args[]) throws Exception{
    Socket client=null;
    BufferedReader buf=null;
    PrintStream out=null;
                                //连接服务器
    client=new Socket("localhost",8888);
                                //接收服务器端的输入信息
    buf=new BufferedReader(new InputStreamReader(client.getInputStream()));
    System.out.println(buf.readLine());
    System.out.println(buf.readLine());
                                //准备从键盘接收数据
    BufferedReader in=new BufferedReader(new InputStreamReader(System.in));
    String userInput=null;
    out=new PrintStream(client.getOutputStream());
    while ((userInput=in.readLine())! =null){
                                //表示有内容进来,要把内容发送到客户端
      out.println(userInput);
```

```
                                    //接收服务器端的回应
            System.out.println(buf.readLine());
        }
        out.close();
        in.close();
        client.close();
    }
}
```

程序执行结果如图 10-5 所示。

图 10-5　例 10-5 的运行结果

源程序说明：

在本地计算机上编译运行 Example10_5.java 程序，启动服务器端，提供服务；在本地计算机上编译运行 EchoClient java，输入相应测试内容，显示输出结果。

10.2.5　多线程 Client/Server 程序

Client/Server 程序应满足多用户的需求。

【例 10-6】　例 10-5 只能满足单一用户使用，也就是利用单线程机制实现程序的功能，在本节中将对程序进行修改，引入多线程机制，实现多用户与服务器进行通信的功能，符合 Client/Server 程序对多用户提供服务的要求。

```
//编写一个线程类 ThreadServer.java
//ThreadServer.java
import java.io.*;
import java.net.*;
public class ThreadServer implements Runnable{
                                    //现在所有的 Socket 都要归入到一个线程之中
    private Socket client=null;
    public ThreadServer(Socket client){
        this.client=client;
    }
    public void run(){
                                    //要不断地接收客户发送来的信息
        String input=null;
```

```
                                    //通过 BufferedReader 进行接收
    BufferedReader buf=null;
                                    //有一个输出的对象
    PrintStream out=null;
    try{
            buf = new BufferedReader (new InputStreamReader (this. client.
getInputStream()));
        while(true){
                                    //接收发送过来的信息
            input=buf.readLine();
            out=new PrintStream(this.client.getOutputStream());
            if ("quit".equals(input)){
              break;
            }
            else{
                out.println("ECHO:"+input);
            }
          }
    this.client.close();
  }catch (Exception e){}
 }
}
//服务器端代码(EchoServerMul.java)
//EchoServerMul.java
import java.io.*;
import java.net.*;
public class EchoServerMul{
  public static void main(String args[]) throws Exception{
    ServerSocket server=null;
                                    //输出肯定使用打印流
    PrintStream out=null;
                                    //服务器肯定也要接收输入
    BufferedReader buf=null;
                                    //实例化一个服务器的监听端
    server=new ServerSocket(8888);
                                    //可以使用一种死循环的方式接收内容
    Socket client=null;
    while (true){
                                    //不断接收内容
        client=server.accept();
                                    //在此处启动了一个线程
        new Thread(new ThreadServer(client)).start();
    }
  }
}
```

程序运行过程：在本地计算机上编译 ThreadServer.java 程序，在本地计算机上编译执行 EchoServerMul.java 程序，启动服务。打开命令窗口，启动 Telnet 服务，连接服务器，如图 10-6 所示。

图 10-6　启动 Telnet 服务

在本地计算机上同时启动多个 Telnet 服务，模拟多用户同时访问服务器效果，输入测试数据进行访问测试，如图 10-7 所示。

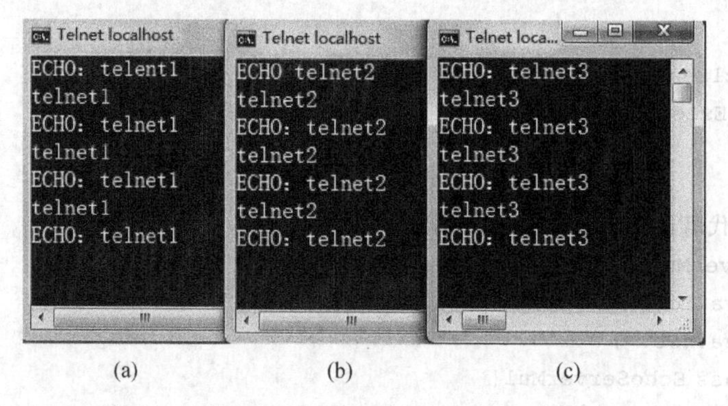

(a)　　(b)　　(c)

图 10-7　启动多个 Telnet 服务进行输入输出测试

10.3　UDP 数据报通信

Socket 是基于 TCP 的网络通信，即客户端程序和服务器端程序是有连接的，双方的信息通过程序中的输入输出流来交互，使得接收方和发送方发送信息的顺序完全相同。

本节介绍基于 UDP(用户数据报协议)协议的网络信息传输方式。UDP 不提供可靠性，它只把应用程序传给 IP 层的数据报发送出去，但是并不能保证它们能到达目的地。由于 UDP 在传输数据报前不用在客户和服务器之间建立一个连接，且没有超时重发等机制，故而传输速度很快。

基于 UDP 通信的基本模式如下。

(1) 发送数据包。将数据打包，称为数据包，然后将数据包发往目的地。

(2) 接收数据包。接收别人发来的数据包，然后查看数据包的内容。

10.3.1 发送数据包

用类 DatagramPacket 的对象将数据打包,DatagramPacket 的对象是数据容器,用来表示一个数据包。

1. 类 DatagramPackets 的构造方法

(1) DatagramPacket(byte data[ ], int size):指定了一个接收数据的缓冲区和信息包的容量大小,通过 DatagramSocket 接收数据。

(2) DatagramPacket(byte data[ ], int offset, int size):允许在存储数据的缓冲区中指定一个偏移量。

(3) DatagramPacket(byte data[ ], int size, InetAddress ipAddress, int port):指定了一个用于 DatagramSocket 决定信息包将被送往何处的目标地址和端口。

(4) DatagramPacket(byte data[ ], int offset, int size, InetAddress ipAddress, int port):从数据中指定的偏移量位置开始传输数据包。

2. 类 DatagramPackets 的常用方法

(1) InetAddress getAddress( ):返回目标文件 InetAddress,一般用于发送。

(2) int getPort( ):返回端口号。

(3) byte[ ] getData( ):返回包含在数据包中的字节数组数据,多用于在接收数据之后从数据包来检索数据。

(4) int getLength( ):返回包含在将从 getData( )方法返回的字节数组中有效数据长度。

例如:

```
DatagramPacket packet=new DatagramPacket(buf,512);
DatagramSocket mail_out=new DatagramSocket();
//receive()方法用于等待数据报,将一直等待,直到收到一个数据报为止
mail_out. Receive (packet);
```

10.3.2 接收数据包

类 DatagramSocket 用来发送数据包。

1. 类 DatagramSocket 的构造方法

(1) DatagramSocket():绑定本地主机的所有可用端口。

(2) DatagramSocket(int port):绑定本地主机的指定端口。

(3) DatagramSocket(int port, InetAddress iaddr):绑定指定地址的指定端口。

2. 类 DatagramSocket 的 send()方法

发送数据是通过 send()实现的,根据数据包的目的地址来寻找路径,以传递数据包。

```
DatagramPacket packet=new DatagramPacket(data[ ], size, ipAddress, port);
mail_out.send(packet);
```

【例 10-7】 基于 UDP 的通信程序，实现数据的传输。

```
//发送端(SocketSend.java)
import java.io.*;
import java.net.*;
public class SocketSend{
        public static void main(String args[]) throws Exception{
                DatagramSocket ds=null;
                DatagramPacket dp=null;
                //发送端必须有一个监视的端口
                ds=new DatagramSocket(9999);
                String str="http://www.jlau.edu.cn";
                //发送的内容只能是 byte 数组
                //接收端端口号是 8888
dp=new DatagramPacket(str.getBytes(),str.length(),InetAddress.getByName("
localhost"),8888);
                ds.send(dp);
                ds.close();
        }
}

//接收端(SocketReceive.java)
import java.io.*;
import java.net.*;
public class SocketReceive{
        public static void main(String args[]) throws Exception{
                DatagramSocket ds=null;
                DatagramPacket dp=null;
                //要有一个空间大小
                byte b[]=new byte[1024];
                //ds 的监听端口就是发送端指定好的
                ds=new DatagramSocket(8888);
                dp=new DatagramPacket(b,b.length);
                //开始接收
                ds.receive(dp);
                System.out.println(new String(dp.getData()).trim());
                ds.close();
        }
}
```

程序运行结果如图 10-8 所示。

(a) (b)

图 10-8 例 10-7 的运行结果

测试过程：

在本地计算机上进行测试，打开命令窗口，对 SocketReceive.java 文件进行编译执行；打开接收端，等待接收；打开一个新的命令窗口，对 SocketSend.java 文件进行编译执行，实现数据传输。由程序运行结果可知，在接收端的命令窗口中可以看到传输过来的数据。

10.4 本章小结

本章学习了如下内容。

(1) URL 的使用，包括 URL 的组成和类 URL、类 URLConnection。

(2) Socket 通信，主要学习了 Socket 通信的步骤、客户端套接字、服务器端套接字。

(3) Client/Server 程序及多线程的 Client/Server 程序。

(4) UDP 数据报通信，包括发送数据包和接收数据包。

通过本章的学习应理解 TCP/IP 和 UDP 的工作原理，能够利用 ServerSocket 和 Socket 类来实现 Client/Server 程序，利用 DatagramPacket 和 DatagramSocket 来有效地进行基于 UDP 的网络通信。

习 题

1. Java 中 Socket 通信的基本结构包括哪些内容？

2. Java 中面向连接和非面向连接通信方式的区别是什么？

3. Java 中 TCP 和 UDP 网络通信中使用的类及其常用的构造方法有哪些？

4. 利用 Socket 编程，实现简单的 Echo 功能。

要求：客户端从键盘输入“hello”（当用户输出 exit 时退出程序），服务端响应为“Echo：hello”（服务器要求支持多线程）。

5. 使用 Socket 编写一个服务器端程序，服务器端程序在端口 8888 监听，如果它接到客户端发来的“hello”请求时会回应一个“hello”，对客户端的其他请求不响应。

6. 利用数据报通信，实现简单的 Echo 功能。

要求：限定发送端传输的内容“Today is a good day!”，发送端端口号设置为 1234，接收端端口号设置为 1233，发送端传输的内容需要在接收端回显。

第11章 chapter 11

图形用户界面与事件处理

<table>
<tr><td>教学重点</td><td colspan="5">Java标准组件与事件处理；常用的容器组件；布局设计；Java组件与事件；多媒体</td></tr>
<tr><td>教学难点</td><td colspan="5">组件的使用；事件处理机制；布局管理器的应用</td></tr>
<tr><td rowspan="9">教学内容
和
教学目标</td><td rowspan="2">知 识 点</td><td colspan="4">教 学 要 求</td></tr>
<tr><td>了解</td><td>理解</td><td>掌握</td><td>熟练掌握</td></tr>
<tr><td>图形用户界面概述</td><td></td><td>√</td><td></td><td></td></tr>
<tr><td>Java事件处理机制</td><td></td><td></td><td>√</td><td></td></tr>
<tr><td>事件与监听接口</td><td></td><td></td><td>√</td><td></td></tr>
<tr><td>常用的容器组件</td><td></td><td></td><td></td><td>√</td></tr>
<tr><td>布局设计</td><td></td><td></td><td>√</td><td></td></tr>
<tr><td>Java组件与事件</td><td></td><td></td><td></td><td>√</td></tr>
<tr><td>多媒体</td><td></td><td></td><td>√</td><td></td></tr>
</table>

随着人机交互要求的逐渐提高，良好的人机交互成了程序员开发工作的重要组成部分。Java语言为开发人员提供了丰富的图形编程支持，利用这些技术程序员可以轻而易举地开发出高效率的、便于操作的图形界面程序。

本章主要介绍Java程序中图形用户界面(GUI)的设计和实现，良好的图形用户界面可以提高软件的使用效率和交互性。软件的交互性和通用性现已经成为衡量软件质量高低的一个重要的标准。

11.1 图形用户界面概述

对于所有的应用程序，由于其使用者多数都是非专业人员，因此对于界面的要求很高，拥有良好的人机交互性能显得尤为重要。用户界面是操作人员使用计算机的直接接触媒介。因此，用户界面是否友好，操作是否简单，都将直接影响用户对软件的认可。图形用户界面(Graphics User Interface，GUI)是指使用图形的方式借助菜单、按钮等标准界面元素、鼠标和键盘的操作，帮助用户方便地向计算机系统发出命令，启动操作，并将系统运行的结果同样以图形的方式显示给用户。它的特点是：操作的画面生动直观、操作简洁，省去了字符界面中用户必须要死记硬背的一些常用命令，使程序设计人员能够设计出界面友好、功能强大而又使用简单的应用程序。因此，学习和使用图形用户界面是软件开发人员都应该掌握的重要知识。

11.1.1　AWT

AWT(Abstract Window Toolkit)即抽象窗口工具包，是Java提供的用来建立和设置图形用户界面的基本工具。AWT由Java中的java.awt包提供，里面包含了许多可用来建立与平台无关的图形用户界面(GUI)的类，这些类又称为组件(Components)。AWT是Java基础类的一部分，为Java程序提供图形用户界面(GUI)的标准API。

AWT提供了Java Applet和Java Application中可用的用户图形界面GUI中的基本组件(Components)。由于Java是一种与平台无关的程序设计语言，但GUI却往往是依赖于特定平台的，Java采用了相应的技术使得AWT能提供给应用程序独立于机器平台的接口，这保证了同一程序的GUI在不同机器上运行具有相似的外观。

抽象窗口工具包AWT(Abstract Window Toolkit)是图形用户界面(Graphics User Interface)的工具集，AWT可用于Java的Applet和Applications中。它支持图形用户界面编程的功能，包括用户界面组件；事件处理模型；图形和图像工具，包括形状、颜色和字体类；布局管理器，可以进行灵活的窗口布局而与特定窗口的尺寸和屏幕分辨率无关；数据传送类，可以通过本地平台的剪贴板来剪切和粘贴。

在第二版的Java开发包中，AWT的器件很大程度上被Swing工具包替代。Swing通过自己绘制器件而避免了AWT的弊端：Swing调用本地图形子系统中的底层，而不是依赖操作系统的高层用户界面模块。

注意：本章示例为AWT和Swing的结合。

【例11-1】 下面是一个简单的AWT例子。

```
//DrawAwt.java
import java.awt.*;
import java.applet.Applet;
public class DrawAwt extends Applet {
    public void paint(Graphics g) {
        g.drawLine(10, 10, 150, 150);          //画直线
        g.drawRect(60, 40, 20, 10);            //画矩形
        g.fillRect(80, 80, 30, 30);            //画实心矩形
        g.drawOval(100, 100, 60, 30);          //画椭圆形
        g.fillOval(150, 150, 30, 20);          //画实心椭圆
    }
}

//Example11_1.html
<HTML>
```

```
<HEAD>
  <TITLE>MyAwtJavaApplet</TITLE>
</HEAD>
<BODY>
  <APPLET CODE=Example11_1.class
    WIDTH=200
    HEIGHT=200>
  </APPLET>
</BODY>
</HTML>
```

程序运行结果如图 11-1 和图 11-2 所示。

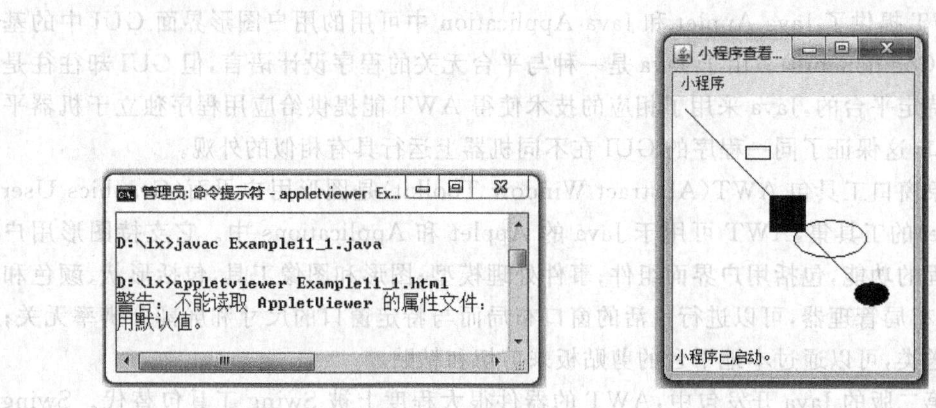

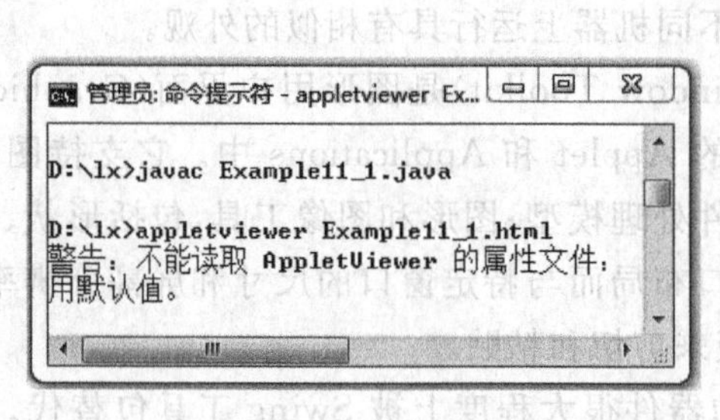

图 11-1　命令终端　　　　图 11-2　运行结果

源程序分析:

这里列举了一个简单的 AWT 例子,在一个容器中画一些图形,Graphics 类给人们提供了许多的绘制方法,如画直线、矩形、椭圆、圆形等。这里我们只用到了其中的 5 个。在容器里面,坐标以容器的左上角为基准,横向为 x 坐标,纵向为 y 坐标,分别从左往右,从上往下延伸。

11.1.2 Swing

Swing 是一个用于开发 Java 应用程序用户界面的开发工具包。它以抽象窗口工具包(AWT)为基础使跨平台应用程序可以使用任何可插拔的外观风格。Swing 开发人员运用较少代码就可以利用 Swing 丰富、灵活的功能和模块化组件来创建优雅的用户界面。

Swing 是 AWT 的扩展,它提供了更加强大和更加灵活的组件集合。除了我们已经熟知的组件,如按钮、标签等,Swing 还添加了许多新的组件,如剪切板、表格等。同时对于许多程序员已经熟悉的组件,Swing 中也都添加了新的功能。

与 AWT 组件不同,Swing 组件的实现不包括任何与平台相关的代码。在 Swing 包中,涉及的接口和类的数量众多,本章只针对其中的一部分做讨论。

注意：Swing 类的主要绘图方法都被放在 javax. swing 包中，如果程序设计人员想要使用 Swing 中提到的图形元素就必须加载 javax. swing 包。

11.2 Java 标准组件与事件处理

11.2.1 Java 的事件处理机制

图形用户界面凭借其简单的操作和友好的界面为广大用户所接受。用户通过相应的操作，以达到某种目的，操作是由用户触发的。这里以鼠标和键盘的活动为例，用户使用鼠标或键盘触发了某个操作，支持图形用户界面的操作系统就会自动地识别和响应这些操作，在图形用户界面机制中，实际上会实时监测每一个操作，当有操作发生时，将信息发送给当前运行的系统，系统会根据操作的类型进行自动处理。各种操作会引发不同事件。在 Java 中，除了鼠标和键盘事件以外，组件的移动、大小的改变、窗口的激活、窗口的移动等都会引发相应的事件，事件发生的同时又对每一个事件做相应的处理。

在 Swing 的事件模型中，组件可以引发事件。每个事件都是类。当有事件发生的时候，一个或多个“监听器(listener)”会得到通知，并做出反应。这样事件的来源就同它的处理程序分隔开来了。一般说来，程序员是不会去修改 Swing 组件的，他们写的都是事件处理程序，当组件收到事件时，会自动调用这些代码。

Java 的事件处理机制使用的是委托事件模型，即不同的事件由不同的监听器来处理。事件处理的方法很简单，即由事件源产生事件并把事件送到一个或者多个监听器。在没有接到事件的时候，监听器处于等待状态，直到有触发这个监听器的事件发生。事件触发了监听器后，将由监听器来处理这些事件。这样做的好处是分工明确，不容易混淆。

11.2.2 事件与监听接口

1. 事件

事件是一个可以被识别的操作。如单击“退出”按钮，选择某个单选按钮或者复选框。每一种控件有自己可以识别的事件，如窗体的加载、打开、关闭等事件，文本框的文本改变事件等。事件有系统事件和用户事件。系统事件由系统激发，如时间每隔 24 小时，银行储户的存款日期增加一天。用户事件由用户激发，如用户点击按钮，在文本框中显示特定的文本。事件驱动组件执行某项功能。

Java 中事件处理的核心是有代表这个事件的类。在 java. util 包中封装了 EventObject 类，这个类是已知 Java 所有事件类的父类。EventObject 类的构造方法如下。

EventObject(Object source)：该方法表示创建一个事件对象。

2. 事件源

产生事件的组件或对象称为事件源。事件源产生事件并把它传递给事件监听器。

所有 Swing 组件都有 add×××Listener( )和 remove×××Listener( )方法，因此组件都能添加和删除监听器。通过使用会发现，这里的“×××”也正好是方法的参数，例如 addActionListener(ActionListener m)。

3. 事件监听器

事件监听器是事件发生时被通知的对象，常用的事件如表 11-1 所示。

表 11-1 常用的事件

事件名	说明	事件名	说明
EventObject	所有事件类的父类	InputEvent	输入事件
ActionEvent	行动事件	WindowEvent	窗口事件
AdjustmentEvent	调整事件	KeyEvent	键盘事件
ItemEvent	选项事件	MouseEvent	鼠标事件
TextEvent	文本事件	ComponentEvent	组件事件
FocusEvent	焦点事件	ContainerEvent	容器事件

4. 监听接口

常用的监听接口如表 11-2 所示。

表 11-2 常用的监听接口

监听接口名	说明
ActionListener	定义接收动作事件的方法
AdjustmentListener	定义接收调整事件的方法
ItemListener	定义识别项目状态改变的方法
TextListener	定义识别文本状态改变的方法
FocusListener	定义识别组件失去或获得焦点的方法
WindowListener	定义识别窗体激活、关闭、失效、最小化、还原、打开和退出的方法
KeyListener	定义识别键盘按下、释放和输入字符的方法
MouseListener	定义识别鼠标单击、进入组件、离开组件、按下和释放事件的方法
ComponentListener	定义识别组件的隐藏、移动、改变大小和显示的方法
ContainerListener	定义识别从容器加入或移出组件的方法
MouseMotionListener	定义识别鼠标拖动和移动的方法

11.2.3 标准组件概述

一般来说,创建图形用户主要有两方面的工作:第一,确定所要使用的组件,并且调整组件的外观;第二,确定这些组件所能反映的事件。本节以 Swing 包中的类为例,常用的组件如表 11-3 所示。

表 11-3 常用的列表 Swing 组件

Swing 组件名	说 明
JComponent	该类是除顶层容器外所有 Swing 组件的基类
JScrollPane	管理视口、可选的垂直和水平滚动条以及可选的行和列标题视口
JOptionPane	弹出要求用户提供值或向其发出通知的标准对话框
JComboBox	将按钮或可编辑字段与下拉列表组合的组件
JList	实现列表框的组件
JPanel	轻量级的容器组件
JLabel	用于短文本字符串或图像或两者的显示区的组件
JMenuBar	菜单栏的实现
JButton	实现按钮的组件
JTextField	编辑单行文本
JTextArea	是一个显示纯文本的多行区域
JMenrItem	菜单中的项的实现
JMenu	实现一个包含 JMenuItem 的弹出窗口
JRadioButtonMenuItem	实现单选按钮的组件
JCheckBox	实现复选框的组件
JDialog	创建对话窗口的组件
JFrame	java. awt. Frame 的扩展版本,该版本添加了对 JFC/Swing 组件架构的支持

注意:

(1) 一个事件源必须注册监听器用来接收一个特定事件的通知。

(2) 一个事件源必须提供一个允许监听器注销一个特定事件的方法。

(3) 一个事件源可能注册一个或者多个监听器。

11.3 常用的容器组件

容器是用来组织其他组件的单元。一般来说,所见到的、使用过的图形用户界面都会对应一个容器,这个容器是用来安排、放置、组织其他组件的。可以这样理解,比如现在有一个鱼缸，如果想要使鱼缸发挥最好的效果，就是在浴缸里养上鱼，同时加上一些装饰，如石头和水草等。此时这个鱼缸相当于我们所说的容器，鱼和装饰品相当于组件。区别在于，鱼在水中不是静止不动的，而容器上面的组件已经容器分配好位置就不会发生改变。引入容器的概念，有助于对放置在容器上的组件的组织，使之更有层次感。下面来讨论一下 Java 中常用的容器。

11.3.1 Panel 与 JPanel

1. Panel 容器

Panel 是最简单的容器，是 Container 类的子类，在 java. awt 包下，属于无边框容器。Panel 容器没有边框和其他边界，所以不能被移动、放大或缩小等。程序不能显示地给出 Panel 的大小，Panel 的大小由包含在 Panel 中的组件的大小所决定。Panel 的默认的布局管理器是 FlowLayout。

Panel 容器的常用方法如下。

(1) Panel()：可以创建一个新的模板对象；

(2) Panel(LayoutManager layout)：创建一个具有指定布局管理器的面板对象。

2. JPanel 容器

JPanel 是一般轻量级容器，属于 JComponent，是 javax. swing 包下的类。

JPanel 容器常用的方法如下。

(1) JPanel()：创建具有双缓冲和流布局的新 JPanel 对象。

(2) JPanel(boolean isDoubleBuffered)：创建具有流式布局和指定缓冲策略的新 JPanel 对象。

(3) JPanel(LayoutManager layout)：创建具有指定布局管理器的新缓冲 JPanel 对象。

(4) JPanel(LayoutManager layout, boolean isDoubleBuffered)：创建具有指定布局管理器和缓冲策略的新 JPanel 对象。

【例 11-2】 JPanel 使用举例。

```
import javax.swing.*;
import java.awt.*;
public class JPanelTest extends JApplet {
    JButton button1=new JButton("打开");
    JButton button2=new JButton("关闭");
    JButton button3=new JButton("按钮 1");
    JButton button4=new JButton("按钮 2");
    JButton button5=new JButton("按钮 3");
    JButton button6=new JButton("按钮 4");
    JButton button7=new JButton("按钮 5");
    JPanel jpanel=new JPanel();
```

```
    public void init(){
        Container con=getContentPane();
        FlowLayout layout=new FlowLayout();
        con.setLayout(layout);
        con.add(button1);
        con.add(button2);
        con.add(jpanel1);
        jpanel.setLayout(layout);
        jpanel.add(button3);
        jpanel.add(button4);
        jpanel.add(button5);
        jpanel.add(button6);
        jpanel.add(button7);
    }
}
```

程序运行结果如图 11-3 所示。

源程序分析：

在例 11-2 中，容器上和面板上都用了布局管理器，通过构造方法 JButton()生成 7 个按钮，然后通过 setLayout()方法设置布局管理器，这里使用流式布局管理器，add()方法用于把组件添加到当前的模板上，整个的模板上有两个容器，第一个容器上有两个按钮，第二个容器(模板)上有 5 个按钮；由运行的结果可知，前 2 个按钮放在了容器上，后 5 个按钮放在模板 JPanel 上，后面的 5 个只会随着窗口的大小而调整位置，但是其自身的大小不会发生变化。

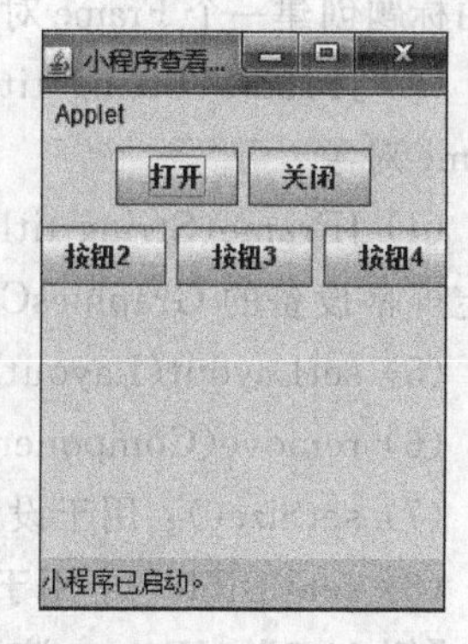

图 11-3 例 11-2 的运行结果

11.3.2 Frame 与 JFrame

1. Frame

Frame 是简单的边框容器，可以独立存在，带有标题和边界的顶层窗口，是 Container 类的子类。Frame 容器是 Java 中最常用的容器之一，是 Java Appliction 程序的图形用户界面容器。Frame 容器是最顶层容器，不能被其他容器所包含。

Frame 常用的属性和方法如下。

(1) int MAXIMIZED_HORIZ：指示在水平方向将 frame 最大化。

(2) int MAXIMIZED_VERT：指示在垂直方向将 frame 最大化。

(3) Frame()：用于构造一个初始时不可见的 Frame 实例。

(4) Frame(GraphicsConfiguration gc)：通过使用屏幕设备指定 GraphicsConfiguration 创建一个 Frame 对象。

(5) Frame(String title)：用于构造一个新的、初始时不可见的、具有指定标题的 Frame 对象。

(6) Frame(String title, GraphicsConfiguration gc)：用于构造一个新的、初始不可见的、具有指定标题和 GraphicsConfiguration 的 Frame 对象。

(7) String getTitle()：用于获得 Frame 的标题，返回字符串类型。

(8) setTitle(String title)：用于将此 Frame 的标题设置为指定的字符串内容。

(9) int getExtendedState()：用于获取此 Frame 的状态，返回一个整数类型。

(10) setVisible(boolean b)：用于设置 Frame 是否可见。

2. JFrame

JFrame 包含一个 JRootPane 作为其唯一的子容器。JFrame 与 JPanel 不同，不能直接使用布局管理器，需要通过 getContentPane()方法生成一个容器对象。

JFrame 常用的属性和方法如下。

(1) JFrame()：用于构造一个初始时不可见的新窗体对象。

(2) JFrame(GraphicsConfiguration gc)：用于以屏幕设备指定 GraphicsConfiguration 和空白标题创建一个 Frame 对象。

(3) JFrame(String title)：用于创建一个新的、初始不可见的、具有指定标题的 Frame 对象。

(4) JFrame(String title,GraphicsConfiguration gc)：用于创建一个具有指定标题和指定屏幕设备的 GraphicsConfiguration 的 JFrame 对象。

(5) setLayout(LayoutManager manager)：用于设置所要使用的布局管理器类型。

(6) remove(Component comp)：用于从该容器中移除指定组件。

(7) setSize()：用于设置窗口的大小。

(8) setVisible()：用于设置窗口是否可见。

【例 11-3】 JFrame 演示举例。

```
import javax.swing.*;
import java.awt.*;
public class JFrameTest extends JApplet {
    JButton button1=new JButton("B1");
    JButton button2=new JButton("B2");
    JButton button3=new JButton("B3");
    JButton button4=new JButton("B4");
    JButton button5=new JButton("B5");
    JFrame jframe=new JFrame("Test Windows");
    public void init() {
        Container con1=getContentPane();
        FlowLayout layout=new FlowLayout();
        con1.setLayout(layout);
        con1.add(button1);
        con1.add(button2);
        Container con2=jframe.getContentPane();
        con2.setLayout(layout);
```

```
        con2.add(button3);
        con2.add(button4);
        con2.add(button5);
        jframe.setSize(150, 100);
        jframe.setVisible(true);
    }
}
```

程序运行结果如图11-4所示。

源程序分析：

本例的容器上和面板上都用了布局管理器，使用流式布局管理器，其中在JFrame对象上通过使用setSize()方法来设计模板的大小，通过使用setVisible()方法来设置模板是不是可见；前两个按钮放在了小应用程序上，后3个按钮放在模板JFrame窗口上，“测试窗体”这个窗口是随着小程序的启动弹出来的。

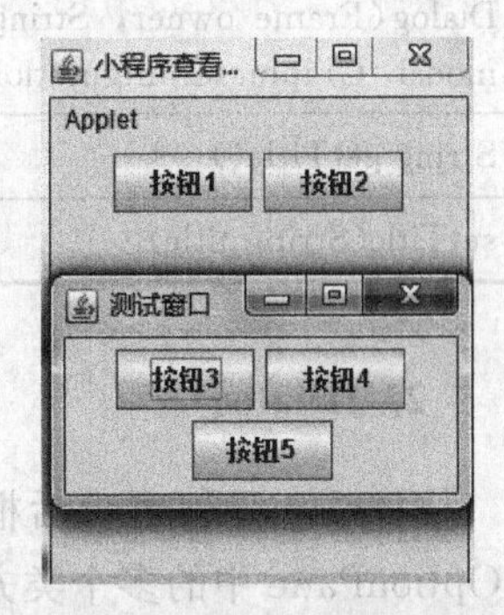

图11-4 例11-3的运行结果

11.3.3 Dialog与JDialog

1. Dialog

Dialog是一个带标题和边界的顶层窗口，边界一般用于从用户处获得某种形式的输入。Dialog的大小包括边界所指定的任何区域。边界区的维度可以使用getInsets()方法获得，但由于这些维度是依赖于平台的，因此只有通过调用pack或show将dialog设置为可显示的，才能获得有效的insets值。默认布局为BorderLayout。

Dialog类的构造方法和常用的方法如表11-4所示。

表11-4 Dialog类的构造方法和常用方法

方法	解释
Dialog(Dialog owner)	构造一个最初不可见的、无模式的Dialog对象，它带有指定所有者dialog和一个空标题
Dialog(Dialog owner, String title)	构造一个最初不可见、无模式的Dialog的对象，它带有指定的所有者dialog和标题
Dialog(Dialog owner, String title, boolean modal)	构造一个最初不可见的Dialog对象，它带有指定的所有者dialog、标题和模式
Dialog(Dialog owner, String title, boolean modal, GraphicsConfiguration gc)	构造一个最初不可见的Dialog对象，它带有指定的所有者dialog、标题、模式和GraphicsConfiguration
Dialog(Frame owner)	构造一个最初不可见的、无模式的Dialog对象，它带有指定所有者Frame和一个空标题
Dialog(Frame owner, boolean modal)	构造一个最初不可见的Dialog对象，它带有指定所有者Frame、模式和一个空标题

续表

方　法	解　释
Dialog(Frame owner, String title)	构造一个最初不可见的、无模式的 Dialog 对象，它带有指定的所有者 Frame 和标题
Dialog(Frame owner, String title, boolean modal)	构造一个最初不可见的 Dialog 对象，它带有指定的所有者 Frame、标题和模式
Dialog(Frame owner, String title, boolean modal, GraphicsConfiguration gc)	构造一个最初不可见的 Dialog 对象，它带有指定的所有者 Frame、标题、模式和 GraphicsConfiguration
String getTitle()	获取 Dialog 对象的标题，它的返回值为字符串类型
setTitle(String title)	设置 Dialog 对象的标题

2. JDialog

JDialog 是创建对话框窗口的类。可以使用此类创建自定义的对话框，或者调用 JOptionPane 中的多个类方法来创建各种标准对话框。JDialog 组件包含一个 JRootPane 作为其唯一的子组件。JDialog 类的构造方法和常用方法如表 11-5 所示。

表 11-5　JDialog 类的构造方法和常用方法

方　法	解　释
JDialog()	用于创建一个没有标题并且没有指定 Frame 所有者的无模式对话框对象
JDialog(Dialog owner)	用于创建一个没有标题但将指定的 Dialog 作为其所有者的无模式对话框对象
JDialog(Dialog owner, boolean modal)	用于创建一个没有标题但有指定所有者对话框的有模式或无模式对话框对象
JDialog(Dialog owner, String title)	用于创建一个具有指定标题和指定所有者对话框的无模式对话框对象
JDialog(Dialog owner,String title, boolean modal)	用于创建一个具有指定标题和指定所有者对话框的有模式或无模式对话框对象
JDialog (Dialog owner, String title, boolean modal, GraphicsConfiguration gc)	用于创建一个具有指定标题、所有者和 GraphicsConfiguration 的有模式或无模式对话框对象
JDialog(Frame owner)	用于创建一个没有标题但将指定的 Frame 作为其所有者的无模式对话框对象
JDialog(Frame owner, boolean modal)	用于创建一个没有标题但有指定所有者 Frame 的有模式或无模式对话框对象
JDialog(Frame owner, String title)	用于创建一个具有指定标题和指定所有者窗体的无模式对话框对象
JDialog (Frame owner, String title, boolean modal)	用于创建一个具有指定标题和指定所有者 Frame 的有模式或无模式对话框对象
JDialog (Frame owner, String title, boolean modal, GraphicsConfiguration gc)	用于创建一个具有指定标题、指定所有者 Frame 和 GraphicsConfiguration 的有模式或无模式对话框对象

续表

方 法	解 释
remove(Component comp)	用于从该容器中移除指定组件
setLayout(LayoutManager manager)	用于设置使用的布局管理器类型

【例 11-4】 JDialog 使用举例。

```
import javax.swing.*;
import java.awt.*;
public class JDialogTest extends JApplet {
    JButton button1=new JButton("B1");
    JButton button2=new JButton("B2");
    public void init() {
        Container con=getContentPane();
        FlowLayout layout=new FlowLayout();
        con.setLayout(layout);
        con.add(button1);
        con.add(button2);
        FrameTest frame=new FrameTest("Frame Test");
        frame.setSize(150, 100);
        frame.setVisible(true);
        DialogTest dialog=new DialogTest(frame, "Dialog Test");
        dialog.setSize(150, 100);
        dialog.setVisible(true);
    }
}

class FrameTest extends JFrame {
    JButton button3=new JButton("B3");
    JButton button4=new JButton("B4");
    FrameTest(String title) {
        super(title);
        Container con1=getContentPane();
        FlowLayout layout=new FlowLayout();
        con1.setLayout(layout);
        con1.add(button3);
        con1.add(button4);
    }
}

class DialogTest extends JDialog {
    JButton button5=new JButton("B5");
```

```
    JButton button6=new JButton("B6");
    DialogTest(Frame frame, String title) {
        super(frame, title);
        Container con2=getContentPane();
        FlowLayout layout=new FlowLayout();
        con2.setLayout(layout);
        con2.add(button5);
        con2.add(button6);
    }
}
```

程序运行结果如图 11-5 所示。

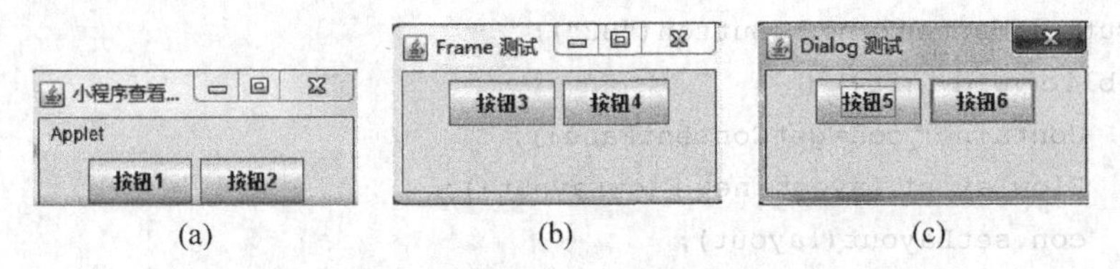

图 11-5　例 11-4 的运行结果

源程序分析：

在例 11-4 中，容器上、面板和对话框都用了流式布局管理器，对于 JFrame 和 JDialog 对象分别使用了 setSize()方法设置其大小，通过 setVisible()方法设置可见性，使用 add()方法添加组件。运行的结果中前 2 个按钮放在了小应用程序上，第 3、4 两个按钮放在模板"Frame 测试"窗口上，第 5、6 个按钮放在"Dialog 测试"窗口上，其中对话框依赖于窗口，窗口依赖于小程序。

11.3.4　JWindow

Window 对象是一个没有边界和菜单栏的顶层窗口。窗口的默认布局是 BorderLayout。JWindow 是一个容器，可以显示在用户桌面上的任何位置。它没有标题栏、窗口管理按钮或者其他与 JFrame 关联的修饰，可以存在于桌面上的任何位置。JWindow 组件包含一个 JRootPane 作为其仅有的子组件。contentPane 应为 JWindow 的所有子窗口的父窗口。

1. JWindow 的构造方法

(1) JWindow(owner)：用于根据参数提供的所有者创建窗口对象。

(2) JWindow(GraphicsConfiguration gc)：使用屏幕设备的指定 GraphicsConfiguration 创建窗口对象。

(3) JWindow(Window owner)：用于使用指定所有者窗口创建窗口对象。

(4) JWindow(Window owner, GraphicsConfiguration gc)：使用屏幕设备指定所有者窗口和 GraphicsConfiguration 创建窗口对象。

2. JWindow 的常用方法

(1) remove(Component comp)：用于从该容器中移除指定组件。

(2) setLayout(LayoutManager manager)：用于设置使用的布局管理器。

(3) update(Graphics g)：调用 paint(g)方法，用于绘制窗口。

前面介绍了一个窗口 JFrame，从名字上看 JWindows 似乎也是一个标准的窗口，但它不是，JWindows 没有标题栏和控制窗口大小的按钮，标准的窗口是 JFrame。这里就不对 JWindows 进行举例了。

注意：

(1) 对于 Window、Frame、Dialog，默认布局管理器为 BorderLayout；对于 Panel、Applet 默认的布局管理器为 FlowLayout。

(2) 对于 JWindow、JFrame、JDialog 默认布局管理器为 BorderLayout；对于 JPanel、JApplet 默认的布局管理器为 FlowLayout。

(3) JFrame、JDialog 和 JApplet 为顶层容器；JPanel 为一般容器。

(4) Panel 必须放在 Window 组件中(或 Web 浏览器窗口)才能显示。它为一矩形区域，在其中可摆放其他组件，可以有自己的布局管理器。

11.4　布局设计

11.4.1　布局管理器

通过学习我们知道，组件被有规律地放置在了容器上，这种放置有的有位置的要求，有的没有要求。对于没有位置要求的组件，程序员可以不做任何考虑，但是遇到有具体位置要求的组件，程序员就应考虑使用布局设计的问题了。

在 Java 的 GUI 界面设计中，布局设计需要程序员使用布局管理器来实现，被使用的布局管理器用来布置放置在容器上面的组件，包括位置和大小。

下面我们来学习一下常用的布局管理器。

11.4.2　布局管理器 FlowLayout

布局管理器 FlowLayout 也称为流式布局管理器，是 Panel、Applet 默认的布局管理器。流式布局管理器，组织组件的方式也是“流”式，即 FlowLayout 布局管理器把容器组件按照从左到右、从上到下的方式进行排列。

1. FlowLayout 的构造方法

(1) FlowLayout()：用于构造一个新的 FlowLayout 对象，并且是居中对齐，默认的水平和垂直间隙是 5 个单位。

(2) FlowLayout(int align)：用于构造一个新的 FlowLayout 对象，对齐方式是指定

的,默认的水平和垂直间隙是 5 个单位。

(3) FlowLayout(int align, int hgap, int vgap): 用于创建一个新的流布局管理器对象,具有指定的对齐方式以及指定的水平和垂直间隙。

2. 应用举例

【例 11-5】 流式布局管理器 FlowLayout 应用举例。

```
//FlowLayoutTest.java
import javax.swing.*;
import java.awt.*;
public class FlowLayoutTest extends JApplet {
    Label label1=new Label("标签 1");
    Label label2=new Label("标签 2");
    Label label3=new Label("标签 3");
    Label label4=new Label("标签 4");

    public void init() {
        //设置 FlowLayout 布局管理器,并指定对齐方式为左对齐
        setLayout(new FlowLayout(FlowLayout.LEFT));
        add(label1);
        add(label2);
        add(label3);
        add(label4);
        this.setSize(150, 100);
    }

    public static void main(String[] args) {
        JFrame frame=new JFrame("Test");
        frame.setVisible(true);
    }
}
```

程序运行结果如图 11-6 所示。

源程序分析:

本例通过 setLayout()方法设置了按钮显示的对齐方式为左对齐,通过 add()方法来添加组件,窗口中显示的内容会根据窗口的大小严格按照对齐方式进行显示。

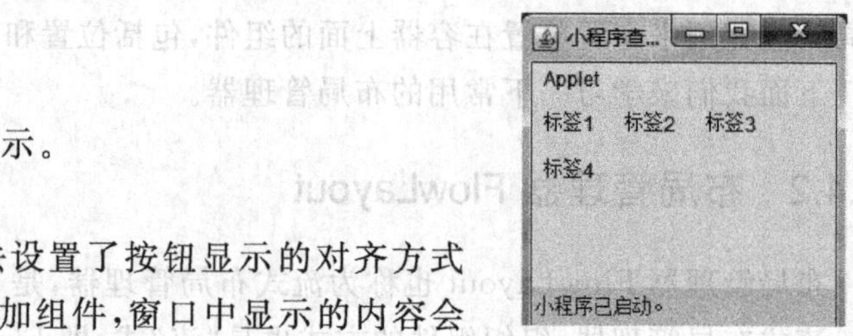

图 11-6 例 11-5 的运行结果

11.4.3 布局管理器 BorderLayout

布局管理器 BorderLayout 又称为边框布局管理器,它是一种简单的布局管理器,也是 JFrame 默认的布局管理器。在边框布局管理器的内部,把容器内的空间分成了 5 个部分,即东、南、西、北和中,在使用该布局管理器时,需要指定组件放入哪个区域。同时,

可以根据其首选大小和容器大小对组件进行布局。南和北组件可以在水平方向上拉伸;东和西组件可以在垂直方向上拉伸;中间组件在水平和垂直方向上都可以拉伸,从而填充所有剩余空间。下面是布局管理器 BorderLayout 的构造方法。

(1) BorderLayout():用于构造一个组件之间没有间距的布局对象。

(2) BorderLayout(int hgap, int vgap):用于创建一个布局对象,并且指定的组件之间的水平间距。

【例 11-6】 边框布局管理器 BorderLayout 应用举例。

```
//BorderLayoutTest.java
import javax.swing.*;
import java.awt.*;
public class BorderLayoutTest extends JApplet {
    JButton button1=new JButton("北");
    JButton button2=new JButton("南");
    JButton button3=new JButton("西");
    JButton button4=new JButton("东");
    JButton button5=new JButton("中");

    public void init() {
        //设置 BorderLayout 布局管理器
        setLayout(new BorderLayout());
        //分别指定 5 个按钮的位置
        add(button1, BorderLayout.NORTH);
        add(button2, BorderLayout.SOUTH);
        add(button3, BorderLayout.WEST);
        add(button4, BorderLayout.EAST);
        add(button5, BorderLayout.CENTER);
        this.setSize(200, 150);
    }

    public static void main(String[] args) {
        JFrame frame=new JFrame("Test");
        frame.setVisible(true);
    }

}
```

程序运行结果如图 11-7 所示。

源程序分析:

本例通过 setLayout()方法设置所使用的布局管理器,然后通过 add()方法将按钮分别添加到东、南、西、北、中 5 个不同的位置,通过 setSize()方法设置布局的大小,通过 setVisible()方法设置可见性。

图 11-7 例 11-6 的运行结果

11.4.4 布局管理器 CardLayout

布局管理器 CardLayout 又称为卡片布局管理器，该布局管理器类似重叠在一起的扑克牌，每次只能显示一张扑克牌。布局管理器充当组件的堆栈，每次只能显示一个组件，并且这个组件占满整个容器。下面是布局管理器 CardLayout 的构造方法。

(1) CardLayout()：用于创建一个间隙大小为 0 的卡片布局对象。

(2) CardLayout(int hgap, int vgap)：用于创建一个具有指定的水平和垂直间隙的卡片布局对象。

【例 11-7】 卡片布局管理器 CardLayout 的应用举例。

```
//CardLayoutTest.java
import javax.swing.*;
import java.awt.*;

public class CardLayoutTest extends JApplet {
    JButton button3=new JButton("按钮 3");
    JButton button2=new JButton("按钮 2");
    JButton button1=new JButton("按钮 1");

    public void init() {
        //设置 CardLayout 布局管理器
        setLayout(new CardLayout());
        //分别指定 3 个按钮的位置
        add("3", button3);
        add("2", button2);
        add("1", button1);
        this.setSize(100, 50);
    }

    public static void main(String[] args) {
        JFrame frame=new JFrame("Test");
        frame.setVisible(true);
    }
}
```

程序运行结果如图 11-8 所示。

源程序分析：

本例通过 setLayout()方法设置所使用的布局管理器，通过 setSize()方法设置布局的大小，通过 setVisible()方法设置可见性。通过 add()方法添加组件，由于卡片布局管理器的特点，任何一个时刻只能显示最上面的组件，所以这里只显示了“按钮 3”。

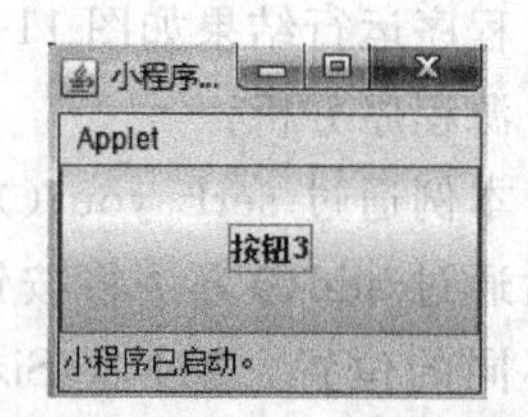

图 11-8 例 11-7 的运行结果

11.4.5 布局管理器 GridLayout

布局管理器 GridLayout 又称为网格布局管理器，该布局管理器根据所指定的行数和列数把容器分成单元尺寸相等的网格。在使用时，把组件按照从左到右的顺序放到格子里。下面是布局管理器 CardLayout 的构造方法。

(1) GridLayout()：用于创建具有默认值的网格布局对象。

(2) GridLayout(int rows, int cols)：用于创建具有指定行数和列数的网格布局对象。

(3) GridLayout(int rows, int cols, int hgap, int vgap)：用于创建具有指定行数和列数的网格布局对象。

【例 11-8】 网格布局管理器 GridLayout 应用举例。

```
//GridLayoutTest.java
import javax.swing.*;
import java.awt.*;

public class GridLayoutTest extends JApplet {
    Label label1=new Label("标签 1");
    Label label2=new Label("标签 2");
    Label label3=new Label("标签 3");
    Label label4=new Label("标签 4");
    Label label5=new Label("标签 5");
    Label label6=new Label("标签 6");
    Label label7=new Label("标签 7");
    Label label8=new Label("标签 8");

    public void init() {
        //设置 GridLayout 布局管理器
        setLayout(new GridLayout(3, 4));
        add(label1);
        add(label2);
        add(label3);
        add(label4);
        add(label5);
        add(label6);
        add(label7);
        add(label8);
        this.setSize(150, 100);
    }

    public static void main(String[] args) {
        JFrame frame=new JFrame("Test");
```

```
        frame.setVisible(true);
    }
}
```

程序运行结果如图 11-9 所示。

源程序分析：

本例通过 setLayout(new GridLayout(3, 4))方法设置使用的布局管理器是一个 3 行 4 列的网格，通过 setSize()方法设置布局的大小，通过 setVisible()方法设置可见性，通过 add()方法添加组件。由于网格布局管理器的特点，按钮会按照从左到右、从上到下的顺序一次放在网格中得以显示。

图 11-9 例 11-8 的运行结果

11.5 Java 组件与事件

11.5.1 标签、按钮与动作事件

1. 标签 Label

Label 对象是一个文本处理组件。一个标签只显示一段只读的文本，通过应用程序来修改文本，用户不能直接对文本进行编辑。

1) Label 的构造方法

(1) Label()：用于构造一个空标签对象。例如：

```
Label lab=new Label();
```

(2) Label(String str)：使用指定的文本字符串构造一个新的标签对象。例如：

```
Label lab=new Label("欢迎下次光临");
```

(3) Label(String str, int mode)：构造一个显示指定的文本字符串的新标签对象，其文本对齐方式为给定的方式。例如：

```
Label lab=Label("欢迎下次光临", Label.CENTER)
```

2) Label 的常用方法

(1) String getText()：用于获取当前标签显示的内容，返回值为字符串类型。

(2) setText(String text)：设置此标签显示指定的文本，参数为指定的文本。

2. 按钮 Button

Button 是图形用户界面中最常用的一种组件。按钮组件有点类似于标签组件，但是又有所区别，标签组件只起到提示信息的作用，按钮组件在起到提示信息的作用的同时，往往在点击按钮后能够完成一个或者一组操作，例如添加、删除、修改、查询等，即通过按钮的点击触发一个事件的发生。

1) Button 的构造方法

(1) Button ()：构造一个空按钮对象。例如：

```
Button lab=new Button ();
```

(2) Button (String str)：构造一个带指定名称的按钮对象。例如：

```
Button lab=new Button ("添加");
```

2) Button 的常用方法

(1) String getLabel()：用于获得此按钮的标签内容，返回值为字符串。

(2) setLabel(String txt)：用于将按钮的标签设置为指定显示的内容，其中参数为指定的内容。

3. 动作事件 ActionEvent

按钮组件触发的事件称为动作事件(ActionEvent)。事件被传递给每一个 ActionListener 对象，这些对象使用组件的 addActionListener 方法来接收这类事件。

1) ActionEvent 的构造方法

(1) ActionEvent(Object source, int id, String command)：用于构造一个 ActionEvent 对象。

(2) ActionEvent(Object source, int id, String command, int modifiers)：通过使用组合键构造一个 ActionEvent 对象。

(3) ActionEvent(Object source, int id, String command, long when, int modifiers)：通过使用指定组合键和时间戳构造一个 ActionEvent 对象。

2) ActionEvent 的常用方法

(1) String getActionCommand()：用于返回与此动作相关的命令字符串。

(2) int getModifiers()：用于返回发生此动作事件期间按下的组合键。

(3) long getWhen()：用于返回发生此事件时的时间戳。

(4) String paramString()：用于返回标识此动作事件的参数字符串。

【例 11-9】 标签、按钮以及动作事件的应用举例。通过标签和按钮结合动作事件给出示例，使用 JLabel 和 JButton 对象。

```
//ActionTest.java
import java.awt.FlowLayout;
import java.awt.event.*;
import javax.swing.*;

public class ActionTest extends JApplet implements ActionListener {
    JLabel lab=new JLabel("欢迎使用标签");
    JButton button=new JButton("使用");

    public void init() {
        setLayout(new FlowLayout());
```

```
        add(lab);
        add(button);
        button.addActionListener(this);
        this.setSize(150, 100);
    }

    public void actionPerformed(ActionEvent e) {
        if (e.getSource()==button)
            if (lab.getText()=="欢迎使用标签")
                lab.setText("欢迎下次使用标签");
            else
                lab.setText("欢迎使用标签");
    }
}
```

程序运行结果如图 11-10 所示。

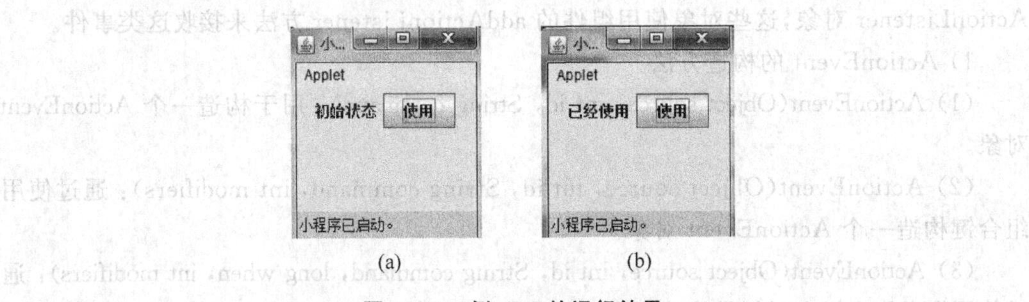

图 11-10 例 11-9 的运行结果

源程序分析：

本例包含了一个标签和一个按钮，这个例子继承了 JApplet 类同时实现了 ActionListener 监听器接口，该接口是 ActionEvent 事件的监听者。该程序通过 setLayout()方法设置所使用的布局，通过 addActionListener()添加监听器，通过 add()方法添加组件，通过标签对象的 getText()和 setText()方法获取和设置标签的内容，程序的初始状态为图 11-10(a)，单击"按钮"后是图 11-10(b)。单击"按钮"后，由监听器做监听，然后做判断，如果满足条件(标签内容为初始状态)，则把标签的内容修改为已经使用；反之在单击"按钮"时，设置结果为初始状态。

11.5.2 文本框、文本区与文本事件

在 Java 语言中，有两种处理文本的组件：文本框(TextField)和文本区(TextArea)。其中 TextField 是只能用来编辑单行文本的组件，TextArea 可以用来显示和编辑多行文本区域。

1. 文本框 TextField

1) TextField 的构造方法

(1) TextField():用于构造新文本字段对象。

(2) TextField(int columns):用于构造具有指定列数的新的空文本字段对象。

(3) TextField(String text):用于构造使用指定文本初始化的新文本字段对象。

(4) TextField(String text, int columns):用于构造使用要显示的指定文本初始化的新文本字段对象,宽度足够容纳指定列数。

2) TextField 的常用方法

(1) setText(String t):将文本框显示的文本内容指定为参数 t 指定的内容。

(2) String getText():用于返回此文本组件表示的文本。

(3) boolean isEditable():用于指示此文本组件是否可编辑。

(4) select(int selectionStart, int selectionEnd):用于选择指定开始位置和结束位置之间的文本。

(5) setEditable(boolean b):用于设置判断此文本组件是否可编辑的标志。

2. 文本区 TextArea

1) TextArea 的构造方法

(1) TextArea():用于构造一个将空字符串作为文本的新文本区对象。

(2) TextArea(int rows, int columns):用于构造一个新文本区对象,该文本区具有指定的行数和列数,并将空字符串作为文本。

(3) TextArea(String text):用于构造具有指定文本的新文本区对象。

(4) TextArea(String text, int rows, int columns):用于构造一个新文本区对象,该文本区具有指定的文本,以及指定的行数和列数。

(5) TextArea(String text, int rows, int columns, int scrollbars):用于构造一个新文本区对象,该文本区具有指定的文本,以及指定的行数、列数和滚动条可见性。

2) TextArea 的常用方法

(1) setText(String t):用于将此文本组件显示的文本内容为指定文本,参数为要指定的文本。

(2) String getText():用于返回此文本组件表示的文本。

(3) boolean isEditable():用于指示此文本组件是否可编辑。

(4) select(int selectionStart, int selectionEnd):用于选择指定开始位置和结束位置之间的文本。

(5) setEditable(boolean b):用于设置判断此文本组件是否为可编辑的标志。

3. 文本事件 TextEvent

文本事件 TextEvent 指当某一个文本区的文本发生变化时,该对象将生成的事件。该事件被传递给每一个使用组件的 addTextListener()方法注册以接收这种事件的 TextListener 对象。

当事件发生时,实现 TextListener 接口的对象获得此 TextEvent,监听器不必考虑鼠标移动和击键等细节,而是直接处理像文本改变这个语义事件。

【例 11-10】 文本事件应用举例。

```
//TextActionTest.java
import java.applet.*;
import java.awt.*;
import java.awt.event.*;

public class TextActionTest extends Applet implements ActionListener {
    TextField text1, text2, text3;

    public void init() {
        text1=new TextField(10);
        text2=new TextField(10);
        text3=new TextField(20);
        add(text1);
        add(text2);
        add(text3);
        text1.addActionListener(this);    //将主类的实例作为 text1 的监视器
        //因此主类必须实现接口 ActionListener
        text2.addActionListener(this);
    }

    public void actionPerformed(ActionEvent e) {
        if (e.getSource()==text1) {
            String word=text1.getText();
            if (word.equals("boy")) {
                text3.setText("男孩");
            } else if (word.equals("girl")) {
                text3.setText("女孩");
            } else if (word.equals("sun")) {
                text3.setText("太阳");
            } else {
                text3.setText("没有该单词");
            }
        } else if (e.getSource()==text2) {
            String word=text2.getText();
            if (word.equals("男孩")) {
                text3.setText("boy");
            } else if (word.equals("女孩")) {
                text3.setText("girl");
            } else if (word.equals("太阳")) {
                text3.setText("sun");
            } else {
                text3.setText("没有该单词");
```

```
            }
        }
    }
}
```

程序运行结果如图 11-11 所示。

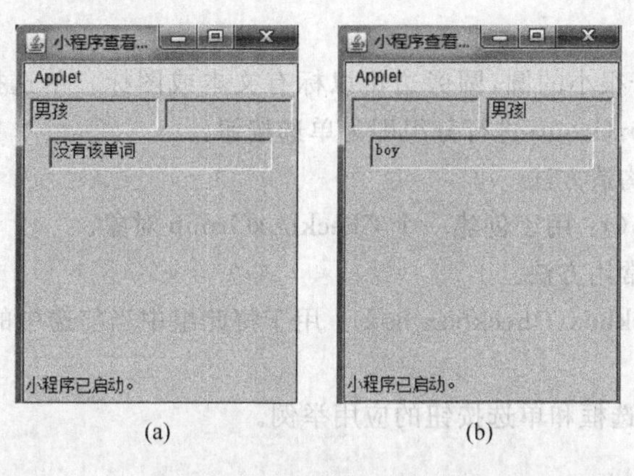

(a)　(b)

图 11-11　例 11-10 的运行结果

源程序分析：

本例是一个结合文本事件的例子，这里有 3 个文本框，当在第一个文本框中输入"男"，并按回车键，则在第三个文本框会显示"没有该单词"；当在第二个文本框输入"男"，并按回车键，在第三个文本框会显示英文"boy"。

该例实现了 ActionListener 监听器，通过 setLayout()方法设置所使用的布局，通过 add()方法添加组件，通过 addActionListener()方法添加监听器，通过文本域对象的 getText()和 setText()方法获取和设置文本的内容。

11.5.3　单选按钮、复选框、列表框与选择事件

1. 复选框 Checkbox

复选框用于设置多重选择，对应的类为 java.awt.Checkbox。

1) Checkbox 的构造方法

(1) Checkbox()：使用空字符串标签创建一个复选框对象。

(2) Checkbox(String label)：使用指定标签创建一个复选框对象。

(3) Checkbox(String label, boolean state)：使用指定标签创建一个复选框对象，并将它设置为指定状态。

(4) Checkbox(String label, boolean state, CheckboxGroup group)：使用指定标签构造一个复选框对象，并将它设置为指定状态，使它处于指定复选框组中。

(5) Checkbox(String label, CheckboxGroup group, boolean state)：使用指定标签创建一个复选框对象，并使它处于指定复选框组内，将它设置为指定状态。

2) Checkbox 的常用方法

(1) boolean getState()：用于确定此复选框是处于“开”状态，还是处于“关”状态。

(2) setState(boolean state)：用于将此复选框的状态设置为指定状态。

(3) String getLabel()：用于获得此复选框的标签。

(4) setLabel(String label)：用于将此复选框的标签设置为字符串参数。

2. 单选按钮

单选按钮是一个很小的圆，圆旁边可以标有文本或图标。单选按钮用于设置单选，将复选框用 CheckboxGroup 进行分组即为单选按钮。

1) 单选按钮的构造方法

CheckboxGroup()：用于创建一个 CheckboxGroup 对象。

2) 单选按钮的常用方法

setSelectedCheckbox(Checkbox box)：用于将此组中当前选中的复选框设置为指定的复选框。

【例 11-11】 复选框和单选按钮的应用举例。

```
//CheckBoxTest.java
import java.awt.*;
public class CheckBoxTest extends Frame {
    Label lb1=new Label("您的学历:");
    CheckboxGroup cg=new CheckboxGroup();
    Checkbox r1=new Checkbox("专科", cg, false);
    Checkbox r2=new Checkbox("本科", cg, false);
    Checkbox r3=new Checkbox("硕士", cg, false);
    Checkbox r4=new Checkbox("博士", cg, true);

    Label lb2=new Label("您精通的语言:");
    Checkbox t1=new Checkbox("Visual Basic");
    Checkbox t2=new Checkbox("Visual C++");
    Checkbox t3=new Checkbox("Java");
    Checkbox t4=new Checkbox("JSP");

    public CheckBoxTest(String s) {
        super(s);
        setLayout(new GridLayout(10,1));
        add(lb1);
        add(r1);

        add(r2);
        add(r3);
        add(r4);
        add(lb2);
```

```
        add(t1);
        add(t2);
        add(t3);
        add(t4);
    }

    public static void main(String args[]) {
        CheckBoxTest q=new CheckBoxTest("学识");
        q.setSize(400, 250);
        q.setLocation(200, 300);
        q.setVisible(true);
    }
}
```

程序运行结果如图 11-12 所示。

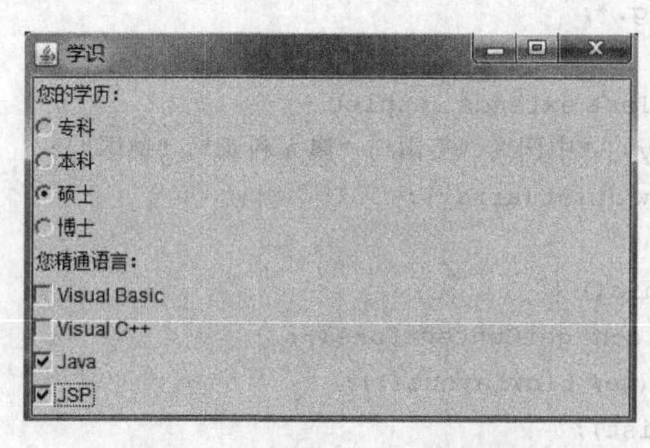

图 11-12 例 11-11 的运行结果

源程序分析：

本例是一个结合单选按钮和复选框的应用举例，上半部分是对于学历的选择，这里我们只选最高学历，因此是单选；下面是对于程序设计语言的掌握情况，是多选（复选框）。

3. 列表框 List

列表框（List）为用户提供了一个可滚动的文本项列表选项。通过对此对象的设置，可使用户实现单项或多项选择。

1）列表框 List 的构造方法

（1）List()：用于创建新滚动列表对象。

（2）List(int rows)：用于创建一个用指定可视行数初始化的新滚动列表。

（3）List(int rows, boolean multipleMode)：用于创建一个初始化为显示指定行数的新滚动列表对象。

2）列表框 List 的常用方法

（1）add(String item)：用于向滚动列表的末尾添加指定的项。

（2）add(String item, int index)：用于向滚动列表中索引指示的位置添加指定的项。

(3) boolean isMultipleMode()：用于确定此列表是否允许多项选择。

(4) remove(int position)：用于从此滚动列表中移除指定位置处的项。

(5) remove(String item)：从列表中移除项的第一次出现。

(6) removeAll()：从此列表中移除所有项。

(7) replaceItem(String newValue, int index)：使用新字符串替换滚动列表中指定索引处的项。

(8) int getSelectedIndex()：用于获取列表中选中项的索引。

(9) int[] getSelectedIndexes()：用于获取列表中选中的索引。

(10) String getSelectedItem()：用于获取此滚动列表中选中的项。

【例 11-12】 列表框 List 应用举例。

```
//ListTest.java
import java.awt.*;
import javax.swing.*;

public class ListTest extends JApplet {
    String[] array={ "中国", "美国", "澳大利亚", "德国"};
    JList list=new JList(array);

    public void init() {
        Container con=getContentPane();
        setLayout(new FlowLayout());
        con.add(list);
    }

    public static void main(String[] args) {
        JFrame fram=new JFrame("测试");
        fram.setVisible(true);
    }
}
```

程序运行结果如图 11-13 所示。

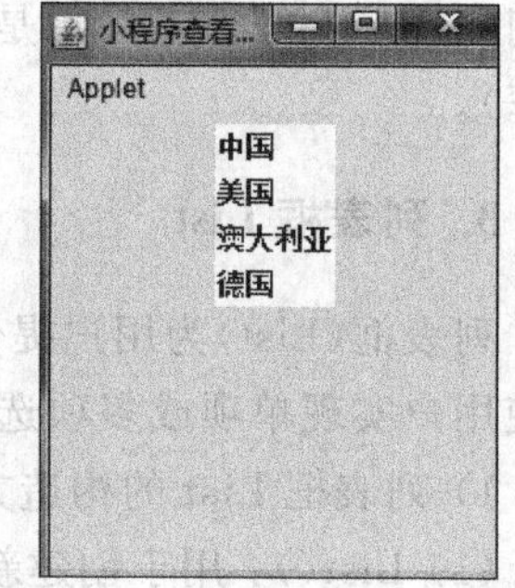

图 11-13 例 11-12 的运行结果

源程序分析：

本例是一个列表框的例子。列表框提供了多个可以选择的项目,使用者可以选择其中的一项,当然列表框可以和滚动条结合起来一起使用,这样选择的效果会更好。

4. 选择事件 ItemEvent

选择事件(ItemEvent)指选项被选定或取消选定的语义事件。该事件是在用户已选定项或取消选定项时由 ItemSelectable 对象生成的；该事件被传递到每个 ItemListener 对象,这些对象都已使用组件的 addItemListener 方法注册接收此类事件。

实现 ItemListener 接口的对象将在事件发生时获取此 ItemEvent。监听器避开处理具体鼠标移动和单击的细节问题，转而处理诸如“已选定项”或“已取消选定项”之类的语义事件。

【例 11-13】 下拉列表选择事件的应用举例。

```
//ComboBoxTest.java
import java.awt.*;
import java.awt.event.*;
import javax.swing.*;

public class ComboBoxTest extends JApplet implements ActionListener,
        ItemListener {
    String[] array={ "中国", "美国", "澳大利亚", "德国" };
    JComboBox jcb=new JComboBox();
    JTextField j1=new JTextField(10);
    JTextArea j2=new JTextArea(5, 20);

    public void init() {
        for (int i=0; i <4; i++)
            jcb.addItem(array[i]);
        Container con=getContentPane();
        setLayout(new FlowLayout());
        con.add(jcb);
        jcb.addActionListener(this);
        jcb.addItemListener(this);
        jcb.add(new JScrollPane(j2));
    }

    public void actionPerformed(ActionEvent e) {
        j1.setText(jcb.getSelectedIndex()+"  "
            +((JComboBox) e.getSource()).getSelectedItem());
    }

    public void itemStateChanged(ItemEvent e) {
        j2.append(e.paramString()+"\n");
    }
}
```

程序运行结果如图 11-14 所示。

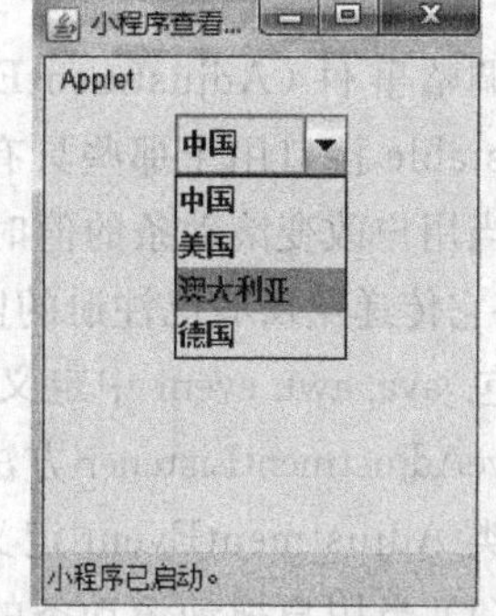

图 11-14 例 11-13 的运行结果

源程序分析：

本例与例 11-12 有点类似，都是通过列表来显示内容，不同的是例 11-13 是一个下拉列表框，每次只能显示一个选中的内容信息，该程序实现了两个监听接口 ActionListener 和 ItemListener。通过 JComboBox 对象的 addItem()方法为项列表添加内容。通过 setLayout()方法设置所使用的布局，通过 add()方法添加组件，通过 addActionListener()和 addItemListener()方法添加监听器对象。同时完善了两个接口中的方法 actionPerformed()和 itemStateChanged()，方法中 getSelectedIndex()方法用于返回列表中与给定项匹配的第一个选项，getSelectedItem()方法用于返回当前所选择的项目。

11.5.4 滚动条与调整事件

1. 滚动条 Scrollbar

滚动条提供了一个允许用户在一定范围的值中进行选择的便捷方式。

1) 滚动条的构造方法

(1) Scrollbar()：用于构造一个新的垂直滚动条对象。

(2) Scrollbar(int orientation)：用于构造一个具有指定方向的新滚动条对象。

(3) Scrollbar(int orientation, int value, int visible, int minimum, int maximum)：用于构造一个新的滚动条对象，它具有指定的方向、初始值、可视量、最小值和最大值。

2) 滚动条的常用方法

(1) int getBlockIncrement()：用于获得此滚动条的块增量。

(2) int getMaximum()：用于获得此滚动条的最大值。

(3) int getMinimum()：用于获得此滚动条的最小值。

(4) int getValue()：用于获得此滚动条的当前值。

(5) setBlockIncrement(int v)：用于设置此滚动条的块增量。

(6) setMaximum(int newMaximum)：用于设置此滚动条的最大值。

(7) setMinimum(int newMinimum)：用于设置此滚动条的最小值。

(8) setValue(int newValue)：将此滚动条的值设置为指定值。

(9) setValues(int value, int visible, int minimum, int maximum)：可以设置此滚动条的 4 个属性值：初始值、可视量、最小值和最大值。

(10) setVisibleAmount(int newAmount)：用于设置此滚动条的可视量。

2. 调整事件 AdjustmentEvent

调整事件（AdjustmentEvent）实现了 Adjustable 接口的对象来实现调整事件。Adjustable 接口用于那些具有可调整数值的对象，数值应包含在有限范围的值之内。

当用户改变滚动条的值时，滚动条接收一个 AdjustmentEvent 实例。滚动条处理此事件，将它传递给所有已注册的监听器。任何希望滚动条值发生变化时被通知的对象都应该实现包 java.awt.event 中定义的 AdjustmentListener 接口。调用 addAdjustmentListener 和 removeAdjustmentListener 方法能动态地添加或删除监听器。

类 AdjustmentEvent 定义了如下 5 种调整事件。

(1) 当用户拖动滚动条的滑动块时，发送 AdjustmentEvent.TRACK。

(2) 当用户单击水平滚动条的左箭头或垂直滚动条的上箭头，或从键盘做出等效动作时，发送 AdjustmentEvent. UNIT_INCREMENT。

(3) 当用户单击水平滚动条的右箭头或垂直滚动条的下箭头，或从键盘做出等效动作时，发送 AdjustmentEvent. UNIT_DECREMENT。

(4) 当用户单击水平滚动条滑动块左边的轨道，或垂直滚动条滑动块上边的轨道时，发送 AdjustmentEvent. BLOCK_INCREMENT。按照惯例，如果用户使用定义了 Page Up 键的键盘，则 Page Up 键是等效的。

(5) 当用户单击水平滚动条滑动块右边的轨道，或垂直滚动条滑动块下边的轨道时，发送 AdjustmentEvent. BLOCK_DECREMENT。按照惯例，如果用户使用定义了 Page Down 键的键盘，则 Page Down 键是等效的。

为了向后兼容，也支持 JDK 1.0 事件系统，但是该平台的新版本不鼓励使用它。JDK 1.1 中介绍的 5 种调整事件，与以前该平台版本中的有关滚动条的 5 种事件对应。下面给出了调整事件类型和它对应的 JDK 1.0 中的替换事件类型。

AdjustmentEvent. TRACK 替换 Event. SCROLL_ABSOLUTE

AdjustmentEvent. UNIT_INCREMENT 替换 Event. SCROLL_LINE_UP

AdjustmentEvent. UNIT_DECREMENT 替换 Event. SCROLL_LINE_DOWN

AdjustmentEvent. BLOCK_INCREMENT 替换 Event. SCROLL_PAGE_UP

AdjustmentEvent. BLOCK_DECREMENT 替换 Event. SCROLL_PAGE_DOWN

【例 11-14】 滚动条和调整事件应用举例。

```
//ScrollbarTest.java
import java.awt.*;
import java.awt.event.*;
import javax.swing.*;
public class ScrollbarTest extends JApplet implements AdjustmentListener {
        JScrollBar sb=new JScrollBar(JScrollBar.HORIZONTAL, 0, 1, 0,
                        Integer.MAX_VALUE);
        JTextField tf=new JTextField(30);
        public void init() {
                        setLayout(new BorderLayout());
                        sb.setUnitIncrement(1);
                        sb.setBlockIncrement(100);
                        add(sb, BorderLayout.SOUTH);
                        sb.addAdjustmentListener(this);
                        add(tf, BorderLayout.CENTER);
        }
        public void adjustmentValueChanged(AdjustmentEvent e) {
                        int i;
                        JScrollBar sb1=(JScrollBar) (e.getSource());
                        i=sb1.getValue();
                        tf.setText(Integer.toString(i));
                        tf.setBackground(new Color(i));
        }
}
```

程序运行结果如图 11-15 所示。

源程序分析：

本例是滚动条和调整事件的例子，通过该事件监听滚动条的位置，当滚动条移动时，在文本框内会显示出滚动条移动后的位置，并且显示不同的颜色。该程序通过 setLayout()方法设置布局管理器，addAdjustmentListener()方法添加监听器，setUnitIncrement()方法设置滚动条改变的变化量，setBlockIncrement()方法用于设置块值的增量，add()方法用于添加组件，JTextField 对象的 setBackground()方法用于设置背景色。

图 11-15 例 11-14 的运行结果

11.5.5 鼠标与键盘事件

1. 鼠标事件 MouseEvent

鼠标事件(MouseEvent)是指组件中发生鼠标动作的事件。当且仅当动作发生时，鼠标光标处于特定组件边界未被遮掩的部分，即发生了鼠标动作。组件边界可被可见组件的子组件、菜单或顶层窗口所遮掩。该事件既可用于鼠标事件(单击、进入、离开)，又可用于鼠标移动事件(移动和拖动)。

根据鼠标的使用情况，把鼠标事件分成鼠标事件和鼠标移动事件。

1) 鼠标事件

鼠标事件包括按下鼠标按键、释放鼠标按键、单击鼠标按键(按下并释放)、鼠标光标进入组件几何图形的未遮掩部分、鼠标光标离开组件几何图形的未遮掩部分。

2) 鼠标移动事件

鼠标移动事件包括移动鼠标、拖动鼠标。

鼠标事件(MouseEvent)类把具体的鼠标事件定义为静态整型常量，如表 11-6 所示。

表 11-6 鼠标事件的静态整型常量

静态常量名	含　义
MOUSE_CLICKED	"鼠标单击"事件
MOUSE_DRAGGED	"鼠标拖动"事件
MOUSE_ENTERED	"鼠标进入"事件
MOUSE_EXITED	"鼠标离开"事件
MOUSE_MOVED	"鼠标移动"事件
MOUSE_PRESSED	"鼠标按下"事件
MOUSE_RELEASED	"鼠标释放"事件
MOUSE_WHEEL	"鼠标滚轮"事件

【例 11-15】 鼠标事件应用举例。

```
import java.awt.event.*;
import javax.swing.*;
public class MouseTest extends JApplet implements MouseMotionListener {
  public MouseTest() {
                addMouseListener(new MouseAdapter() {//使用鼠标适配器
                public void mouseClicked(MouseEvent e) {
                    if (e.getClickCount()>=2) {//判断是否为双击
                        System.out.println("\n 双击鼠标");
                    }
                    int x=e.getX();
                    int y=e.getY();
                    System.out.println("单击鼠标的位置\nX:"+x+"\ty: "+y);
                    }
                    });
                    addMouseMotionListener(this);
        }
        public void mouseMoved(MouseEvent e) {
            System.out.println("\n 鼠标正在移动");
        }
        public void mouseDragged(MouseEvent e) {
            System.out.println("\n 鼠标正在拖动");
        }
        public static void main(String[] args) {
            JFrame frame=new JFrame();
            frame.setVisible(true);
        }
}
```

程序运行结果如图 11-16 所示。

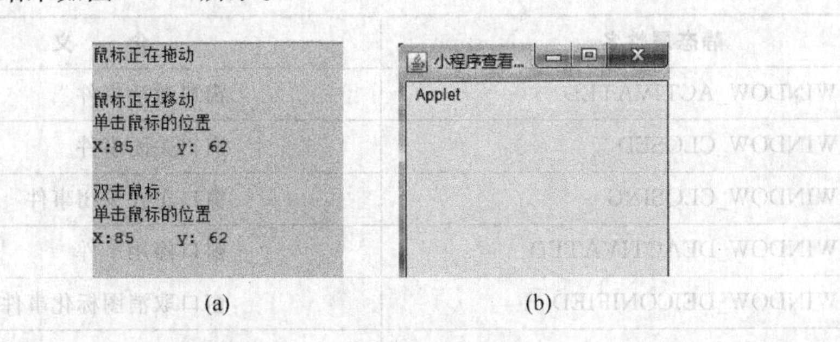

图 11-16　例 11-15 的运行结果

源程序分析：

(1) 本例对鼠标的几个操作做了分别的测试。例如，鼠标移动就会显示“鼠标移动”。

(2) 当我们在图 11-16(b)程序运行界面单击、双击、移动、拖动的时候,会在(a)图给出相应的显示,例如,双击时会显示"双击鼠标"及横纵坐标的值。

(3) 该程序实现了 MouseMotionListener 接口,mouseMoved()方法用于判断鼠标是否已推动,mouseDragged()方法用于判断鼠标是否拖动,getClickCount()方法用于获取鼠标点击的次数,mouseClicked ()方法用于判断鼠标是否点击,getX()和 getY()方法用于获取鼠标当前的坐标。

2. 键盘事件 KeyEvent

键盘事件(KeyEvent)是指示组件中发生点击键盘的事件。当按下、释放或键入某个键时,由组件对象(如文本字段)生成此事件。该事件被传递给每一个 KeyListener 或 KeyAdapter 对象,这些对象使用组件的 addKeyListener 方法注册,以接收此类事件。发生事件时,所有此类侦听器对象都获取此 KeyEvent。

对于键盘的操作,在键盘事件(KeyEvent)类中,主要有 3 个静态的属性。

(1) KEY_PRESSED:"按下键"事件。

(2) KEY_RELEASED:"释放键"事件。

(3) KEY_TYPED:"键入键"事件。

11.5.6 窗口事件

窗口事件(WindowEvent)是指示窗口状态改变的事件。当打开、关闭、激活、停用、图标化或取消图标化 Window 对象时,或者焦点转移到 Window 内或移出 Window 时,由 Window 对象生成此事件。

窗口事件被传递给每一个使用窗口的 addWindowListener 方法注册以接收这种事件的 WindowListener 或 WindowAdapter 对象。发生窗口事件时,所有此类监听器对象都将获得此 WindowEvent。

窗口事件有 7 个静态的属性,如表 11-7 所示。

表 11-7 窗口事件的静态属性

静态属性名	含　义
WINDOW_ACTIVATED	窗口激活事件
WINDOW_CLOSED	窗口关闭事件
WINDOW_CLOSING	窗口正在关闭事件
WINDOW_DEACTIVATED	窗口停用事件
WINDOW_DEICONIFIED	窗口取消图标化事件
WINDOW_ICONIFIED	窗口图标化事件
WINDOW_OPENED	窗口打开事件

【例 11-16】 窗口事件应用举例。

```
import java.awt.*;
import java.awt.event.*;
import javax.swing.*;
public class WindowTest {
    JFrame f;
    public void display() {
        f=new JFrame("这只是一个窗口");
        f.setSize(300, 200);
        f.setVisible(true);
    }

    public static void main(String args[]) {
        (new WindowTest()).display();
    }
}

class WinClose implements WindowListener {

    public void windowClosing(WindowEvent e) {
    }

    public void windowActivated(WindowEvent arg0) {
    }

    public void windowClosed(WindowEvent arg0) {
    }

    public void windowDeactivated(WindowEvent arg0) {
    }

    public void windowDeiconified(WindowEvent arg0) {
    }

    public void windowIconified(WindowEvent arg0) {
    }

    public void windowOpened(WindowEvent arg0) {
    }
}
```

程序运行结果如图 11-17 所示。

源程序分析：

本例实现了 WindowListener 接口，是一个简单的窗口示例，可根据实际情况完善每个方法。

图 11-17　例 11-16 的运行结果

11.5.7　其他组件与其他事件

1. 组合框 JComboBox

组合框 javax. swing. JComboBox 是将按钮或可编辑字段与下拉列表组合的组件。用户可以从下拉列表中选择值,下拉列表在用户请求时显示。如果使组合框处于可编辑状态,则组合框将包括用户可在其中输入值的可编辑字段。

与列表框不同,组合框事件是行动事件(ActionEvent),通过使用实现 ActionListener 接口实现监听。

1) JComboBox 的构造方法

(1) JComboBox():用于创建具有默认数据模型的 JComboBox 对象。

(2) JComboBox(ComboBoxModel aModel):用于创建一个 JComboBox 对象,其模型是现有的 ComboBoxModel。

(3) JComboBox(Object[] items):用于创建包含指定数组中的元素的 JComboBox 对象。

(4) JComboBox(Vector<> items):用于创建包含指定 Vector 中的元素的 JComboBox 对象。

2) JComboBox 的常用方法

(1) addActionListener(ActionListener l):用于添加监听器。

(2) addItem(Object anObject):用于为项列表添加项。

(3) setEditable(boolean aFlag):用于确定 JComboBox 字段是否可编辑。

(4) setEnabled(boolean b):用于启用组合框以便可以选择项。

(5) removeAllItems():用于从项列表中移除所有项。

(6) removeItem(Object anObject):用于从项列表中移除项。

2. 表格 JTable

表格 javax. swing. JTable 用来显示和编辑规则的二维单元表。

1) JTable 的构造方法

(1) JTable():用于构造默认的 JTable 对象,使用默认的数据模型、默认的列模型和默认的选择模型对其进行初始化。

(2) JTable(TableModel dm)：用于构造一个 JTable 对象，使用 dm 作为数据模型、默认的列模型和默认的选择模型对其进行初始化。

(3) JTable(int numRows, int numColumns)：使用 DefaultTableModel 构造具有空单元格的 numRows 行和 numColumns 列的 JTable 对象。

2) JTable 的常用方法

(1) int getRowCount()：用于返回此表模型中的行数。

(2) int getRowHeight()：用于返回表的行高，以像素为单位。

3. 菜单 JMenu

菜单(JMenu)包含 JMenuItem 的弹出窗口，用户选择 JMenuBar 的选项时，会显示该 JMenuItem。除 JMenuItem 之外，JMenu 还可以包含 JSeparator。菜单本质上是带有关联 JPopupMenu 的按钮。当按下"按钮"时，就会显示 JPopupMenu。如果"按钮"位于 JMenuBar 上，则该菜单为顶层窗口；如果"按钮"是另一个菜单项，则 JPopupMenu 就是"右拉"菜单。

1) JMenu 的构造方法

(1) JMenu()：用于构造没有文本的新 JMenu 对象。

(2) JMenu(Action a)：用于构造一个从提供的 Action 获取其属性的菜单对象。

(3) JMenu(String s)：用于构造一个新 JMenu 对象，用提供的字符串作为其文本。

2) JMenu 的常用方法

(1) Component add(Component c)：用于将组件追加到此菜单的末尾。

(2) Component add(Component c, int index)：用于将指定组件添加到此容器的给定位置上。

(3) JMenuItem add(JMenuItem menuItem)：用于将某个菜单项追加到此菜单的末尾。

(4) JMenuItem add(String s)：用于创建具有指定文本的菜单项，并将其追加到此菜单的末尾。

(5) removeAll()：用于从此菜单移除所有菜单项。

4. 焦点事件 FocusEvent

焦点事件(FocusEvent)是指示 Component 已获得或失去输入焦点的事件。此事件由 Component(比如 TextField)生成。事件被传递给每一个 FocusListener 或 FocusAdapter 对象，这些对象使用 Component 的 addFocusListener 方法注册，以接收这类事件。当发生该事件时，所有这类监听器对象都将获得此 FocusEvent。

1) 焦点事件 FocusEvent 的属性

(1) FOCUS_GAINED：此事件指示 Component 现在是焦点所有者。

(2) FOCUS_LOST：此事件指示 Component 不再是焦点所有者。

2) 焦点事件 FocusEvent 的构造方法

(1) FocusEvent(Component source, int id)：用于构造一个 FocusEvent 对象，并将

它标识为一个持久性焦点更改。

(2) FocusEvent(Component source, int id, boolean temporary)：用于构造一个FocusEvent对象,并将标识更改是否为暂时的。

(3) FocusEvent(Component source, int id, boolean temporary, Component opposite)：用于构造一个FocusEvent对象,它具有指定的暂时状态和对立Component。

3）焦点事件FocusEvent的常用方法

boolean isTemporary()：用于将焦点更改事件标识为暂时性的或持久性的。

【例11-17】 焦点事件应用举例。

```
import javax.swing.*;
import java.awt.event.*;
public class FocusTest extends JFrame {
    public static void main(String[] args) {
        new FocusTest().setVisible(true);
    }

    public FocusTest() {
        setSize(300, 200);
        setDefaultCloseOperation(JFrame.EXIT_ON_CLOSE);
        addWindowFocusListener(new WindowFocusListener() {
            public void windowGainedFocus(WindowEvent e) {
                setTitle("获得焦点");
            }

            public void windowLostFocus(WindowEvent e) {
                setTitle("失去焦点");
            }
        });
    }
}
```

程序运行结果如图11-18所示。

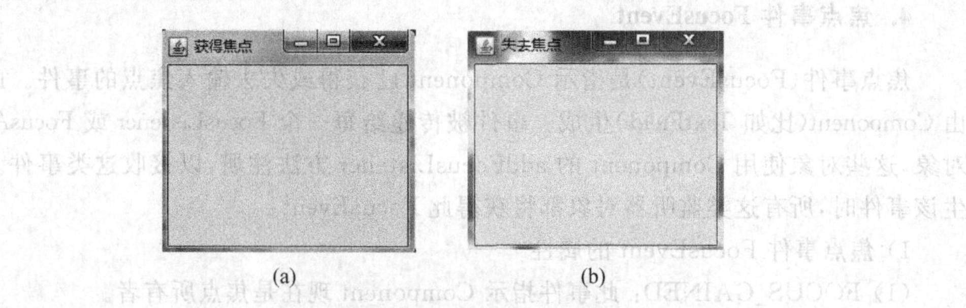

图11-18 例11-17的运行结果

源程序分析：

本例程序执行后，当程序运行起来窗体的标题会显示“窗体获得焦点”，窗体为激活状态；当单击非窗体位置，窗体标题会显示“窗体失去焦点”，相应的窗体显示为未激活状体。

注意：编程人员要为事件源指定监听者对象。事件处理程序是一个方法，它接收一个事件对象，分析它，并完成对该事件的处理。

11.6 多媒体

图形用户界面以其丰富的界面、良好的人机交互被越来越的人所接受，同时为了丰富其页面的表现为组件添加一些效果，比如图像、动画、声音等。

11.6.1 图像

对图像进行操作时，常用的图像操作有3种：创建图像、加载图像、显示图像。Java中通过Image(图形图像的所有类的超类)类来处理图像。

1. 创建图像的方法

类java.awt.Component的createImage()方法用于生成一个图像。该方法有两种形式。

(1) Image createImage(ImageProducer producer)。

(2) Image createImage(int width,int height)。

2. 加载图像的方法

加载图像的方法是类Applet的getImage()方法。该方法有两种形式。

1) Image getImage(URL url)

该方法返回能被绘制到屏幕上的Image对象，其中url给出图像位置的绝对URL。

2) Image getImage(URL url, String name)

该方法返回能被绘制到屏幕上的Image对象。其中，url给出图像基本位置的绝对URL；name为相对于url参数的图像位置。

3. 显示图像的方法

图像生成后，通过类Graphics的drawImage()方法来显示图像，该方法的格式如下：

```
boolean drawImage(Image img, int x, int y, ImageObserver observer)
```

其中，img为要绘制的指定图像，如果img为null，则此方法不执行任何动作；x是横坐标；y是纵坐标；observer为当转换了更多图像时要通知的对象。

【例11-18】 图像Image的应用举例。

```
//ImageTest.java
```

```
import java.awt.*;
import javax.swing.*;
public class ImageTest extends JApplet {
    Image image;
    Toolkit t;

    public void init() {
        t=Toolkit.getDefaultToolkit();
        image=t.getImage("F:/娱乐/照片/图片/头像/1002.jpg");
    }

    public void paint(Graphics g) {
        g.drawImage(image, 0, 0, this);
    }
}
```

程序运行结果如图 11-19 所示。

图 11-19　例 11-18 的运行结果

11.6.2　声音

Java 语言在实现视觉效果的同时，还可以实现声音效果。Java 语言定义了接口 AudioClip，用于播放音频。多个 AudioClip 项能够同时播放，得到的声音混合在一起可产生合成声音。接口 AudioClip 定义的方法如下。

(1) loop()：以循环方式开始播放此音频剪辑。

(2) play()：开始播放此音频剪辑。

(3) stop()：停止播放此音频剪辑。

【例 11-19】　声音应用举例。

【问题描述】　本例是一个简单的声音的例子，由于音频文件跟 JavaApplet 小程序在同一个文件夹下，可使用 getCodeBase()方法获取音频文件所在的路径；如果音频文件与包含小程序的 HTML 文件处于一个文件夹下，可以通过使用 getDocumentBase()方法来获得音频文件所在的路径。

```
//MusicTest.java
import java.applet.*;
public class MusicTest extends JApplet {

    AudioClip music;
    public void init() {
        music=getAudioClip(getCodeBase(), "test.wma");
    }
    public void start() {
        music.play();
```

```
    }
}
```

注意：各种多媒体在使用时的路径。

11.7 本章小结

本章学习了如下内容。

(1) Java应用程序用户界面的开发工具包——AWT和Swing。

(2) Java标准组件与事件处理机制。

(3) 常用的容器组件。

(4) GUI图形界面的布局设计。

(5) Java的组件与事件。

(6) 多媒体技术,包括图像、动画和声音。

习　　题

1. 根据学习谈谈你对GUI的理解。
2. 什么是事件、事件源和事件监听器？
3. 常用的容器有哪些？都有哪些特点？
4. 常用的布局管理器有哪些？
5. 设计一个图11-20所示的计算器。

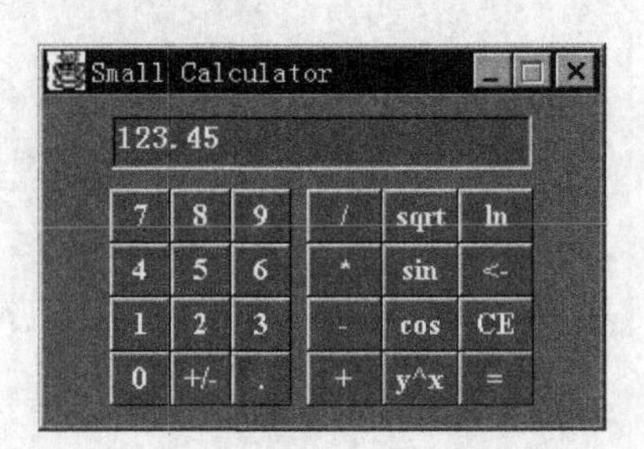

图11-20　计算器

参考文献

[1] 耿详义，张跃平. Java 程序设计精编教程[M]. 北京：清华大学出版社，2010.

[2] 施霞萍，王瑾德，史建成，等. Java 程序设计教程[M]. 3 版. 北京：机械工业出版社，2012.

[3] 刘慧宁. Java 程序设计[M]. 2 版. 北京：机械工业出版社，2011.

[4] 王红梅，胡明. 算法设计与分析[M]. 2 版. 北京：清华大学出版社，2013.

[5] 许焕新，丁宏伟. Java 程序设计精讲[M]. 北京：清华大学出版社，2010.

[6] 刘兆宏，郑莉. Java 程序设计案例教程[M]. 北京：清华大学出版社，2008.

[7] 叶乃文，王丹. Java 语言程序设计教程[M]. 北京：机械工业出版社，2010.

[8] 赵伟，李东明. Java 语言[M]. 北京：北京航空航天大学出版社，2011.

[9] 张璞，甘玲，等. Java 程序设计习题解析与实验教程[M]. 北京：清华大学出版社，2010.